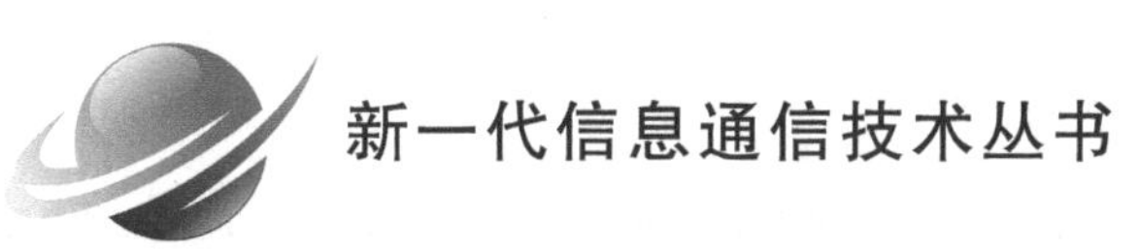

5G/6G 云网融合服务质量控制

周 傲　张鹏程　李元哲
丁春涛　王尚广
编著

北京邮电大学出版社
www.buptpress.com

内 容 简 介

在数字化时代，云网融合已经成为推动通信技术和信息科技进步的引擎。本书研究了面向5G/6G云网融合环境的系列前沿技术，揭示了云计算、边缘计算、网络功能虚拟化等技术如何赋能新一代网络通信与计算。通过本书，读者可以了解云网融合环境下当前与未来一段时间的焦点问题，同时本书提供了丰富的云网融合关键技术及解决方案。

本书适用于网络、移动通信、云计算、边缘计算、服务计算等领域的研究人员，以及对5G、6G和云网融合感兴趣的任何人。

图书在版编目（CIP）数据

5G/6G云网融合服务质量控制 / 周傲等编著. -- 北京：北京邮电大学出版社，2024.2
ISBN 978-7-5635-7164-2

Ⅰ. ①5… Ⅱ. ①周… Ⅲ. ①移动通信—通信系统—研究 Ⅳ. ①TN929.5

中国国家版本馆CIP数据核字(2024)第016278号

策划编辑：姚 顺 **责任编辑**：刘 颖 **责任校对**：张会良 **封面设计**：七星博纳

出版发行：北京邮电大学出版社
社 址：北京市海淀区西土城路10号
邮政编码：100876
发 行 部：电话：010-62282185 传真：010-62283578
E-mail：publish@bupt.edu.cn
经 销：各地新华书店
印 刷：北京虎彩文化传播有限公司
开 本：787 mm×1 092 mm 1/16
印 张：13
字 数：276千字
版 次：2024年2月第1版
印 次：2024年2月第1次印刷

ISBN 978-7-5635-7164-2 定价：68.00元

·如有印装质量问题，请与北京邮电大学出版社发行部联系·

前　言

我们身处一个科技创新和数字化改革快速更迭的时代。5G 技术已经站在了这一时代浪潮的浪尖之上，给我们带来了前所未有的连接速度、低延迟、高可靠性，以及庞大的设备连接能力。它不仅改变了我们个人的生活方式，还彻底颠覆了工业、医疗、交通和教育等领域的工作模式。然而，尽管 5G 在推动技术革新方面取得了显著成就，但要实现真正的万物智联，我们还有一段相当长的路要走。在这种背景下，探索 6G 技术显得尤为迫切。6G 预计将不仅提供比 5G 更快的速度和更低的延迟，而且将是推动全球互联、构建一个更加智能化、虚拟与现实完美融合的社会的关键。

云网融合是 5G/6G 时代的重要使能技术，它将云计算、边缘计算、软件定义网络等技术有机结合，向各行业提供高效灵活、安全可靠的丰富算网资源。作为一种新型技术范式，云网融合将颠覆传统的网络架构，重新定义我们与未来世界的交互方式。习近平总书记曾提出"要加强战略布局，加快建设以 5G 网络、全国一体化数据中心体系、国家产业互联网等为抓手的高速泛在、天地一体、云网融合、智能敏捷、绿色低碳、安全可控的智能化综合性数字信息基础设施"，充分体现云网融合在我国数字经济发展中的重要地位。

本书所述 5G/6G 云网融合相关内容既包含网络通信、云计算领域基础知识，也包含云网融合背景下前沿方向的探索，重点是提供了云网融合环境下一系列关键问题的解决方案与技术应用。

本书第 1 章对 5G/6G 云网融合背景、概念进行整体阐述，介绍了核心网技术演进趋势以及 5G/6G 云网融合的发展背景与趋势，之后概述了 5G/6G 云网融合的技术体系与关键技术，为后续章节进行铺垫。第 2 至 9 章详细描述了 5G/6G 云网融合背景下的一系列前沿研究课题，我们在该部分提供了 5G/6G 云网融合环境中可以应用的关键技术，为资源编排、服务供应、服务质量保障优化、安全隐私保护等焦点问题提出可靠有效的解决方案，而且还结合未来 5G/6G 云网融合特点进行了卫星场景下算网问题的研究。第 10 章进行了 5G/6G 云网融合的趋势分析和未来探索，包括网络语义、支持认知服务的多态接口、计算网络集成通用平台、天地一体化网络、星载核心网等诸多热点方向。

本书的目的是方便广大读者理解 5G/6G 云网融合的核心原理和相关技术，并了解它们如何影响我们的日常生活。我们邀请您开始这次有趣的探索，一起深入了解 5G、6G 和云网融合的世界，探寻未来算网结合的新前沿。

本书的编写得到课题组师生的支持和帮助，感谢金惠颖、郭燕、李思思、王超、郗传秀、高卫卫、张丁戈、魏芯淼、卫婷在本书成稿过程中的协助。

本书作者结合自身教育与从业经历体会，持续跟踪 5G/6G、云网融合、服务计算等领域相关技术，探索性地组织编写了本书。由于相关领域发展迅速，书中不妥之处恳请读者批评指正。

作　者

目　录

第1章 5G/6G云网融合概述

1.1 核心网技术演进趋势与5G/6G云网融合

1.1.1 云网融合的发展与演进

近年来，互联网业务取得了飞速的发展，传统的计算资源和网络资源独立供应的模式已无法满足大量应用的个性化需求。随着用户体验的不断升级，用户对云产品与网络产品融合一体化供给的期望也越来越高。与此同时，从云计算到边缘计算，先进计算模式不断发展成熟，催生了新的算力供应模式；软件定义网络和网络功能虚拟化等网络技术快速迭代，不断衍生出5G定制网、软件定义广域网、新型城域网等网络架构。因此，网络与计算开始从相互独立逐步向融合共生方向发展，即，云网融合成为信息技术发展的必然趋势。[1]

自党的十八大以来，习近平总书记多次对数字基础设施建设提出明确要求，特别提出“要加强战略布局，加快建设以5G网络、全国一体化数据中心体系、国家产业互联网等为抓手的高速泛在、天地一体、云网融合、智能敏捷、绿色低碳、安全可控的智能化综合性数字信息基础设施”。党的二十大做出了加快建设网络强国、数字中国的部署。因此，云网融合始终是国家数字信息基础设施建设的关键内容。[2]中国三大电信运营商陆续提出了云网融合中长期发展规划，以2030为关键节点，加速推进网络的技术演进，构建云网融合架构。[3]

云网融合不是云与网络的简单融合，而是新型数字信息基础设施的深刻变革，从技术角度来说，就是在云计算中引入通信网技术，在通信网中引入云计算技术；从行业角度来说，就是云服务提供商和电信运营商的合作与竞争。云网融合以全面提升服务质量、运维效果和商业盈利为目标，将产品服务、技术演进和运维管理进行融合迭代，对构建新型数字信息基础设施具有重要意义。总体来说，云网融合可有效解决传统网络管理复杂、资源效率低、灵活性差等诸多问题：其实现了网络功能与传统硬件的深度解耦，降低了网络功能的部署难度与管理成本；打破了传统网络中网络设备与资源相互隔离的限制，利用虚拟化技术对网络资源进行池化管理，实现了网络资源共享与高效利用；给网络提供了根据业务需求灵活调整资源使用的能力，提升了网络灵活性与业务适应性；云网融合提供了更强大的数据安全和隐私保护机制，有效降低了计算与通信的安全风险。具体地，云网融合对解决行业壁垒深和门槛高、协议复杂多样、数据封闭且安全难保障、升级成本高等固有难题将发挥关键作用。

5G 是实现云网融合的最佳抓手与契机。相比于 4G，5G 从网络架构、设备、技术等方面进行了云网融合的尝试。5G 核心网是目前网络云化最典型的代表，其将控制面与用户面分离，采用基于服务的架构，支持网络功能的云原生部署，而且网络功能粒度进一步细化，通过提供 RESTful API 接口，实现了网络功能的灵活调用，且支持网络功能的即插即用。与此同时，在 5G 的接入侧，集中单元控制面正逐渐走向虚拟化，最终通过基站硬件的白盒化，实现 5G 设备的云网融合。5G 网络切片旨在构建涉及接入网、承载网和核心网的端到端逻辑子网，根据不同业务需求进行定制化配置和管理。除上述尝试外，云网融合还促进了软件定义网络和网络功能虚拟化、云原生网络、边缘计算和数据驱动网络管理等技术的创新与发展，它们反过来也推动了云网融合的实现进程。

正是由于云网融合还处于初级阶段，其发展存在局限性：在网络体系架构方面，当前云网融合方案依然是基于 TCP/IP 协议构建的，存在固有的资源与位置绑定、控制与数据绑定、用户与网络绑定的问题，并未实现彻底的软硬件解耦与资源的灵活供应；在技术实现方面，云网融合涉及多个复杂技术领域，包括但不限于网络功能虚拟化、云计算、通信协议等，需要应对技术集成与互操作性的挑战；在管理运维方面，云和网的资源建模、服务抽象和业务供应等都有较大差异，各参与方的云网服务能力参差不齐，对形成云网资源的一体化管控与调度还有相当大的差距；除此之外，云网融合还需在创新组网方式、攻关 PaaS 能力、打造云化操作系统和构建云网内生安全体系等方面做出持续努力。

1.1.2 核心网云化及 5G 云网融合

目前云网融合主要集中在网络功能虚拟化/软件定义网络、网络切片和边缘计算等技术领域，这已经在 5G 中有了充分体现。虽然云网融合在体系架构、技术和网络设备等方面仍存在一定的局限性，但是也具有成功的开发和应用实例，其中，5G 核心网是目前网络云化最典型的代表。

5G 核心网实现了软硬件的解耦，在云服务器上运行的虚拟网络功能取代了专用设备，使得网络架构更加灵活。5G核心网的控制面网元较为繁杂，主要包括的网元如表1-1所示。[4]

表1-1　控制面网元包含的网元

接入和移动性管理功能（Access and Mobility Management Function，AMF）	负责5G系统中的接入和移动性管理，其功能包括保护信令的完整性，管理用户设备的注册、连接和可达性，为接入层提供身份验证和授权等
会话管理功能（Session Management Function，SMF）	负责用户设备的会话管理、IP地址分配与管理、DHCP服务、UPF的选择、配置UPF的流量规则等。在用户访问边缘云的过程中，SMF负责控制UPF建立协议数据单元（Protocol Data Unit，PDU）会话来管理用户面流量的转发过程
鉴权服务功能（Authentication Server Function，AUSF）	实现了对3GPP接入和非3GPP接入的统一接入认证。策略控制功能（Policy Control Function，PCF）在5G系统中起到策略配置的作用，PCF中配置的策略对用户接入边缘云的过程有很大影响
统一数据管理（Unified Data Management，UDM）	负责存储用户的签约数据以及配置文件
网络切片选择功能（Network Slice Selection Function，NSSF）	主要参与网络切片的建立、选择以及管理过程
网络注册功能（Network Repository Function，NRF）	是5G核心网的服务注册中心，核心网中各个网元的实例都需要向NRF进行注册，从而保证各个网元之间的服务发现以及交互
应用功能（AF，Application Function）	负责业务应用与核心网之间的交互，当AF部署在可信域时，可以直接与PCF交互从而影响会话建立等流程，否则，AF将通过网络开放功能（Network Exposure Function，NEF）间接与PCF交互
用户面功能（UPF，User Plane Function）	作为唯一的用户面网元，负责具体承载用户数据流量的分组路由转发、检查以及QoS管理等

作为通信网络的核心功能实体，5G核心网已经实现了网络功能与专用硬件的彻底解耦，采用服务化架构，以微服务和容器的形式对网络功能进行设计与部署，通过3GPP定义的统一规范接口对外提供服务。其中，微服务已经成为构建和组织网络功能的关键技术，将其与网络功能虚拟化融合，将网络功能进一步细化，对网络功能灵活部署和提高资源利用率都起到重要作用。此外，5G核心网在架构上实现了用户面与控制面的彻底分离，控制面集中部署于中心机房，它包含众多繁杂的网络功能，分别执行不同功能以处理控制信令；用户面功能集中于UPF，可以选择部署于核心网机房，也可以按需灵活下沉部署到网络边缘，其负责用户面的数据传输、QoS管理、动态路由和转发，以及边缘计算的支持与实现。在边缘计算的基础上，5G延伸出网络能力开放功能，其通过将无线网络信息服务、业务及资源控制服务、位置服务、QoS服务等能力封装成边缘计算平台的应用程序接口，为边缘应用提供相应服务，是网络与应用融合的重要体现。

虽然5G核心网成功践行了云网融合相关理念，但是还存在巨大的优化空间。5G核心网控制面网元之间采用应用层HTTP协议通信，由于该协议是基于请求－响应模式的，而5G核心网控制面往往需要处理海量控制信令，因此频繁地建立连接，发送/接收请求会引入较高的通信延迟，不能很好地支持时延敏感型应用；HTTP协议还产生了额外的消息序列化/反序列化处理开销和头部信息处理开销，对于大规模数据传输应用会增加带宽消耗和网络负载；HTTP协议是无状态的，服务器无法维持客户端的状态，需要额外的机制和处理程序保持应用的会话管理和状态，这增加了网络管理的复杂性。5G核心网还需要增强对高速移动场景的移动性管理的支持，包括UE移动和核心网移动(星载核心网场景下)，频繁的状态迁移会产生巨大的网络开销，并且容易造成状态丢失。5G核心网云化意味着网络功能将部署在云平台上，如果云平台发生故障或网络中断，可能会导致整个网络不可用，而且还增加了网络被攻击和用户隐私被泄露的风险。5G核心网云化也将带来更加繁重的网络管理工作，网络运营商需要执行更加复杂的管理分布在不同地理位置的云资源、监控网络性能和故障排除等操作，增加了网络管理成本。因此，5G云网融合的真正实现还任重道远。

1.1.3 6G新特征及6G云网融合

在计算、网络与智能深度融合的背景下，6G将随着新技术的引入迎来深刻变革，进一步加速云网融合理念的实现。6G在完善5G系统功能的基础上，提出了空天地海全球覆盖、全频谱、全应用场景和强大安全性的重大范式转变。为有效支撑全场景应用，6G提出更卓越的性能指标，包括超低延迟(＜1 ms)、超高峰值速率(＞1 Tbit/s)、超大连接密度(＞10^7台/平方千米)、移动性支持(＞800 km/h)等，为实现面向空天地海、互联一切、认知世界提供必要支撑，而核心网是关键。[5]

尽管5G核心网迈出了云网融合的关键一步，以软件定义的形式构建网络功能，实现了网络服务的灵活供应，但是其固有的局限性，比如面向陆基网络的集中式架构，网络切片静态僵化，全网资源缺乏感知，系统流程复杂，网络部署运维成本高，兼容性差等，阻碍了云网融合取得进一步突破的可能，而且不能满足6G建设空天地海一体化网络，全维立体感知世界的需求。

6G核心网除了在性能上满足上述指标要求外，在架构、功能和关键技术等方面也应该进行更加深入的设计。首先，5G核心网针对地面移动通信场景设计的控制面集中式架构与流量集中调度方式在6G中将不再适用，考虑到6G核心网需要支持业务全球覆盖以及卫星等特殊场景，需要采用分布式架构，将6G核心网拆分为云核心网与边缘核心网，云核心网负责边缘管控，边缘核心网负责具体业务；其次，在6G核心网分布式架构基础上，需要赋予边缘核心网离线自治能力，当云边链路中断或云核心网故障时，边缘核心网需持续工作保障业务连续性；然后，5G核心网依赖于特定网元提供有限的智能服务，且需要与其他网元进行频繁交互以获取数据，造成信令开销大、灵活性差等问题，6G核心网需要提供基于认知能力的广泛智能服务，通过引入实时感知能力和AI推理能力提供认知服务，进一步引入认知调度和知识图谱以协调不同的认知服务，保障6G核心网的智能服务质量；最后，6G核心网还可以从改进云原生架构，进一步完善网络切片技术，采用更高频的无线通信技术，更有效的调制和编码方案，完善身份验证和访问控制策略等方面更好地实现云网融合。

1.2　面向云网融合的认知服务架构

多样化的目标、多变的服务场景、个性化的用户需求，不仅要求6G网络具有大容量、超低延迟，而且要有良好的可塑性。面对分布式场景中不断变化的需求，6G网络架构应该具有足够的灵活性和可扩展性，并能够在控制层对网络进行细粒度调整。在本节中，我们深入研究了6G核心网的设计并尝试提出一种改进的6G核心网架构。

云网融合通过实施云化、网络功能虚拟化、认知服务智能化，形成云边端一体化的云网融合认知服务架构，基于新型网络基础设施，提供多源异构算力资源，支持具有认知智能的5G/6G核心网部署与云边端跨域协同，灵活适配不同类型客户的多样化业务场景需求。面向云网融合的认知服务架构如图1-1所示，主要包括基础设施层、云网能力层和云网服务层。

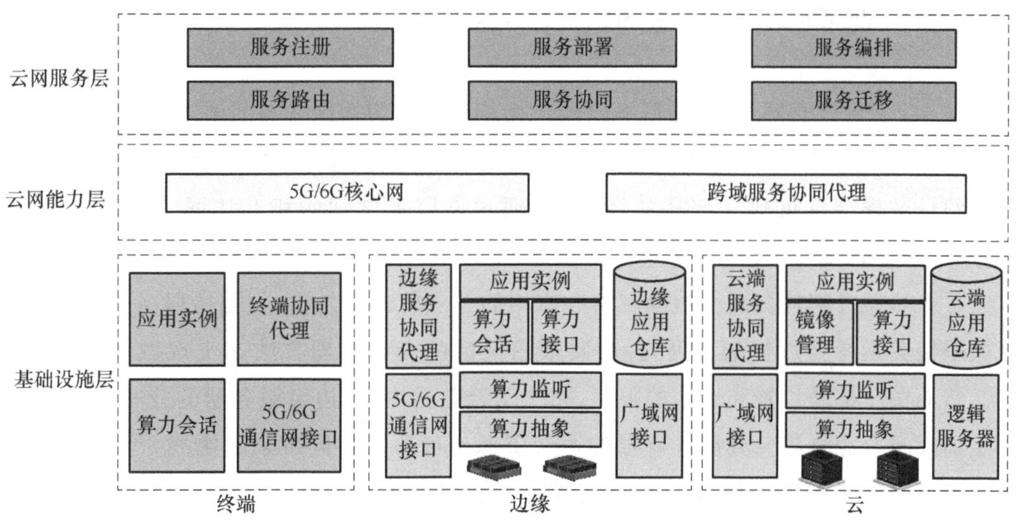

图1-1　面向云网融合的认知服务架构

（1）基础设施层

云网融合架构面向云边端一体化场景部署，云边端各级基础设施采用通用化、标准化的硬件形态，边端之间，云边之间分别采用软件定义的 5G/6G 通信接口与广域网接口互联互通，各级网络基础设施进行底层算力抽象，为上层提供异构算力资源，支持算力会话服务，同时在各级网络基础设施设置服务协同代理，保障跨基础设施应用实例的状态一致性。

（2）云网能力层

引入网络功能虚拟化、微服务技术，部署具有认知服务能力的分布式核心网，实现跨云边端的广泛覆盖，在核心网中引入实时感知能力和 AI 推理能力实现认知服务，并通过知识图谱和认知调度对认知服务进行管理和增强，跨域服务协同代理保障了核心网提供跨域服务时的连续性与稳定性。

（3）云网服务层

基于云边端一体化网络基础设施与分布式核心网能力，构建面向云网融合的认知服务架构平台，提供云网服务注册、部署、编排、路由、协同和迁移，在赋能各业务数字化应用和服务的同时，支撑云网融合认知服务架构的服务升级。

1.3 5G/6G 云网融合技术体系与关键技术分析

1.3.1 面向云网融合的微服务协同

在 5G 云网融合环境下，微服务已经成为构建和组织边缘业务的关键技术，以满足多样化的网络及业务需求。微服务是一种云原生架构方法，将单一应用程序分解成一组轻量级的松散耦合且可独立部署的微服务，通过微服务之间的相互协同、相互配合完成业务。[6]

尽管微服务架构提高了边缘网络和应用的开发管理的效率，但是微服务间复杂的交互关系使其运行更加复杂。因此，需要采用灵活的资源管理方法来实现微服务间的协同。然而由于部署位置和成本的限制，相比于云数据中心，边缘服务器的分布范围广泛、类型多元且资源有限。分散且有限的边缘资源给微服务协同带来了挑战。[7]面对 5G 边缘计算业务的多样化需求，如何设计边缘服务器与云数据中心以及多个边缘服务器之间的微服务协同机制，对于充分发挥微服务架构带来的灵活性优势、实现 5G 边缘计算中服务的 QoS 保障、边缘资源的高效利用具有重要研究意义。

在 5G 云网融合环境中，边缘计算平台和微服务架构为服务提供带来了新的机遇，同时也带来了很多挑战。为了实现服务的快速响应以及资源的高效利用，微服务需要相互协同，以满足用户服务需求。微服务协同的核心是基于部署在 5G 网络中的边缘服务器，对其计算、存储、网络资源进行高效调度，实现微服务的高效部署，进而实现微服务的协同。5G 边缘计算中服务需求的多样性和边缘资源的有限性等特点对微服务协同提出了更高的要求。同时，用户服务请求的时空不均衡、微服务架构下资源的竞争与合作增加了边缘服务器部署和资源调度的复杂性；微服务之间的依赖关系、网络与计算资源的深度融合增加了微服务部署的复杂度；边缘环境的动态性和用户的移动性使得微服务协同面临更加复杂的环境。[8]

针对 5G 云网融合环境和微服务之间的依赖关系导致的微服务部署难问题，需要研究微服务部署方法，以充分发挥融合架构和微服务架构带来的优势。在算网分离的模式下，应用服务和网络服务独立部署、独立运营。用户分别向应用服务提供商和网络服务提供商提交服务申请，通过服务组合实现完整的业务需求。这导致了应用服务和网络服务的粗粒度交付，造成了网络资源和算力资源的浪费。而在 5G 边缘计算中，UPF 可以看作是促进网络与算力在边缘融合的桥梁。通过联合部署 UPF 微服务和应用微服务，可以实现算网融合，保证服务提供的全程全网确定性时延，满足 5G 中对服务需求更高的应用场景。尽管目前有关边缘微服务部署的研究已经取得很好的效果，但随着 5G 技术的不断发展和用户需求的不断提高，现有的研究成果已不适用于网元和应用微服务的联合部署。现有的研究工作在进行网元微服务的部署时，主要面向流量而忽略了流量承载的网元服务的要求及和所承载应用服务的协同。而在进行应用微服务的部署时，忽略了应用服务的底层网络的联合优化问题。网元微服务和应用微服务的独立部署可能导致网络和计算资源不匹配、资源利用率低、微服务部署成本高和总服务延迟高。

针对边缘环境的动态性和用户的移动性，需要设计跨边缘服务器的微服务协同方法，以保证边缘服务的连续性。移动性是 5G 的关键性能指标之一。单个边缘服务器覆盖范围的有限性和终端用户（如智能车、个人移动终端等）的移动性，经常导致边缘服务质量急剧下降（甚至服务中断），难以保障服务的连续性。如何为移动用户保证边缘服务的连续性及低时延是一个重要且具有挑战性的问题。为了解决这一问题，服务迁移被提出。它通过在用户移动时决策是否进行迁移、如何进行迁移以及将服务迁移到何处来保证服务的连续性。这些研究在一定程度上保证了服务的连续性，但是服务迁移并没有考虑已部署在边缘服务器上的其他服务，从而无法充分利用动态的边缘资源。跨边缘服务器部署的微服务间的协同可以在保证服务连续性的同时，提高边缘资源的利用率。具体而言，微服务协同是指在用户移动过程中，如何实时地选择最优的边缘服务器运行微服务实例以执行用户的任务。然而，动态变化的边缘环境和难以提前获得的环境参数给微服务协同策略的优化带来了挑战。

因此，我们将在第 2 章探讨，如何通过 UPF 感知的微服务部署策略以及动态环境下的微服务协同，提高云网融合服务能力。

1.3.2 云网融合环境下的 AI 服务质量优化

近年来，机器学习在数据挖掘、计算机视觉、自然语言处理、医学诊断等领域得到了突飞猛进的发展，极大地提高了生产效率，深刻地改变了人们的生活方式。由于机器学习方法的训练需要丰富的计算和存储资源，因此目前基于机器学习的智能算法通常依托于具有强大资源的云计算中心。然而，随着移动终端设备的普及，将机器学习模型部署在资源受限的移动设备上，为用户提供低延迟、高性能的智能服务引起了学术界与工业界的高度关注。现有的基于云计算的方法，通常是首先将机器学习模型部署在云计算中心，然后移动设备把收集的数据全部上传至云计算中心进行机器模型推理获得结果，最后云计算中心把推理结果返回给移动设备。[9] 在万物互联时代，数以亿计的移动终端设备将产生海量的数据，如果将产生的数据都上传至云计算中心将带来网络传输延迟、网络堵塞、数据隐私安全等问题。显然，现有云计算范式无法为用户提供低延迟、高性能的高质量服务。5G 边缘计算这一新型计算架构，通过将边缘服务器部署于网络边缘侧为运行机器学习模型提供计算和存储资源，从而使部分或全部计算任务可以就近计算和存储，避免了将所有数据上传至云计算中心导致的网络传输延迟长的问题，并借助用户面网元的分流为给用户提供低时延、高性能的服务提供了平台保障，为人工智能落地的“最后一公里”提供了绝佳的解决方案。[10]

将机器学习引入移动边缘计算，使机器学习与移动边缘计算彼此赋能，为物联网、智能家居、智慧农业、智能交通、智慧城市等应用的发展提供助力。因此，如何高效地结合移动边缘计算与机器学习方法为人们提供低延迟、高性能的高质量服务已经成为现在研究的一个热点问题。[11] 相关技术的融合带来了机遇也带来了挑战，具体如下。

(1) 移动设备侧特征提取器难以适应资源动态变化的问题。随着移动设备计算能力的增强，将特征提取器部署在终端设备上提取其收集的数据的判别特征可以为用户提供快速响应的图像识别服务。然而，移动设备经常同时运行多个应用程序，用户频繁地关闭已有应用程序和开启新应用程序会导致其可用资源动态变化。如果在一段时间内移动设备没有足够的可用资源支持特征提取器操作，那么会导致应用程序无法运行，从而影响用户体验，因此，在终端设备上部署单个特征提取器不能适应其动态变化的可用资源。然而，若在移动设备上部署多个特征提取器，则会占用大量的存储空间。此外，现有特征提取器生成算法都是利用欧氏距离度量选择近邻点保持数据局部结构信息，在通常情况下，同类别标签样本之间的欧氏距离较小，而不同类别标签样本之间的欧氏距离较大，不同类别标签样本距离和与同类别标签样本距离和之间的差距过大，导致难以优化同类别标签样本，难以生成有效的特征提取器。如何使单个特征提取器适应资源动态变化的移动设备是需要解决的问题。

(2) 部署在边缘服务器上的简单深度学习模型获得高性能难的问题。现有研究中，边缘服务器被用来做简单的数据预处理，最终的计算还是在云服务器上完成的，这难以满足用户对应用的快速响应需求，因此，在边缘服务器上部署简单深度学习模型为用户直接提供服务是必需的。然而，单个边缘服务器覆盖范围小，收集到的数据少，难以训练出高精度的简单深度学习模型，此时，收集大量的训练数据是必需的。虽然用户会不断上传数据至边缘服务器，但是用户上传的数据一般是无标签的，难以利用。因此，如何提升简单深度学习模型的性能是需要解决的问题。

综上所述，为了结合 5G 边缘计算和机器学习方法为用户提供高质量服务，本研究将围绕提取边缘服务器上数据有效判别特征、满足用户不同应用多种需求、适应终端设备资源动态变化和获得高性能简单深度学习模型等问题展开研究，具体我们将在第 3 章进行探讨。

1.3.3　容器驱动的 Serverless 边缘云服务质量优化

云计算是推动数字经济发展的重要驱动力，经过几次的范式演进，正逐步过渡到最新兴的无服务器计算范式。国内的阿里巴巴、华为、腾讯，以及国外的谷歌、微软等知名云计算厂商均上线了各自的无服务器计算平台。无服务器计算并非字面含义“没有服务或服务器”，而是指云计算资源的用户、服务开发者不再负责烦琐的服务部署和运维等工作，而是将其卸载给无服务器计算平台。[12] 图 1-2 展示了基于容器的无服务器计算的主要工作流程。服务开发者将所编写的应用程序代码，以及其依赖的环境文件打包为容器镜像提交给平台存储仓库，并定义触发应用执行的事件。当有相应的事件发生时，平台从仓库中拉取镜像以启动容器、执行代码并返回结果以响应事件请求。基于该技术，可以进行网元服务及应用服务的按需部署，提升灵活性及资源利用率。[13,14]

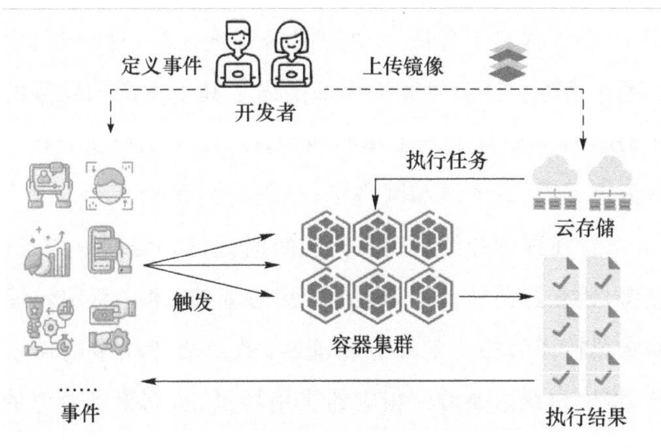

图 1-2　无服务器计算工作流程示意图

随着容器和无服务器计算的普及，镜像数目快速增长。Docker Hub 作为当下最流行的镜像仓库，其存储的公共镜像数目已达 200 万个，私有镜像已超过 4 亿个。[15] 庞大数量的镜像占用着巨大的存储资源，Docker Hub 镜像存储占用超过 1PB，且该数值还在增长。另外，边缘云节点从仓库获取镜像时所消耗的网络资源也难以承受。当前采用的内容寻址存储技术通过共享不同镜像之间相同的镜像层来节省存储资源和网络资源。[16] 对该技术的性能进行测量和评估的结果显示，内容寻址存储技术的资源节省效果十分有限。相关问题的解决，将在第 4 章进行探讨。

1.3.4 云网融合环境下用户意图转译

伴随着 6G 空天地海一体化无线网络的发展愿景，云网融合环境下所需满足的业务场景也变得千变万化，从传统的陆地拓展至海上、空基、天基，甚至于太空探索。同时，用户对于网络的覆盖能力、数据带宽、语音通信质量以及网络接入模式等都有了更多的要求。因此，网络所需提供的服务种类也逐渐变多，从而导致被调用的用户意图以及场景变化多端。[17] 目前，无线网络中的意图主要包括业务意图、性能意图、组网意图三种类型。如何将上层意图转译为可执行的下层意图，确保用户意图与所需的服务质量指标保持一致，并且所对应的网络配置策略能够满足用户需求，就显得尤为重要。

为了满足跨越空、天、地、海领域的多种业务场景要求，网络的服务种类逐渐变多，从而导致被调用的意图以及场景频繁变化。目前，无线网络中的意图主要包括业务意图、性能意图、组网意图三种类型。如何将上层意图转译为可执行的下层意图，确保用户意图与所需服务质量指标保持一致，便成为了意图网络研究的重中之重。同时，作为一种新型的网络范式，基于意图的网络目标在于将用户意图转译成对应的网络策略，从而实现网络状态感知与网络控制的自动化管理，帮助网络运营商优化网络运营并提高其可用性。[18,19] 2013 年，IFIP 会议提出了意图驱动的网络管理抽象，这一概念为网络连接配置方式的变革奠定了理论基础。许多研究工作都提出了基于意图的网络的定义，例如李福亮等人将各组织在 IBN 体系结构上的工作归纳为，以 SDN 的层次结构为参照，自上而下(或称从北到南)分为应用层、意图层和网络层，如图 1-3 所示。

综上所述，第 5 章旨在详细介绍利用双向长短时记忆神经网络与条件随机场相结合的命名实体识别模型，建立意图转译引擎，并以此为基础，建立意图转译平台，实现将用户自然语言表示的意图转译为相应的服务功能、参数及服务质量的需求，并通过对应服务功能的类型标签，将用户意图映射到相应的应用场景，从而得到对应的关键性能指标，并生成与之相配的网络配置策略。

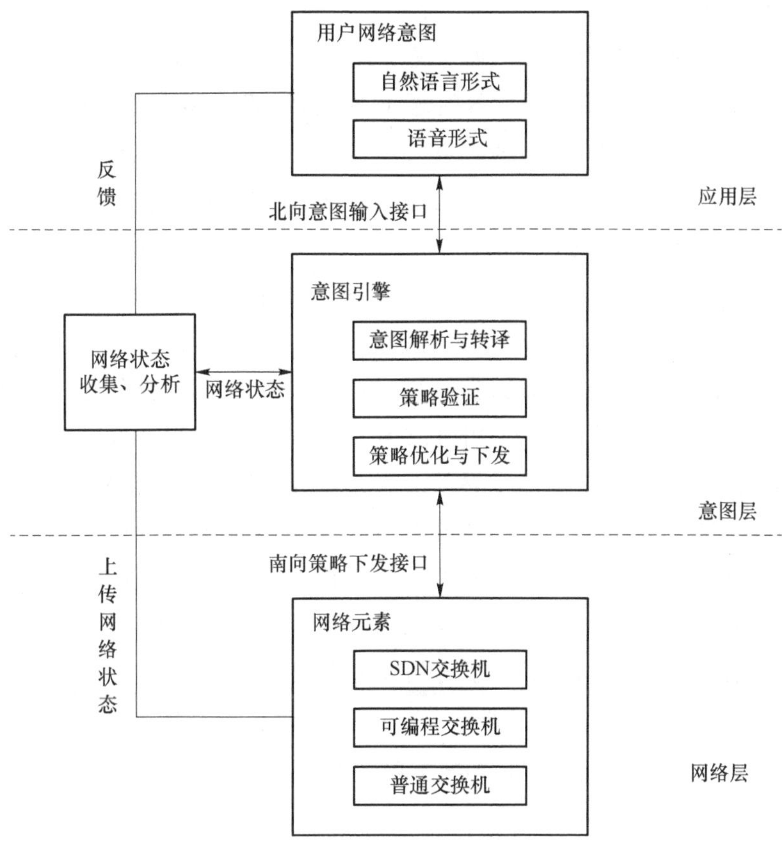

图 1-3　IBN 体系结构图

1.3.5　云网融合环境下的策略编排

云网融合是当前信息化领域的热门话题，其将云计算与传统网络技术融合，形成了一种新的基础架构模式。通过云网融合，不仅可以实现计算、存储、网络等资源的高效利用，还可以为用户提供更加灵活、高效、安全的应用服务。然而，在云网融合环境下，不同的服务可能由不同的供应商提供，存在着异构性和复杂性，因此需要一种有效的服务编排方法来确保服务能够按照用户需求进行自动化部署和管理。[20] 目前，服务编排技术已经成为云网融合领域的一个研究热点，其主要目标是实现在异构服务提供商之间的自动化服务部署、资源分配、负载均衡、容错处理等功能，即服务组合。同时，服务编排还需要考虑多维度的服务约束条件，如服务质量、成本、安全性等因素，以确保服务能够按照用户期望进行部署和管理。[21,22]

针对云网融合环境下服务组合问题的研究，需要深入探讨服务组合的理论基础和实践方法。具体来说，首先需要研究如何利用数据分析、机器学习、智能优化等技术来实现服务组合的自动化和智能化，进一步提高服务组合的效率和质量。[23] 同时，还需要研究如何解决服务组合中的一些实际问题，如大规模数据下的服务组合效率、服务异构性、服务约束条件的量化和处理、服务动态性等问题，以实现服务组合的可靠性和实用性。[24]

为了给用户带来更好的体验，考虑空天地海场景中的移动边缘环境进行服务组合，移动边缘计算是一个具备高性能、低延迟与高带宽的服务环境，它使得边缘服务的部署从云端下沉到了边缘端，在地理位置上拉近了与移动终端的距离。正是因为计算的下沉，大大提高了服务的响应效率，从而给用户带来了更加流畅的用户体验。[25] 移动边缘计算能使用户都在移动的过程中获得更优的服务体验，然而，如何在用户移动过程中进行服务组合以提供满足其复杂需求的组合服务具有重要意义。不仅如此，在实际应用中，在满足组合服务功能需求的基础上，组合结果的质量、自适应性和效率是判断一个组合方案成功与否、是否有应用价值的重要因素。随着用户需求的逐步复杂，组合流程的逐步复杂，组合流中的抽象服务也在逐渐增多，而同质服务的增多也极大扩展了组合方案空间。例如，一个服务组合中包含 n 个抽象服务，而每个抽象服务包含 m 个候选服务，则整体的组合服务就有 m^n 种方案。在抽象服务数和候选服务数增大的时候，这个问题的规模是呈指数增长的。同时，在云网融合的环境中，服务本身的服务质量数据无法直接反映出实际应用中通信方式带来的影响。因此，服务组合需要高效的组合算法以应对大规模的组合场景，并且能够根据通信网络来调整组合方式。本书将在第 6 章对相关问题进行探讨。

1.3.6 边缘服务质量快速预测

空天地海场景下，边缘计算作为一种全新的基于通信网络的分布式计算方式，旨在将计算和存储从网络核心转移到网络边缘。边缘计算可以实现移动设备的计算和数据卸载，是对存储能力相对较弱的移动设备的一种补充，同时可以有效减少时延，提升网络运营效率，从而减少网络拥塞，改善服务体验。此外，边缘计算具有位置依赖、移动支持、低时延、去中心化和分布式等特点，能够更好地满足物联网、5G、移动设备等新需求，是云计算的良好补充。

数字革命对各行各业都产生着深远影响，包括社会、商业、娱乐等。服务范式是一个强大的范式，它将数据应用程序抽象为小型和独立的功能。近年来，随着物联网的兴起，面向服务计算（Service Oriented Computing，SOC）备受工业界和学术界的关注，且被广泛应用于电子商务、大数据分析等平台。SOC 作为一种新型计算泛型，将服务作为开发应用程序的基本元素。Web 服务是 SOC 的主要实现技术，通过将不同的功能服务以接口方式组合，最大程度地实现功能的组合和复用。

伴随着边缘计算和面向服务计算的交互发展，大量以云计算为中心的传统应用服务逐步由云中心服务器下沉到边缘端，这类服务统称为边缘服务。边缘服务的类型包括传统 Web 服务、微服务、Restful 服务、Apps（应用服务）和 Mashup 服务等。边缘计算在地理位置上更加靠近移动用户，用户可以向具有边缘计算能力的节点发送服务请求，边缘节点通过及时响应服务请求有效减少网络时延，为用户提供良好的服务体验。因此，和传统集中式云服务相比，边缘服务响应快，延迟低，有邻近性，有位置认知能力。然而，在实际使用过程中，终端用户受服务自身能力（服务自身任务调度、资源卸载策略），边缘服务器和边缘网络状况（边缘服务器的部署方案、资源约束和计算能力、边缘网络的性能）以及移动终端性能（用户位置、移动和分布情况、移动终端的计算能力）等多种因素的影响，边缘服务的质量并未完全达到用户的预期效果。

服务质量（Quality of Service，QoS）的概念来源于软件非功能属性，用来描述服务在功能以外的属性，表征了服务某一方面的质量信息或在该方面给用户的使用体验。在传统云环境下，服务质量包括响应时间、时延、可用性、可靠性、吞吐量、性能等。同样，边缘服务质量也包括这些非功能属性。而服务质量预测技术是保障边缘服务质量的关键，预测是指结合服务质量的历史数据和当前数据，基于各种模型或分析技术预测边缘服务未来能否满足服务质量要求，从而提前感知边缘计算环境下的整体服务质量，最终为用户或终端提供满足要求的边缘服务。[26]

边缘计算环境下用户的位置易变，且用户在移动过程中不断访问不同的边缘服务器，而每个边缘服务器覆盖一定的区域，并向其覆盖区域内的用户提供服务。由于每个边缘服务器在有限的资源下服务于不同数量的用户，因此用户所处的网络环境动态变化。现有的基于位置感知的服务质量预测方法只关注于地理区域的变换，忽略了用户的实时移动和移动速度。此外，大多数传统的时间序列服务质量预测方法，不适用于持续在线训练。再者，这些方法只预测固定的服务，不考虑新的服务，它们忽略了用户在动态边缘环境下调用服务的多样性问题。[27]因此，边缘计算环境下实现用户实时移动感知并快速、准确、动态预测服务质量将在第 7 章进行探讨。

1.3.7　面向移动感知和隐私保护的边缘服务质量优化

移动设备的普及和移动网络流量的爆发增长推动了无线通信网络的部署。2020 年的政府工作报告指出，要重点支持“两新一重”建设，具体表现在加强建设新基建，推进新兴网络应用的发展，建设网络数据中心。5G 技术也已经成为目前通信技术的主要发展方向，5G 网络、物联网等基础建设工程在政策的支持下快速发展。在 5G 网络中，基站作为核心设备，能够实现移动边缘网络与终端设备之间的信号传输，也将实现更高密度的部署。3D 游戏、增强现实、自动驾驶等消耗资源和延迟敏感的移动应用程序的出现，刺激了对低延迟访问计算资源的需求。为了应对这些挑战，移动边缘计算应运而生，这种新的计算范式将高带宽、低时延、本地化的业务转移到网络边缘，近年来受到了越来越多的关注。

在部署到云服务器上的服务下沉到边缘服务器时，用户发送请求后，移动边缘网络就近为用户选择边缘服务器提供服务，将计算任务和存储任务下方到边缘，为用户提供更高质量的服务，具体表现为更短的响应时间、更大的吞吐量和更高的可靠性等。由于边缘服务器的可用算力在动态变化，与此同时用户也在移动边缘环境中不断移动，边缘用户移动设备接入不同的边缘服务器会产生不同的服务质量。[28]

然而，随着大量服务下沉到边缘服务器，一方面，不同的服务提供商提供海量服务；另一方面，移动终端也在移动过程中不断调用大量的边缘服务，不同的服务部署方案和边缘用户分配方案都对区域内用户的服务体验存在影响。如何提高边缘用户的服务体验，即提高边缘区域的服务质量，成为亟须解决的问题。服务质量优化在提高边缘服务质量和用户体验中起到重要作用。

用户在调用网络服务时会产生大量的调用记录，更多的用户信息将被用来训练用户调用模型（指示用户的服务偏好）和用户移动性模型（反映用户的历史轨迹）来进行边缘用户分配并优化边缘服务质量。在预测用户轨迹时，可能导致敏感位置隐私的泄露。在模型训练中，可能会存在用户特征和位置信息的泄露。[29]因此，隐私保护在服务质量优化中起到重要作用。[30]此外，现有的考虑用户移动性的优化工作着眼于医院、特定路口等静态场景，难以较好地适配不断变化的动态移动场景，也无法在移动场景变化的背景下预测用户移动路径。而真实移动边缘环境下的移动场景具有复杂性，需要进一步思考移动场景的动态性。因此，将在第 8 章中探讨移动边缘环境下面向移动感知和隐私保护的服务质量优化。

1.3.8 云原生卫星与星地融合技术

融合地面移动通信、卫星互联网和海洋通信等技术，实现海、陆、空全球立体无缝连接与覆盖是 6G 需要重点突破的技术，而卫星计算与星地云网融合又是其中需要面临的重要挑战。随着卫星性能的不断提升，卫星应用的范围不断扩大。卫星服务的广泛应用导致卫星存储的数据量大幅增加。目前，全球遥感卫星产生的数据量已远远超过了及时下传的能力。即使使用更高频率的 Ku/Ka 波段，也不可能在单个卫星传输窗口内完成所有数据下传。此外，传统的解析方法已不适合卫星图像的多传感器、多分辨率等特点。将图像数据处理与 AI 相结合的解决方案已经被提出，然而，执行星载 AI 需要卫星具有足够的计算能力。因此，迫切需要用卫星计算来实现太空原生数据的在轨处理，并支持新兴的应用。[31]在这里，卫星计算是一个广义的概念，它包括计算、网络、通信、控制等。

工业界和学术界已经已对卫星计算展开了初步研究，以应对紧迫的需求。全球主要机构和公司已经提出或进行了近地轨道(LEO)星座的标准和先验性实验，为卫星计算奠定了基础。SpaceX 已经将 30 000 多台配备 Linux 操作系统的计算机送入太空，作为 Starlink 星座的一部分。这些计算机已经被简化并配备了与硬件交互的自定义补丁和驱动程序。对于计算机来说，Starlink 卫星就像一个在太空中运行的巨大服务器集群。

然而，要在该场景下实现 6G 云网融合还面临诸多挑战。首先，传统星载计算通常仅具备服务本星载荷的特定功能，无法提供通用化的计算服务。其次，尽管卫星的计算、存储等能力得到了增强，但由于低轨卫星成本、能耗等限制，资源相对地面依然有限。同时，地面各级资源(包括云数据中心、边缘节点、地面站)充分发展。星地资源协同是提升卫星计算效率的有效途径。但是，星地网络拓扑的动态性、星地资源的异构性使得星地资源联合调度存在问题模型复杂度高、决策空间爆炸、协同策略收敛时间过长等问题，从而导致星地资源协同困难，本书也将在第 9 章对部分问题进行探讨。

第2章

面向云网融合的微服务协同方法研究

2.1 概　　述

云网融合将网络与云基础设施进行有机整合：在计算层面，云网融合为微服务部署提供了必要的云环境，使其可以通过支持微服务的网络基础设施来提供更好的性能和资源管理；在网络层面，云网融合可以提供服务发现和路由机制，保障了微服务之间的通信需求。此外，云网融合具备网络资源动态配置和调整能力，允许部署在云网融合环境中的微服务进行独立缩放，保持了固有的灵活性。进行面向云网融合的微服务协同方法研究，将实现高效、灵活和可扩展的服务供应，进而满足现代化应用需求。

云网融合涉及将网络功能虚拟化（Network Function Virtualization，NFV）、软件定义网络（Software Defined Network，SDN）等技术与云计算相结合，以适应不同应用和服务的需求。以 NFV 为例，在 5G 网络中，NFV 将网络软硬件解耦，用 VNF 代替专用硬件设备，满足网络业务的频繁更新并降低运营成本。然而，以硬件设备为粒度的网元软件化，会导致一些通用网络功能在多个 VNF 中重复部署，产生一定的冗余开销，造成底层资源的浪费。考虑到边缘计算资源的有限性和网络功能的多样性，将 NFV 和微服务架构融合，在 VNF 的基础上将网络功能进一步细化，对网络功能的灵活部署和提高资源利用率起到重要作用。借鉴微服务架构对网络功能进行解耦，将其拆分并重构成可独立部署的微服务，并采用轻量级的通信机制和标准化的通信协议实现微服务之间的信息交互，从而保证了 VNF 的灵活编排，实现面向不同应用场景的网络功能开发和部署。

在边缘计算中，随着部分或全部用户任务从云数据中心迁移到边缘服务器上，云数据中心的应用程序也迁移到边缘服务上。考虑到边缘应用程序的多样性和单个边缘服务器资源的有限性，可以将应用程序基于微服务架构进行划分，并部署到不同的边缘服务器上。通过微服务的合理部署和资源分配，可以实现云边、边边等多个异构边缘服务器之间的微服务协同，从而保证应用程序的高性能和高可靠性，提高资源利用率。此外，从业务领域、设备连接协议、物联网应用开发语言和边缘计算运行环境来看，边缘计算所处的环境比云计算要复杂许多。微服务具有低耦合性、高敏捷性、高可靠性和可伸缩性，非常适合用于边缘应用开发和运行维护。

随着微服务架构被5G网络和各类应用的广泛采纳以及容器技术的发展，具有易迁移、便于集群部署等特性的轻量级Docker容器技术被广泛应用于微服务架构的实现。为了管理基于容器的微服务集群，Kubernetes平台被广泛应用，它可以实现容器生命周期的实时管理、迁移、流量调度和负载均衡等功能。随后为了适应边缘计算环境，KubeEdge被提出，它基于Kubernetes实现了边缘服务器上的容器化微服务的部署，以及边缘设备状态的监控和管理。在此基础上，服务网格（ServiceMesh）应运而生，以保证微服务间的可靠通信。服务网格作为微服务之间通信的基础设施层，可以将微服务中的注册发现、流量管理、监控等通用功能分离出来，弥补了在使用KubeEdge时存在的一些不足。因此，基于容器、KubeEdge和ServiceMesh的微服务正逐渐成为5G边缘计算中微服务架构落地的主要手段之一。

在5G边缘计算环境中，边缘计算平台和微服务架构为服务提供带来了新的机遇，同时也带来了很多挑战。为了实现服务的快速响应以及资源的高效利用，微服务需要相互协同，以满足用户服务需求。微服务协同的核心是基于部署在5G网络中的边缘服务器，对其计算、存储、网络资源进行高效调度，实现微服务的高效部署，进而实现微服务的协同。5G边缘计算中服务需求的多样性和边缘资源的有限性等特点对微服务协同提出了更高的要求。同时，用户服务请求的时空不均衡、微服务架构下资源的竞争与合作增加了边缘服务器部署和资源调度的复杂性；微服务之间的依赖关系、网络与计算资源的深度融合增加了微服务部署的复杂度；边缘环境的动态性和用户的移动性使得微服务协同面临更加复杂的环境。因此，从微服务部署和微服务协同两个方面逐层递进地展开了研究。

首先，针对5G边缘融合环境和微服务之间的依赖关系导致的微服务部署难问题，需要研究微服务部署方法，以充分发挥5G边缘计算融合架构和微服务架构带来的优势。在算网分离的模式下，应用服务和网络服务独立部署、独立运营。用户分别向应用服务提供商和网络服务提供商提交服务申请，通过服务组合实现完整的业务需求。这导致了应用服务和网络服务的粗粒度交付，造成了网络资源和算力资源的浪费。而在5G边缘计算中，UPF可以看作是促进网络与算力在边缘融合的桥梁。通过联合部署UPF微服务和应用微服务，可以实现算网融合，保证服务提供的全程全网确定性时延，满足5G中对服务需求更高的应用场景。尽管目前有关边缘微服务部署的研究已经取得很好的效果，但随着5G技术的不断发展和用户需求的不断提高，现有的研究成果已不适用于网络和应用微服务的联合部署。现有的研究工作在进行网络微服务的部署时，主要面向流量而忽略了流量承载的应用服务的要求及和所承载应用服务的协同。而在进行应用微服务的部署时，忽略了应用服务的底层网络的联合优化问题。网络微服务和应用微服务的独立部署可能导致网络和计算资源不匹配、资源利用率低、微服务部署成本高和总服务延迟高。因此，针对如何提高算网融合服务能力，研究 UPF 感知的微服务部署策略是亟须解决的问题。

其次，针对边缘环境的动态性和用户的移动性，需要设计跨边缘服务器的微服务协同方法，以保证边缘服务的连续性。移动性是 5G 的关键性能指标之一。单个边缘服务器覆盖范围的有限性和终端用户（如智能车、个人移动终端等）的移动性，经常导致边缘服务质量急剧下降（甚至服务中断），难以保障服务的连续性。如何为移动用户保证边缘服务的连续性及低时延是一个重要且具有挑战性的问题。为了解决这一问题，服务迁移被提出。它通过在用户移动时决策是否进行迁移、如何进行迁移以及将服务迁移到何处来保证服务的连续性。这些研究在一定程度上保证了服务的连续性，但是服务迁移并没有考虑已部署在边缘服务器上的其他服务，从而无法充分利用动态的边缘资源。跨边缘服务器部署的微服务间的协同可以在保证服务连续性的同时，提高边缘资源的利用率。具体而言，微服务协同是指在用户移动过程中，实时地选择最优的边缘服务器运行微服务实例以执行用户的任务。然而，动态变化的边缘环境和难以提前获得的环境参数给微服务协同策略的优化带来了挑战。

2.2 用户面功能 UPF 感知的微服务部署方法

在当前云网业务模式下，应用服务和网络服务独立部署，独立运营。用户分别向应用服务提供商和网络服务提供商提交服务申请，通过服务组合实现完整的业务需求。这种算网分离的模式导致了应用服务和网络服务的粗粒度交付，造成了网络资源和算力资源的浪费。因此，以实现算力和网络的统一管理和调度、提高资源利用率为目标的算网融合被提出。而在 5G 边缘计算中，通过 UPF 和计算能力的下沉，边缘服务器可以为靠近网络边缘的用户同时提供超低网络延迟的通信服务和应用服务，这为在网络的边缘实现算网融合提供了基础。

具体而言，根据 3GPP 标准中 5G 核心网的 SBA 架构，核心网网元可以通过微服务架构部署在通用服务器上。而且根据 5G 核心网的控制面和用户面（C/U）分离式架构，UPF 可以独立下沉到网络边缘部署，以减少数据传输时延，实现业务的本地分流。即 UPF 以微服务的形式灵活地部署在分布式的边缘服务器上。UPF 微服务负责转发流量，且每个用户的数据流量都必须通过 UPF 才能到达应用服务。而应用服务也以微服务的形式被灵活地部署在边缘服务器上。因此 UPF 可以看作是促进网络与算力在边缘融合的桥梁。通过联合部署 UPF 微服务和应用微服务，可以实现算网融合，保证应用提供全程全网确定性体验，满足 5G 中对服务需求更高的应用场景。

为了更形象地说明 UPF 感知的微服务部署问题，图 2-1 给出了一个基于 3GPP 标准和真实 5G 边缘计算系统的华为智能工厂场景。在此场景中，工业相机捕获的产品图像首先路由到 UPF 微服务上，然后被 UPF 微服务转发到视觉定位微服务、缺陷检测微服务和视觉测量微服务以检查产品质量。为了保证实时的产品质量检查服务，UPF 微服务和应用微服务基于容器技术部署在工厂的边缘服务器上。这个例子清楚地表明，部署在边缘服务器上的 UPF 微服务减少了产品质量检查服务的延迟，提高了生产效率，确保了生产的安全性和可靠性。从这个例子还可以看出 UPF 微服务的部署与应用微服务的部署密切相关。通过在边缘服务器上联合部署 UPF 微服务和应用微服务，5G 边缘计算可以为用户提供超低时延的网络与应用融合服务，从而充分发挥 5G 的价值。

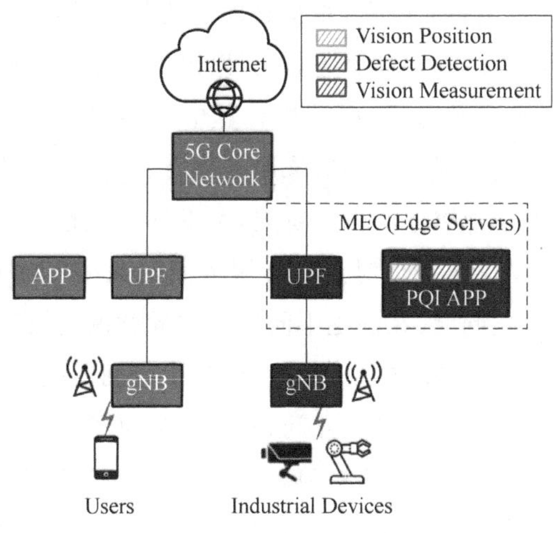

图 2-1　5G 智能工厂中面向产品质量检测应用的微服务部署

图 2-1 彩图

尽管目前有关边缘微服务部署的研究已经取得了很好的效果，然而随着 5G 的发展和用户需求的提高，现有的研究成果并不适用于网络和应用的联合部署。现有的研究工作在进行网络微服务的部署时，主要面向流量而忽略了流量承载的应用服务的要求及和所承载应用服务的协同。而在进行应用微服务的部署时，忽略了应用服务的底层网络的联合优化。网络微服务和应用微服务的独立部署可能导致网络和计算资源不匹配，资源利用率低，微服务部署成本高，总服务延迟高。因此，针对提高算网融合服务能力，设计 UPF 感知的微服务部署策略是亟须解决的问题。

解决 UPF 感知的微服务部署问题面临以下挑战。

(1) 异构的微服务资源需求。与应用微服务不同，核心网微服务的部署范围有限。例如，为了保证低传输延迟，UPF 微服务一般部署在靠近数据源的边缘服务器上；为了保障用户数据的安全，用户数据管理微服务一般部署在运营商的边缘服务器而不是公共边缘服务器。网络微服务的这些特性使得 UPF 感知的微服务部署更加复杂。此外,不同微服务对计算和存储等资源的需求也是异构的,应考虑如何高效地共享有限的边缘服务器资源,提高边缘资源利用率。

(2) 紧密耦合的微服务部署和任务分配。用户的服务请求由多个有依赖关系的任务组成。每个任务对应一个具体的微服务。由于微服务分布式地部署在边缘服务器上,任务需要被分配到不同的边缘服务器上,然后组合完成总的服务请求。微服务部署和任务分配是两个紧耦合的问题,共同决定了服务的质量。为了给用户提供高质量的网络与应用融合服务,微服务部署问题也需要决策任务分配。

(3) 差异化确定性的服务时延需求。不同的用户对边缘服务的延迟需求不同。例如,实时互动直播和普通直播的延迟敏感度是不同的。微服务部署及任务分配需要满足不同用户请求的异构的服务时延需求。此外,随着 5G 新兴应用的出现和业务需求的多样化,用户对服务时延有了更高的要求,尤其是确定性服务时延。因此,微服务部署及任务分配还需要满足不同用户的确定性服务时延,以提供全程全网确定性体验。

为了解决上述问题,本章考虑了 5G 边缘计算中 UPF 感知的微服务部署问题,具体包括网络与应用微服务分别部署在哪些边缘服务器上、具体部署几个微服务实例及如何将有依赖关系的任务分配给微服务实例。首先,考虑部署过程中的微服务部署策略的转换成本和资源使用成本,及任务处理时延和微服务间的数据传输对总服务时延的影响,建立了一个整数非线性优化问题,在满足不同用户差异化的时延需求及有限的边缘服务器资源约束下最小化微服务部署成本。然后,证明了该问题是 NP-难问题,且其连续松弛问题是一个非凸优化问题。为了解决此问题,本章提出了一个基于凸近似及李雅普诺夫优化的近似算法。具体地,利用连续松弛和半定松弛技巧将问题松弛成一个凸优化问题。通过求解该问题,得到一组实数解,并为任务的时间约束分割提供了一个依据和参考。通过时间约束分割,每个用户请求的总时延约束可以分解成每个任务的时延约束,原问题被分解成多个顺序子问题。每个子问题都是在其前序微服务已经部署完毕的前提下,部署一类微服务并分配相应任务,以满足任务的时延约束。为了进一步提高部署效率,引入李亚普诺夫优化将任务的时延约束转换成柔性约束,从而求得近似解。然后,基于对偶理论分析了连续松弛和半定松弛的理论表现,给出了原问题最优解的一个最好下界。最后,基于真实数据集的实验结果表明所提算法能在满足用户服务时延要求的同时,有效地降低微服务部署成本。

2.2.1 系统模型和问题建模

1. 系统模型

移动边缘网络中包含基站、边缘服务器和云数据中心。令 $C=\{c_k \mid 1\leqslant k\leqslant M\}$ 表示为

边缘服务器集令 c_0 表示云数据中心。为了简单起见，我们将 c_0 看作一个特殊的边缘服务器。每个边缘服务器 $c_k(0\leqslant k\leqslant M)$ 的存储空间和计算能力用 S_k 和 F_k 表示，分别用于存储与微服务关联的数据和按需执行任务。我们假设云数据中心 c_0 的存储空间是无限的，且所有微服务实例都已被提前部署在其中。由于边缘服务器的存储能力和计算能力有限，因此边缘服务器能够部署的微服务实例有限，能够处理的负载也有限。令 $d_{k',k}^{t}$ 表示 t 时刻时，边缘服务器 $c_{k'}$ 和 $c_k(0\leqslant k,k'\leqslant M)$ 质检的通信延迟。$d_{k',k}^{t}$ 与边缘服务器 $c_{k'}$ 和 c_k 之间的最短路由有关，且当 $k'=k$ 时，$d_{k',k}^{t}=0$。

基于微服务架构的应用程序建模为有向无环图（DAG），$G=(V,E)$，其中 V 表示微服务的集合，E 表示边的集合。$v_j,v_{j'}\in V,1\leqslant j,j'\leqslant N$ 表示 V 中的两个微服务，那么 $e_{j,j'}\in E$ 表示从微服务 v_j 传输到微服务 v_j' 的数据大小。微服务实例 v_j 所需要的存储资源和计算资源分别用 s_j 和 f_j 表示。受限于其可用资源，每个微服务实例 v_j 最多同时处理 p_j 个任务。

用户对 G 的服务请求用 $\{r_i,r_i^{c},r_i^{e},L_i\}$ 表示，其中 $r_i=\{r_{i,j}\mid 1\leqslant j\leqslant N\}$ 表示任务的集合，r_i^{c} 表示接收服务请求的边缘服务器，r_i^{e} 表示接收处理结果的边缘服务器，L_i 表示请求的完成时间限制。具体来说，用户请求中任务 $r_{i,j}$ 需要边缘服务器上部署的微服务 v_j 来处理。用户请求开始于 r_i^{c}，结束于 r_i^{e}。为了模拟此场景，我们引入了两个虚拟任务：$r_{i,0}$ 和 $r_{i,N+1}$。$r_{i,0}$ 作为起点来触发 r_i^{c} 上的任务，$r_{i,N+1}$ 作为终点来接收返回到 r_i^{e} 上的结果。因此，用户请求的任务集合被扩展为 $r_i=\{r_{i,j}\mid 0\leqslant j\leqslant N'\}$，其中 $N'=N+1$。与 $r_{i,0}$ 和 $r_{i,N+1}$ 对应的虚拟微服务用 v_0 和 $v_{N'}$ 表示，其所需要的存储资源和计算资源为 0，即 $s_0=f_0=s_{N'}=f_{N'}=0$。由于用户请求的到达受到各种原因的影响，例如用户移动性、一些突发事件（如热点新闻视频等），服务请求的数量具有高度动态性，很难准确刻画。因此，我们将时间分割成一系列时隙 $\mathcal{T}=\{1,2,\cdots,t,\cdots,T\}$，每个时隙 $t\in\mathcal{T}$ 内的用户请求数量是一个时变变量 R_t。

2. 问题建模

由于用户的移动性，服务请求负载的时空分布是动态变化的。微服务部署策略会根据服务请求分布的变化动态调整，以确保有效地利用资源并满足更多移动用户的服务需求。

令 $\boldsymbol{X}^{t}=\{x_{j,k}^{t}\mid 1\leqslant j\leqslant N,0\leqslant k\leqslant M\}$ 表示 t 时刻时的微服务部署矩阵，其中，$x_{j,k}^{t}$ 来表示 t 时刻时服务器 c_k 上部署的微服务实例 v_j 的数量。若边缘服务器 c_k 在 t 时刻部署了微服务 v_j，则 $x_{j,k}^{t}\geqslant 1$；否则 $x_{j,k}^{t}=0$。$\forall t,j,x_{j,0}^{t}\geqslant 1$。令 C^{j} 表示不满足 v_j 部署条件的边缘服务器的集合，即 $\forall tjk\in C^{j},x_{j,k}^{t}=0$。

令 $Y^{t}=\{y_{i,j,k}^{t}\mid 1\leqslant i\leqslant R_t,0\leqslant j\leqslant N',0\leqslant k\leqslant M\}$ 表示任务分配矩阵，其中 $y_{i,j,k}^{t}$ 表示 t 时刻的任务 $r_{i,j}$ 是否被分配到边缘服务器 c_k。若 t 时刻的任务 $r_{i,j}$ 被分配到了边缘服务器 c_k，则 $y_{i,j,k}^{t}=1$；否则 $y_{i,j,k}^{t}=0$。对于虚拟任务 $r_{i,0}$ 和 $r_{i,N+1}$，分配的边缘服务器分别为 r_i^{c} 和 r_i^{e}。

即 $\forall i$，若 $c_k=r_i^c$，则 $y_{i,0,k}^t=1$；若 $c_k=r_i^e$，则 $y_{i,N',k}^t=1$；否则 $y_{i,0,k}^t=0$ 且 $y_{i,N',k}^t=0$。

由于网络和边缘服务器上的资源是动态的，边缘服务器的可用存储容量和计算能力、边缘服务器之间的通信延迟、实例部署成本、实例运行成本等环境参数是动态变化的。假设每个时隙内这些参数保持不变。基于上述假设，动态的微服务部署问题本质上是在不同的环境参数下同构的优化问题，具体分析在本小节的末尾。为了简化模型，我们只对 t 时隙内的问题进行建模，其中决策变量为 $x_{j,k}=x_{j,k}^t$ 和 $y_{i,j,k}=y_{i,j,k}^t$，用户请求的数量为 $R=R_t$，边缘服务器间的通信延迟为 $d_{k',k}=d_{k',k}^t$。

微服务部署需要满足以下约束。

首先，部署在边缘服务器 c_k 中的微服务实例 v_j 不能超过其存储容量和计算能力：

$$\sum_{j=1}^{N} s_j x_{j,k} \leqslant S_k, \quad \forall k \in [0,M] \tag{2-1}$$

$$\sum_{j=1}^{N} f_j x_{j,k} \leqslant F_k, \quad \forall k \in [0,M] \tag{2-2}$$

其次，每个任务都能且只能分配到一个边缘服务器：

$$\sum_{k=1}^{M} y_{i,j,k} = 1, \quad \forall i \in [1,R], j \in [1,N] \tag{2-3}$$

最后，每个任务 $r_{i,j}$ 都只能被分配到部署了所需微服务实例 v_j 的边缘服务器上：

$$y_{i,j,k} \leqslant x_{j,k}, \quad \forall i \in [1,R] \tag{2-4}$$

微服务部署的成本包含两部分：资源使用成本和部署策略转换成本。

(1) 资源使用成本。运行微服务实例需要消耗的资源包括边缘服务器的计算资源和存储资源。令 $\alpha_{j,k}$ 表示 t 时刻在边缘服务器 c_k 上运行微服务实例 v_j 的成本，微服务部署的资源使用成本如下：

$$C^r = \sum_{k=0}^{M} \sum_{j=1}^{N} x_{j,k} \alpha_{j,k} \tag{2-5}$$

(2) 部署策略转换成本。微服务部署策略的转换是指移除部分已部署实例并部署一些新实例。已部署实例会随着任务的完成而消退，而删除微服务实例不会产生任何成本。相反，部署微服务实例需要从其他边缘服务器或云数据中心复制镜像，会产生镜像数据传输的成本。令 $\beta_{j,k,k'}$ 表示将微服务实例 v_j 的镜像从边缘服务器 $c_{k'}$ 传输到 c_k 的成本，$h_{j,k'}$ 表示前序时刻边缘服务器 $c_{k'}$ 上部署的微服务实例 v_j 的数量，那么在边缘服务器 c_k 上部署新的微服务实例 v_j 的成本如下：

$$\lambda_{j,k} = \min_{k' \in [0,M], h_{j,k'} \geqslant 1} \beta_{j,k,k'} \tag{2-6}$$

微服务部署策略的转换成本如下：

$$C^m = \sum_{k=0}^{M} \sum_{j=1}^{N} [x_{j,k} - h_{j,k}]^+ \lambda_{j,k} \tag{2-7}$$

其中，$[x_{j,k}-h_{j,k}]^+=\max\{0,x_{j,k}-h_{j,k}\}$ \$, \$ $\beta_{j,k,k}=0$。

本节中考虑的延迟包括计算延迟和传输延迟。

(1) 计算延迟。令 $D_{i,j}^{cp}$ 表示任务 $r_{i,j}$ 的处理时间。由于边缘计算的初衷是实时响应，因此我们尽量避免微服务实例上因任务拥塞产生的额外延迟。也就是说，分配给边缘服务器 c_k 的任务数不会超过其微服务实例 v_j 可处理的最大任务数：

$$\sum_{i=1}^{R} y_{i,j,k} \leqslant x_{j,k} p_j, \quad \forall k \in [0,M], j \in [1,N] \tag{2-8}$$

通过约束任务数量，$D_{i,j}^{cp}$ 仅与微服务的类型相关。$D_{i,0}^{cp}=D_{i,N'}^{cp}=0$，它确保每个任务都将分配给已部署所需实例的边缘服务器。

(2) 传输延迟。传输延迟与需要传输的数据量和数据路由有关。令 $y_{i,j',k'}$ 表示任务 $r_{i,j'}$ 的分配策略，那么任务 $r_{i,j'}$ 和 $r_{i,j}$ 之间的传输延迟如下：

$$D_{i,j',j}^{cm} = \sum_{k=1}^{M} \sum_{k'=1}^{M} y_{i,j,k} y_{i,j',k'} e_{j',j} d_{k',k} \tag{2-9}$$

令 $l_{i,j}$ 表示任务 $r_{i,j}$ 的完成时间，对于虚拟的起点任务 $r_{i,0}$，其完成时间为 0，即：

$$l_{i,0}=0 \tag{2-10}$$

而对于虚拟的终点任务 $r_{i,N'}$，其必须在时延约束前完成，即：

$$l_{i,N'} \leqslant L_i \tag{2-11}$$

由于任务间的依赖关系，$r_{i,j}$ 必须在其前序任务 $r_{i,j'}(j' \mid e_{j',j}>0)$ 完成后才能开始执行，即：

$$l_{i,j}-l_{i,j'} \geqslant D_{i,j}^{cp}+D_{i,j',j}^{cm}, \quad \forall i \in [1,R], \quad \forall j,j' \in [0,N'], \quad e_{j',j}>0 \tag{2-12}$$

以时延约束下最小化微服务部署成本为目标的 UPF 感知的微服务部署问题可表示如下：

$$\text{P1:} \quad \min \quad C^r + C^m$$

s. t. Eq. (2-1)～Eq. (2-3), Eq. (2-8), Eq. (2-11), Eq. (2-12)

$$x_{j,k}=0, \quad \forall j \in [1,N], k \in C^j \tag{2-13}$$

$$x_{j,0} \geqslant 1, \quad \forall j \in [1,N] \tag{2-14}$$

$$x_{j,k} \in \{0,1,2,3,4,\cdots\}, \quad \forall j \in [1,N], k \in [0,M] \tag{2-15}$$

$$y_{i,j,k} \in \{0,1\}, \quad \forall i \in [1,R], j \in [0,N'], k \in [0,M] \tag{2-16}$$

根据上述问题建模，我们可以看到不同时隙 t 间的微服务部署的依赖关系源于微服务的部署情况 $h_{j,k}$。时隙 t 之前的微服务部署策略决定了 $h_{j,k}$，而 $h_{j,k}$ 会影响 t 时刻的微服务部署策略。因此，通过重复求解一个时隙内的微服务部署问题，可以获得一个长期的微服务部署策略。

3. 问题分析

本小节证明了 UPF 感知的微服务部署问题 P1 为 NP-难问题，且其连续松弛问题为非凸优化问题。

定理 2.1　UPF 感知的微服务部署问题 P1 是 NP-难问题。

证明　在异构分布式系统中，应用程序由一组分布式任务组成，可建模成 DAG。DAG 调度问题是指将任务分配给不同的处理器，以便尽快完成整个应用程序。本章中

UPF 感知微服务部署问题包含微服务部署和任务分配两个子问题，其中的任务分配子问题可以映射成 DAG 调度问题。由于 DAG 调度问题已经被证明是 NP-难问题，且 UPF 感知微服务部署问题包含 DAG 调度问题，因此，UPF 感知微服务部署问题也为 NP-难问题。

定理 2.2 *P1 为非凸优化问题，且其连续松弛问题也为非凸优化问题。*

证明 P1 是一个整数非线性规划问题。由于其整数约束，P1 显然是非凸优化问题。然而，即使将 P1 的整数决策变量松弛为连续变量，其连续松弛问题仍是非凸优化问题。

令 $\boldsymbol{Y}_{i,j}=[y_{i,j,1},\cdots,y_{i,j,k},\cdots,y_{i,j,M}]^{\mathrm{T}}$，$\boldsymbol{Y}_i=[\boldsymbol{Y}_{i,0},\cdots,\boldsymbol{Y}_{i,j},\cdots,\boldsymbol{Y}_{i,N'}]$，$\boldsymbol{D}=\{d_{k',k}\}$，$E=\{e_{j',j}\}$，那么约束(2-12)中的传输延迟 $D_{i,j',j}^{cm}$ 可表示如下：

$$
\begin{aligned}
D_i^{cm} &= [D_{i,j',j}^{cm}] \\
&= \left[e_{j',j}\sum_{k=1}^{M}\sum_{k'=1}^{M} y_{i,j,k}y_{i,j',k'}d_{k,k'}\right] \\
&= [e_{j',j}\boldsymbol{Y}_{i,j'}^{\mathrm{T}}\boldsymbol{D}\boldsymbol{Y}_{i,j}] \\
&= E\cdot\boldsymbol{Y}_i^{\mathrm{T}}\boldsymbol{D}\boldsymbol{Y}_i
\end{aligned} \tag{2-17}
$$

其中，“·”表示哈密顿乘积。

若 $\boldsymbol{D}$ 是一个(正定)非负定矩阵，则延迟约束是一个(严格)凸函数。当 $\boldsymbol{D}$ 是非对称实数矩阵，即单位数据从 c_k 到 $c_{k'}$ 的传输延迟与从 $c_{k'}$ 到 c_k 的传输延迟不同时，$\boldsymbol{D}$ 一定不是正定矩阵，因此延迟约束是非凸函数。当 $\boldsymbol{D}$ 是对称矩阵时，也很难确保 $\boldsymbol{D}$ 是非负定矩阵，因此 P1 是非凸优化问题。

2.2.2 基于凸近似及李雅普诺夫优化的微服务部署方法

为了解决上一节中的非凸优化问题，本节借鉴松弛和化整思想，提出了一种基于凸近似及李雅普诺夫优化的近似算法。首先通过连续松弛和半定松弛，将原始问题 P1 松弛为凸优化问题。然后对松弛问题进行求解，得到一组分数解，并为任务的时间约束分割提供了一个依据和参考。最后根据分割后的单个任务的时间约束，提出了一个基于李雅普诺夫优化的化整策略，求得近似解。

1. 连续松弛和半定松弛

为了将原始问题 P1 松弛为凸优化问题，我们首先对其进行连续松弛，即将整数变量 $x_{j,k}$ 和 $y_{i,j,k}$ 松弛为非负实数。然而根据上一小节的分析，连续松弛后的问题仍然为非凸优化问题。因此，我们利用半定松弛技巧将连续松弛问题转化成凸优化问题。

根据式(2-17)，可以得到如下等式：

$$
D_{i,j',j}^{cm}=\mathrm{tr}(e_{j',j}\boldsymbol{Y}_{i,j'}^{\mathrm{T}}\boldsymbol{D}\boldsymbol{Y}_{i,j})=\mathrm{tr}(e_{j',j}\boldsymbol{D}\boldsymbol{Y}_{i,j}\boldsymbol{Y}_{i,j'}^{\mathrm{T}}) \tag{2-18}
$$

令 $\boldsymbol{Z}_{i,j}^{j'}=\boldsymbol{Y}_{i,j}\boldsymbol{Y}_{i,j'}^{\mathrm{T}}$，其中 $\boldsymbol{Z}_{i,j}^{j'}=\{z_{i,j,k}^{j'k'}\mid 0\leqslant k,k'\leqslant M\}$，$z_{i,j,k}^{j'k'}e_{j',j}$ 表示用户请求 u_i 从边缘服

务器 c'_k 上的微服务 v'_j 传输到边缘服务器 c_k 上的 v_j 的数据量。通过将 $\boldsymbol{Y}_{i,j}\boldsymbol{Y}_{i,j'}^{\mathrm{T}}$ 替换成 $\boldsymbol{Z}_{i,j}^{j'}$，P1 中的传输延迟转化成如下等式：

$$D_{i,j,j'}^{cm}=\mathrm{tr}(e_{j',j}\boldsymbol{D}\boldsymbol{Z}_{i,j}^{j'})=\sum_{k=1}^{M}\sum_{k'=1}^{M}e_{j',j}d_{k',k}z_{i,j,k}^{j',k'} \tag{2-19}$$

P1 的非凸性取决于矩阵 $\boldsymbol{Z}_{i,j}^{j'}$。根据对称矩阵的谱定理，可以得到如下关系：

$$\boldsymbol{Z}_{i,j}^{j'}=\boldsymbol{Y}_{i,j}\boldsymbol{Y}_{i,j'}^{\mathrm{T}}\Leftrightarrow\boldsymbol{Z}_{i,j}^{j'}\succeq 0,\quad \mathrm{rank}(\boldsymbol{Z}_{i,j}^{j'})\leqslant 1 \tag{2-20}$$

进一步，P1 非凸性的根本原因是 $\boldsymbol{Z}_{i,j}^{j'}$ 的秩为 1。根据半定松弛技巧，我们接触了对 $\boldsymbol{Z}_{i,j}^{j'}$ 的秩的限制。经过连续松弛和半定松弛，P1 可以转化成如下凸优化问题：

$$\mathrm{P2}:\min C^r+C^m$$

s. t. Eqs. (2-1), Eqs. (2-2), Eqs. (2-11), Eqs. (2-13) and Eqs. (2-14)

$$\sum_{k=1}^{M}\sum_{k'=1}^{M}z_{i,j,k}^{j',k'}=1,\quad \forall i\in[1,R],j,j'\in[0,N'] \tag{2-21}$$

$$\sum_{i=1}^{R}\sum_{k'=1}^{M}z_{i,j,k}^{j',k'}\leqslant x_{j,k}p_j,\quad \forall j,j'\in[0,N'],k\in[0,M] \tag{2-22}$$

$$l_{i,j}-l_{i,j'}\geqslant D_{i,j}^{cp}+\sum_{k=1}^{M}\sum_{k'=1}^{M}z_{i,j,k}^{j',k'}e_{j',j}d_{k',k}$$

$$i\in[1,R],\quad \forall j,j'\in[0,N'],e_{j',j}>0$$

$$\frac{\sum_{j''=0}^{N'}\sum_{k''=1}^{M}e_{j,j''}z_{i,j'',k''}^{j,k}}{\sum_{j''=0}^{N'}e_{j,j''}}\geqslant\frac{\sum_{j'=0}^{N'}\sum_{k'=1}^{M}e_{j',j}z_{i,j,k}^{j',k'}}{\sum_{j'=0}^{N'}e_{j',j}} \tag{2-23}$$

$$\forall i\in[1,R],j\in[1,N],k\in[0,M] \tag{2-24}$$

$$x_{j,k}\geqslant 0,\quad \forall j\in[1,N],k\in[0,M] \tag{2-25}$$

$$z_{i,j,k}^{j',k'}\geqslant 0,\quad \forall i\in[1,R],j,j'\in[0,N'],k,k'\in[0,M] \tag{2-26}$$

约束(2-21)，(2-23)分别是约束(2-3)，(2-8) 和(2-12)的变形。(2-24)保证了对于每个任务 $r_{i,j}$，从服务器 c_k 上的微服务 v_j 上传出数据占比不低于输入数据占比。

松弛问题 P2 是凸优化问题，可以通过已有求解器(如 CVX)有效地求解。P2 的可行域比 P1 的可行域更大，其最优解为 P1 最优解的下限，可以作为我们所提算法的基准。

2. 基于李雅普诺夫优化的取整策略

通过求解松弛问题 P2，可以得到一个实数解，用 $\tilde{x}_{j,k}$，$\tilde{z}_{i,j,k}^{j',k'}$ 表示。为了满足 P1 的整数约束，需要将得到的实数解转化成整数解，用 $\hat{x}_{j,k}$ 和 $\hat{y}_{i,j,k}$ 表示。具体转化包括将 $\tilde{x}_{j,k}$ 取整，以及将 $\tilde{z}_{i,j,k}^{j',k'}$ 转化成 $\hat{y}_{i,j,k}$。

根据 $\tilde{z}_{i,j,k}^{j',k'}$，我们引入变量 $\mathcal{I}_{i,j}$ 表示任务 $r_{i,j}$ 的候选边缘服务器集合：

$$\mathcal{I}_{i,j}=\{k\,|\,z_{i,j,k}>0\} \tag{2-27}$$

其中，$z_{i,j,k}=\sum_{j'=0}^{N'}\sum_{k'=1}^{M}\tilde{z}_{i,j,k}^{j',k'}$ 表示 $r_{i,j}$ 在边缘服务器 c_k 上的微服务 v_j 执行的比例。对于 $k\in\mathcal{J}_{i,j}$，将 $r_{i,j}$ 分配给 c_k 的概率定义为：

$$\text{pro}_{i,j,k}=\frac{z_{i,j,k}}{\sum_{k=1}^{M}z_{i,j,k}} \tag{2-28}$$

一个简单的取整方案是对于任意任务 $r_{i,j}$，按上述概率将其随机分配到候选集合 $\mathcal{J}_{i,j}$ 中的一个服务器上，然后根据任务分配情况部署微服务实例。

另一种简单的取整方案是将任务 $r_{i,j}$ 分配到概率最大的边缘服务器上，然后根据任务分配情况部署微服务实例。然而，这两种方法都没有考虑资源约束和时延约束，这可能会导致微服务部署失败及服务超时。

为了解决上述挑战，我们利用松弛问题的解作为分解任务时延约束的参考。通过求解松弛问题 P2，用户请求的总时延约束 L_i 被分解为每个任务的时延约束 $\tilde{l}_{i,j}$。我们以上述时延约束分解为参考，设计了一个具有软时延约束的基于李雅普诺夫优化的取整算法。

具体来说，我们将 P1 根据子任务的数量分解成了 N 个连续子问题。第 j 个子问题是，在微服务 v_j 的前序微服务已部署且相应任务已分配的前提下，决策如何部署微服务 v_j 并分配其对应任务 $r_{i,j}$。其中，$\tilde{l}_{i,j}$ 为逐个部署微服务时每个任务的硬性时延约束。为了提高算法效率，我们基于李雅普诺夫优化技巧将硬性时间约束 $\tilde{l}_{i,j}$ 转化成软时间约束。具体的算法如下。

首先，我们构建了一个虚拟队列用来表示实际完成时间和预计完成时间的差：

$$q(i,j)=l_{i,j'}-\tilde{l}_{i,j'} \tag{2-29}$$

然后构建李雅普诺夫方程如下：

$$\mathcal{L}(j)=\sum_{i=1}^{R}\max\{0,q(i,j)\} \tag{2-30}$$

令 $\tilde{D}_{i,j}^{e}$ 表示通过求解 P2 得到的 $r_{i,j}$ 的处理时间，$D_{i,j}^{e}$ 表示 $r_{i,j}$ 的实际处理时间，那么李雅普诺夫漂移方程为：

$$\nabla(j)=\sum_{i=1}^{R}\max\{0,q(i,j)+D_{i,j}^{e}-\tilde{D}_{i,j}^{e}\}-\sum_{i=1}^{R}\max\{0,q(i,j)\} \tag{2-31}$$

基于软时间约束的 P1 的第 j 个子问题的优化目标为：$VC^{r}(\boldsymbol{x}_j)+VC^{m}(\boldsymbol{x}_j)+\nabla(j)$，其中 $\boldsymbol{x}_j=\{x_{j,0},x_{j,1},x_{j,2},\cdots,x_{j,M}\}$，$V$ 是一个正的控制参数，用于调整部署成本和实验之间的权衡。

然而，李雅普诺夫优化的基本思想是保持长期稳定，并不能确保满足硬性时间约束。

为了保证每个用户请求的总完成时间满足其总时延约束，我们保持第 N 个子问题的硬性约束不变。第 N 个子问题的优化目标为：$C^r(\boldsymbol{x}_N)+C^m(\boldsymbol{x}_N)$。P1 的子问题均为整数线性规划问题，可以利用已有的线性规划求解器进行求解。基于凸近似和李雅普诺夫优化的微服务部署算法具体如下所示。

算法 2-1　基于凸近似和李雅普诺夫优化的微服务部署算法(LORA)

输入：$C, C^j, G, \{r_i, r_i^c, r_i^e, L_i\}, p_i, s_i, f_i, S_k, F_k, R, D, \alpha_{j,k}, \beta_{j,k,k'}$

输出：$\hat{x}_{j,k}, \hat{y}_{i,j,k}, (1\leqslant i\leqslant R, 1\leqslant j\leqslant N, 0\leqslant k\leqslant M)$

1:　求解松弛问题 P2 得到 $\tilde{x}_{j,k}, \tilde{z}_{i,j,k}^{j',k'}, \tilde{l}_{i,j}$ 及$=1,2,\cdots,N-1$

2:　求解基于软时间约束的 P1 的第 j 个子问题

$$\min VC^r(x_{j,k})+VC^m(x_{j,k})+\nabla(j)$$

$$\text{s. t. Eq. (2-1)}\sim\text{Eq. (2-3), Eqs. (2-8) and Eqs. (2-12)}\sim\text{Eq. (2-16)}$$

3:　返回 $\hat{x}_{j,k}, \hat{y}_{i,j,k}$

4:　更新 $q(j+1)$

5:　求解 P1 的第 N 个子问题

$$\min VC^r(x_{N,k})+VC^m(x_{N,k})$$

$$\text{s. t. Eq. (2-1)}\sim\text{Eq. (2-3), Eqs. (2-8) and Eqs. (2-11)}\sim\text{Eq. (2-16)}$$

6:　返回 $\hat{x}_{N,k}, \hat{y}_{i,N,k}$

2.2.3　实验与分析

1. 数据集介绍

本节基于两个真实数据集展开实验：中国电信的用户访问数据集和阿里巴巴集群追踪数据集。

中国电信的用户访问数据集包括 2015 年 8 月份北京、广州和上海三个城市的用户访问记录。用户访问记录为 URL 格式，包含访问的域名信息。根据用户访问域名的不同，将用户分成了不同的类型。每一种类型的用户访问记录代表了对一类应用的服务请求。为了提高实验的真实性，随机选取其中一种应用的用户访问记录作为实验中用户的服务请求。

图 2-2 为从阿里巴巴集群追踪数据集中随机选取的一个应用的 DAG 图，该应用包含了 5 个微服务。第一个微服务可以看作是 UPF 微服务。除了上述真实的数据集，为了

验证本算法的有效性，本节构建了一个虚拟的一般化应用，如图 2-2(b)所示。与图 2-2(a)类似，应用的第一个微服务为 UPF 微服务。该应用的微服务实例所需的存储资源 s_i 服从[5,30]GB 内的均匀分布，计算资源 f_i 服从[0.5,5]GHz 内的均匀分布。每个用户请求的时延约束服从[40,50]ms 的均匀分布。

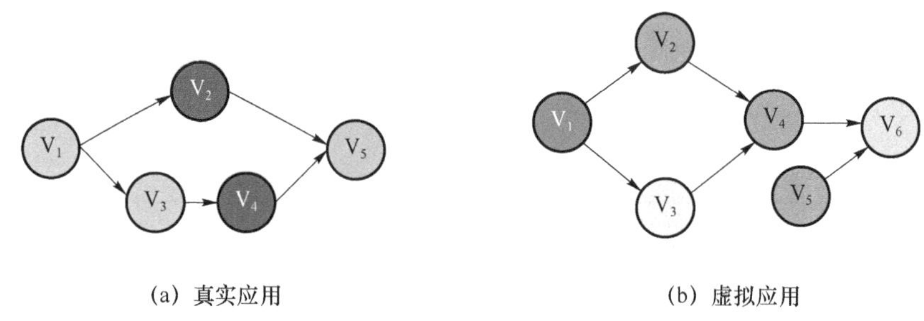

图 2-2　两种微服务应用

2. 参数设置

边缘服务器的数量设为 $M=20$，具体的服务器配置为 Inspur NP5570M5(25 GHz CPU 及 128 G 内存)。每台边缘服务器的计算能力 F_i 和存储能力 S_i 分别服从[10,25]GHz 和[50,128]GB 内的均匀分布。随机选择 5 台边缘服务器作为专用边缘服务器，用于部署 UPF 微服务。两个相邻边缘服务器之间的单位数据的通信延迟在[0,5]ms 范围内。根据最短路径算法可以得到任意两台服务器之间的单位数据通信延迟 $d_{k,k'}$。

此外，每个服务器上运行微服务实例的资源使用成本 α_{jk} 在 3 到 10 之间。部署微服务镜像的成本 $\beta_{jk,k'}$ \$ 在 10 到 15 之间。每个微服务实例可同时处理的最大任务数在 v_i 在 5 到 10 之间。在两个相邻任务之间传输的数据的大小 e_{ij} 服从[0.5,5]Mbit/s 内的均匀分布。为了避免实验误差，得到准确的实验结果，本章中各实验均在相同的条件下重复 20 次。

3. 对比方法

为分析基于凸近似和李雅普诺夫优化的微服务部署方法(Lyapunov Optimization based Relax and Rounding Alogrithm，LORA)的实验效果，本章将其与一些基准方法相对比。下面，具体介绍各对比方法。

(1) 方法下界(Lower Bound)

正如前文的分析，松弛问题 P2 通过松弛可行域为原始问题 P1 提供了一个下界。因此本章将 P2 的解作为 LORA 方法的下界。

(2) 随机取整方法(Random Rounding)

该方法是对基于松弛-取整的微服务部署问题探索过程中的一个早期方法。该方法的基本思想和 LORA 方法基本相同，但对松弛问题解的取整方法不同。该方法按一定概率随机分配任务，并根据任务的分配情况部署微服务实例。

(3) 贪婪取整方法(Greedy Rounding)

与随机取整方法类似，该方法也是对基于松弛-取整的微服务部署问题探索过程中的一个早期方法。该方法根据贪婪思想将任务分配给概率最大的边缘服务器，然后根据任务的分配情况部署微服务实例。

(4) 基于ILP的取整方法(ILP-based Rounding Algorithm，ILPRA)

该方法首先通过求解松弛问题得到每个任务的时延约束，然后根据分解后的时延约束将微服务部署问题分解成 N 个独立的部署子问题。每个子问题中的微服务部署及相应的任务分配均需满足硬性时间约束。每个子问题均为ILP问题，可通过已有的ILP求解器求解。

4. 结果与分析

本小节主要比较了LORA方法和4种对比方法在部署成本和服务时延方面的表现。

(1) 部署成本随用户请求数量的变化

本小节对比分析了两种类型应用下LORA方法和其他4种方法在部署成本方面的性能，并分析了性能随用户请求数量的变化。图2-3(a)和(b)分别展示了各个方法在不同类型应用下的部署成本。从图2-3中可以直观地看出，不论在哪种类型的应用下，每个方法的部署成本都随着用户请求数量的增加而增加。在请求数量相同时，随机取整方法和贪婪取整方法的部署成本较高，这是因为它们在任务分配时没有优化微服务实例的部署成本。ILPRA方法和LORA方法的性能接近，并且LORA方法的部署成本更接近部署成本的下限。这说明通过将总时延约束更灵活地分解有效降低了微服务的部署成本。此实验还表明，LORA方法在不同类型的应用下性能表现同样良好。

图2-3彩图

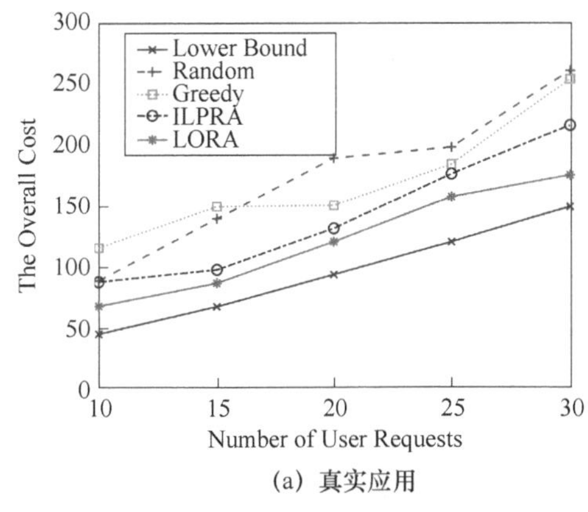

(a) 真实应用

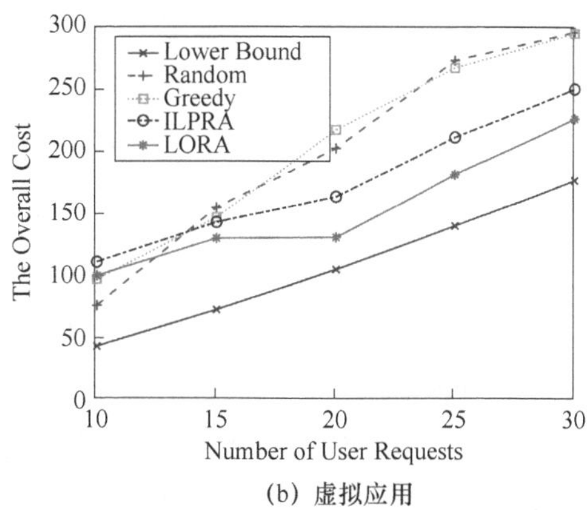

(b) 虚拟应用

图2-3　部署成本随用户请求数量的变化

为了进一步分析方法性能，本小节对比了各个方法在资源使用成本和微服务部署策略转换成本两方面的性能，如图 2-4 和图 2-5 所示。在不同类型的应用程序下，资源使用成本和微服务部署策略转换成本随用户请求数量的增加而增加，其原因是需要部署的新微服务实例数量在逐渐增加。除了 ILPRA 方法外，各方法在这两类成本方面的表现都和其在总部署成本方面的表现相似。

图 2-4 彩图

图 2-5 彩图

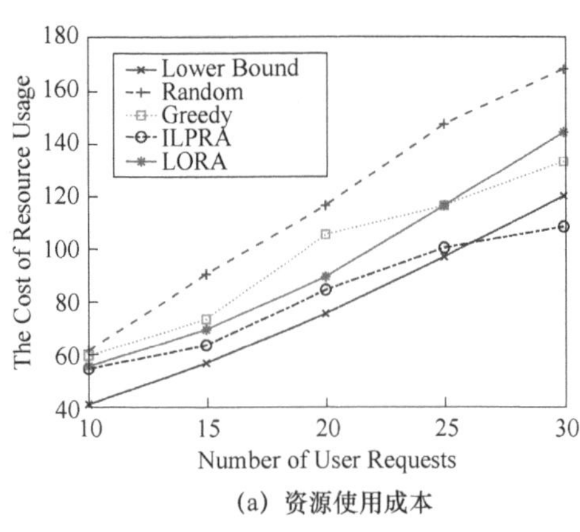

(a) 资源使用成本

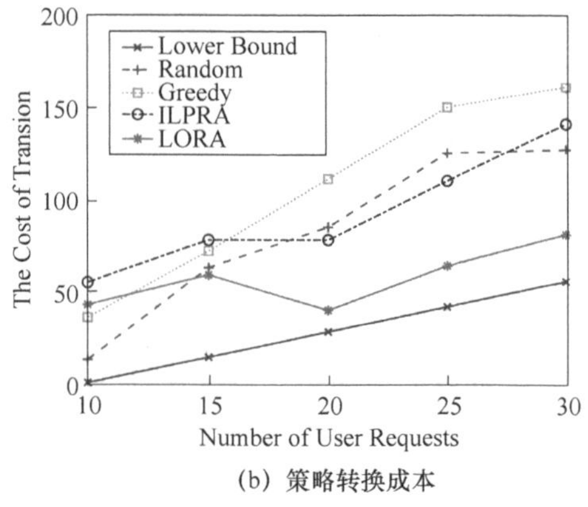

(b) 策略转换成本

图 2-4　虚拟应用下资源使用成本和策略转换成本

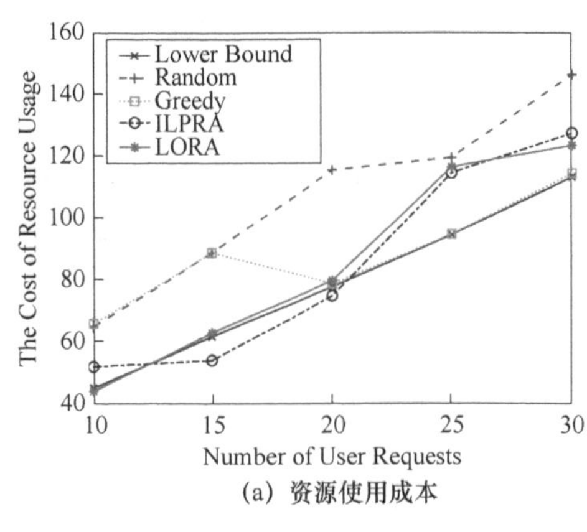

(a) 资源使用成本

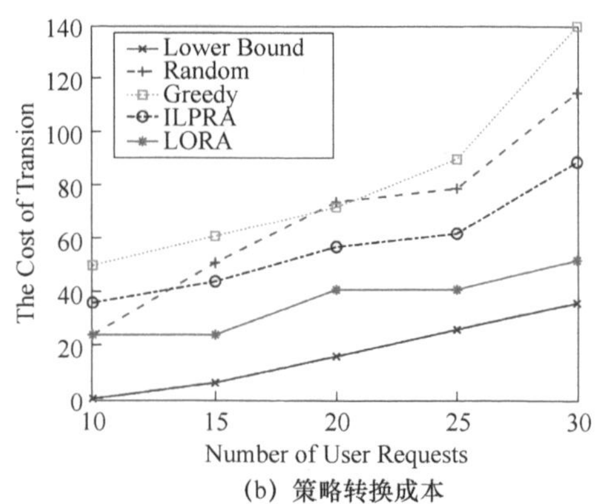

(b) 策略转换成本

图 2-5　真实应用下资源使用成本和策略转换成本

（2）服务时延随用户请求数量的变化

本小节对比分析了两种类型应用下 LORA 方法和其他 4 种方法在时延方面的性能，并分析了时延随用户请求数量的变化。

为了评估服务延迟的性能，本小节引入了 3 个概念：用户请求满意率、平均服务延迟和服务延迟的误差。用户请求满意率指表示完成时间满足时延约束的请求占所有用户请求的比例。平均服务延迟指所有用户请求的平均完成时间。服务延迟误差指用户请求的时延约束与实际完成时间的差。图 2-6、图 2-7 和图 2-8 分别展示了各个方法在用户请求满意率、平均服务延迟和服务延迟的误差的性能。

如图 2-6 所示，LORA 和 ILPRA 方法的用户请求满意率均为 100%。这是因为这两种方法都考虑了请求的总时延约束。相反，贪婪取整和随机取整方法没有考虑总时延约束导致某些请求无法在截止日期前完成。如图 2-7 所示，ILPRA 和 LORA 方法的平均服务时延低于平均服务时延的下限。降低服务延迟会提高用户的体验质量，但从微服务部署的角度来说，低服务时延的代价是部署更多的微服务实例或将服务实例部署在成本更高的服务器上。

图 2-6 彩图

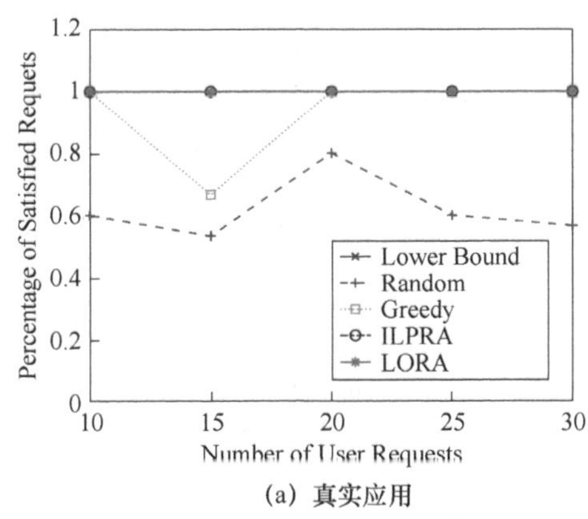

(a) 真实应用

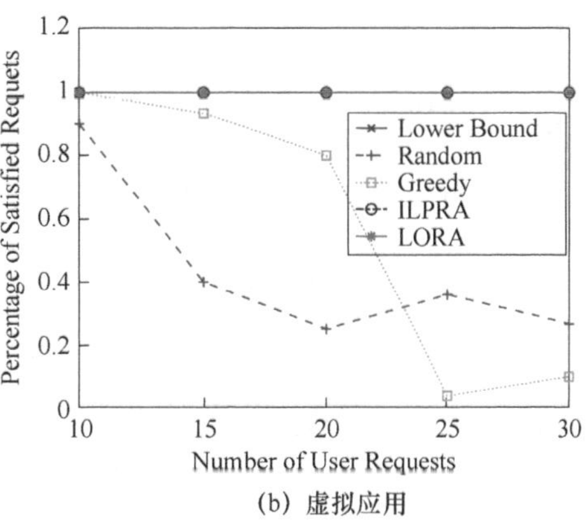

(b) 虚拟应用

图 2-6　用户请求满意率随用户请求数量的变化

从图 2-7 中也可以看出 ILPRA 方法的平均服务时延略低于 LORA 方法。

这是因为 ILPRA 方法使用的是硬性时延约束，而 LORA 方法利用李雅普诺夫优化技巧将硬性时延约束转换为软时延约束，使得在满足所有用户的时延约束的情况下，从一定程度上放松了对每个任务的时延约束，从而降低了微服务实例的部署成本。此外，LORA 方法的平均服务延迟随着用户请求数量的增加仅发生非常小的变化，这说明 LORA 方法在处理不同数量的用户请求时具有稳定的性能。

图 2-7 彩图

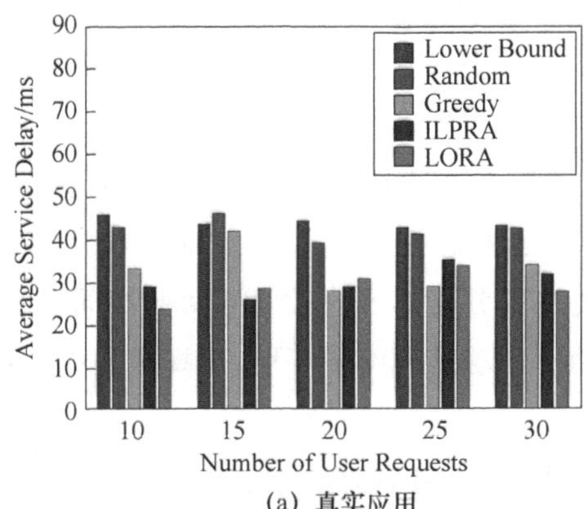

(a) 真实应用

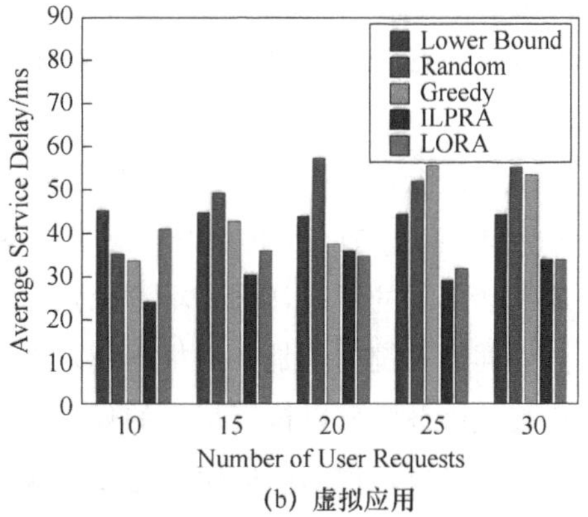

(b) 虚拟应用

图 2-7　平均服务时延率随用户请求数量的变化

如图 2-8 所示，若服务时延误差为负，则表示没有在时延约束内完成任务。累计分布函数曲线的斜率越大，说明服务误差的范围越大，服务的质量越参差不齐。与 ILPRA 方法相比，LORA 方法的服务时延误差整体更均衡。在虚拟应用下 LORA 和 ILPRA 方法小于 10 ms 的服务延迟误差分别占 30%和 50%左右。总之，LORA 方法可以降低微服务部署的成本，同时在服务延迟方面为用户提供更好的体验。

图 2-8 彩图

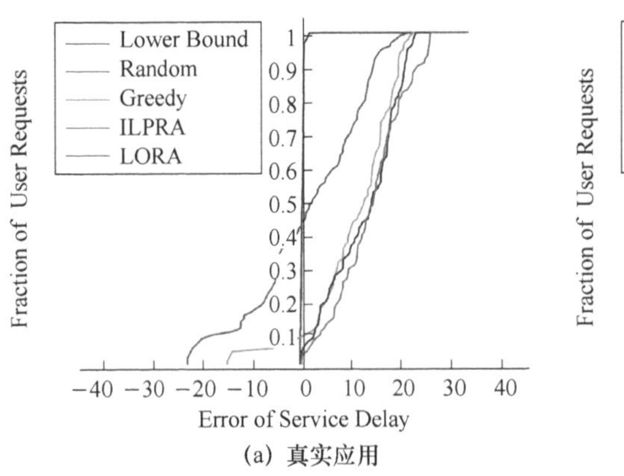

(a) 真实应用

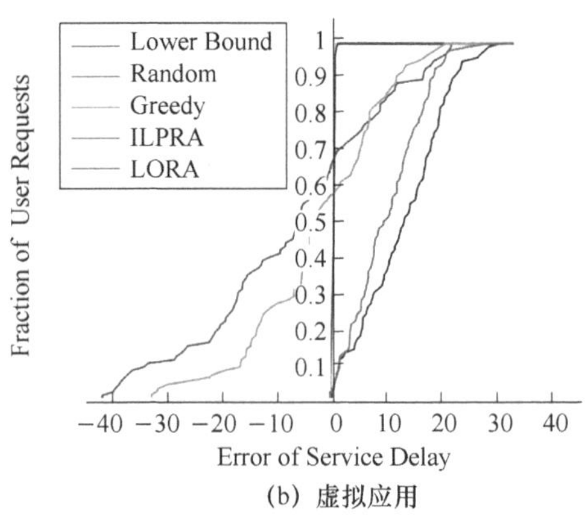

(b) 虚拟应用

图 2-8 服务时延误差的累积分布函数图

2.3 基于强化学习的微服务协同方法

在移动边缘计算环境下，单个边缘云覆盖范围的有限、终端用户（如智能车、个人移动终端等）的频繁移动等问题，经常导致其所提供的服务质量急剧下降（甚至服务中断），难以保障服务的连续性。如何为移动用户保证边缘服务的连续性及低时延是一个重要且具有挑战性的问题。为了解决这一问题，服务迁移被提出，然后通过在用户移动时决策是否进行迁移、如何进行迁移以及将服务迁移到何处来保证服务的连续性。然而，服务迁移没有考虑已部署在边缘服务器上的其他服务，从而无法充分利用动态的边缘资源。

为了解决上述局限性，本章针对移动用户的服务连续性保障，研究了边缘服务器间的服务协同问题。首先，服务协同要求边缘服务器上的服务快速部署，而微服务架构具备快速灵活部署的性能，因此，本章聚焦于跨边缘服务器部署的微服务间的协同。其次，微服务协同的关键问题是如何根据用户的移动性和动态的网络环境，选择最佳的边缘服务器运行微服务实例以执行用户的任务。

为了更形象地说明面向服务连续性保障的微服务协同问题，图 2-9 给出了一个自动驾驶中障碍物检测场景。自动驾驶汽车通过实时检测周围的障碍物（如汽车、行人、骑自行车的人、道路标志等物体)，做出适当的控制决策以保证驾驶安全。该场景包含了 1 个云数据中心、5 个边缘服务器和 19 个基站。根据边缘服务器部署策略，每个边缘服务器负责位于其覆盖范围内的所有基站，而基站仅与一个边缘服务器直接连接。根据服务部署策略，将障碍物检测微服务部署在某些边缘服务器上，通过在边缘服务器上执行微服务实例为计算能力有限的自动驾驶车提供服务。

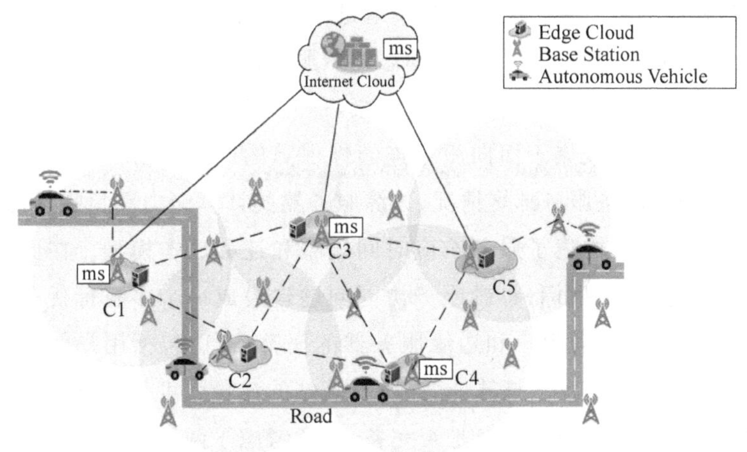

图 2-9　移动边缘计算中的微服务协同

假设用户的运行轨迹如图 2-9 所示。当用户在边缘服务器 C1 的覆盖范围内时，由 C1 上部署的微服务实例提供服务。当用户移动到边缘服务器 C2 的覆盖范围内时，可以由通信延迟变长的 C1 上的原始微服务提供服务；也可以将计算数据迁移到 C3 或 C4 执行；还可以在 C2 上快速地进行微服务部署并将计算数据迁移到 C2 执行。其中，计算数据迁移是指将未完成的计算任务和中间计算状态(如文件系统和内存状态)迁移到目标服务器上以进行微服务实例同步。如果所选择的边缘服务器上没有部署所需微服务，那么需要快速部署微服务实例。同样，当用户移动到边缘服务器 C4 的覆盖范围内时，障碍物检测任务可以直接由 C4 上的微服务执行；也可以由其他边缘服务器通过微服务部署和计算迁移来执行；还可以在云数据中心执行。当用户继续移动到边缘服务器 C5 的覆盖范围内时，任务同样可以选择任意边缘服务器或云数据中心。因此，微服务协同是指通过协同不同边缘服务器上的微服务，为移动用户提供全程连续的实时服务。

每个边缘服务器的服务部署情况、计算资源和网络环境不同，微服务协同过程中选择不同边缘服务器对应的用户体验质量(如服务响应时间)和服务协同代价(如网络带宽、计算资源成本等)也不同。当移动用户从一个边缘服务器的覆盖范围移动到另一个边缘服务器的覆盖范围时，可选择的多种服务提供方案总结如下：

① 选择原边缘服务器；

② 选择其他已经部署了所需微服务的边缘服务器或云数据中心；

③ 选择没有部署所需微服务的边缘服务器，并将微服务迁移到当前边缘服务器上。

第①种选择不需要进行微服务部署和计算数据迁移，因此不会产生迁移时延和成本，但通信时延可能较长；第②种选择不需要进行微服务部署，但会产生计算迁移时延和成本；而第③种情况会产生迁移时延和成本及微服务部署成本，但可能其计算时延和传输时延较低。因此，微服务协同策略需要权衡服务时延和迁移及部署成本。值得注意的是，用户移动过程中的微服务协同不是简单地进行边缘服务器的重复选择。当前的微服务协同决策会影响微服务的部署情况。动态的微服务的部署情况、动态的网络环境及用户的移动轨迹都会影响后续的微服务协同决策。

基于上述观察，本章聚焦于面向服务连续性保障的微服务协同问题。首先，考虑用户任务大小、信道状态、微服务部署情况、边缘服务器的计算能力和负载情况对服务响应时间及迁移成本的影响，构建了服务响应时间模型和迁移成本模型。在此基础上，以响应时间和迁移成本为优化指标，将微服务协同问题建模成一个多目标优化问题。其次，考虑到求解该问题需要移动用户和边缘服务器的完整信息，包括用户的移动轨迹、所有任务的参数、所有边缘服务器的计算能力、所有基站的流量强度等，微服务协同问题的最优解很难直接获得。因此，根据信息是否完备，本章考虑了两种协同场景：第一种是已知未来一段时间内完整信息的离线协同场景；第二种是只知道当前时刻信息的在线协同场景。然后，针对离线协同场景，通过将离线微服务协同问题转化成最短路径问题，设计了一个基于动态规划的离线微服务协同算法，并分析了该离线协同算法的最优性和复杂度。该离线协同算法可以为在线协同算法的性能提供一个理论上的上限。针对在线协同场景，通过将在线微服务协同问题转化成马尔可夫决策过程，设计了一个基于强化学习的在线微服务协同算法。通过用户与动态移动边缘环境的不断交互，不仅考虑了当前决策的直接回报，还考虑了未来可能的回报以确定全程最佳的微服务协同策略。

最后，基于两个真实数据集：上海电信的基站数据集和上海出租车轨迹数据集进行实验，实验结果表明基于强化学习的在线微服务协同方法可以有效降低服务延迟和迁移代价，并接近离线协同方法的最优性能。

2.3.1 系统模型和问题建模

1. 系统模型

如图 2-9 所示，移动边缘网络中包含许多基站，一组边缘服务器和一个云数据中心。在服务提供方面，相比于边缘服务器，云数据中心的计算和存储能力更强，但并没有本质上的差异。因此，本章将云数据中心看作一个特殊的边缘服务器。如无特别说明，本章中提到的边缘服务器也包括云数据中心。

移动边缘网络可以表示为 $G=(B\cup C,E)$，其中 B 为基站的集合，C 为边缘服务器的集合，E 为基站之间的连接链路集合。此外，令 m 和 n 分别表示 B 中基站的数量和 C 中边缘服务器的数量。每个基站 $b_i \in B(1 \leqslant i \leqslant m)$ 都被分配给一个且只有一个边缘服务器。每个边缘服务器 $c_i \in C(1 \leqslant i \leqslant n)$ 都可以为用户提供服务，且云数据中心上部署了所有的微服务。令 $H=\{h_{i,t}\}(1 \leqslant i \leqslant n, t=1,\cdots)$ 表示移动边缘网络中的微服务部署情况，其中 $h_{i,t}$ 表示在 t 时刻，边缘服务器 c_i 上是否部署了需要的微服务。若在 t 时刻，边缘服务器 c_i 上部署了需要的微服务，那么 $h_{i,t}=1$，否则 $h_{i,t}=0$。由于云数据中心上部署了所有的微服务，所以当 c_i 表示云数据中心时，$\forall t, h_{i,t}=1$。

在图 2-9 中，有 19 个基站、5 个边缘服务器和 1 个云数据中心。所需要的微服务已经被部署在边缘服务器上。用户连续捕获图像（视频），然后通过其接入的基站将图像检测任务传输到所属的边缘服务器上。为简单起见，我们将此边缘服务器称为用户的邻近边缘。该用户沿着一条已知的特定路径行驶，它的轨迹由 $L_u=\{l_u(t)\}$ 表示，其中 $l_u(t)$ 表示在时刻 t 时用户所处的位置。随着用户的移动，所接入的基站根据通信网络中的移动性管理协议进行无缝自动切换。基站的切换导致用户的邻近边缘也相应地切换。因此，我们可以根据 L_u 确定每个时刻 t 时用户的邻近边缘，并用 $e(t)$ 表示。当用户从一个边缘服务器的覆盖范围行驶到另一个边缘服务器的覆盖范围，即 $e(t) \neq e(t-1)$ 时，需要一个微服务协同策略来确定选择哪个边缘服务器执行计算任务以及是否需要部署新的微服务。微服务协同的目标是将总延迟（包括计算延迟、传输延迟和迁移延迟）和迁移成本降至最低。

2. 问题建模

(1) 计算延迟

令 $A(p_t, \tau_t, w_t)$ 表示在时刻 t，用户卸载到边缘服务器的任务，其中 p_t 表示任务的大小（字节），τ_t 表示最晚完成时间（秒），w_t 表示计算强度（CPU 频率/字节）。以实时的行人检测应用为例，用户生成一个视频流检测任务，并将其卸载到边缘服务器上进行计算。在每个时间间隙内，用户上传的视频数据大小为 p_t。每个边缘服务器都可以通过共享处理器同时为来自不同用户的多个任务分配计算资源。但是，由于边缘服务器的计算资源相对有限，边缘服务器上的任务执行时间是不可忽略的。令 $f_{i,t}$ 表示边缘服务器 c_i 分配给任务的计算强度（CPU 频率）。令 $r_e(i,t)$ 表示任务的执行时间，如果选择边缘服务器 c_i 来执行任务 p_t，那么有如下等式成立：

$$r_e(i,t)=\frac{p_t w_t}{f_{i,t}} \tag{2-32}$$

当 $f_{i,t}=0$ 时，定义计算延迟 $r_e(i,t)$ 为无穷大。此外，当 t 时生成的任务 p_t 到达边缘服务器 c_i 时，由于计算能力有限，边缘服务器可能正在处理其他任务。因此，也需要考虑排队时间。那么，选择边缘服务器 c_i 执行的任务 p_t 的总计算延迟为：

$$r_c(i,t)=r_e(i,t)+r_q(i,t) \tag{2-33}$$

其中，$r_q(i,t)$表示边缘服务器 c_i 中任务 p_t 的排队时间。令 $w_{i,t}^q$表示边缘服务器 c_i 中未完成任务的计算强度，$f_{i,t}^q$表示边缘服务器 c_i 分配给任务 $w_{i,t}^q$的计算强度，p_t 的排队时间可以通过$\frac{w_{i,t}^q}{f_{i,t}^q}$计算得出。

（2）传输延迟

任务数据的传输可以被分为 3 部分：用户将任务数据通过无线信道传到其所在基站；再从基站传到临近边缘；以及从其临近边缘传到所选边缘服务器。

对于无线信道，令 g_t 表示位于 l_u 的用户与其所在基站 $b_t \in B$ 之间的信道增益，S 表示用户的传输功率，W 表示信道带宽，N 表示噪声功率。那么最大传输速率为：

$$\mathrm{tr}_t = W\log_2\left(1+\frac{Sg_t}{N}\right) \tag{2-34}$$

令 $e_{i,j} \in E$ 表示移动边缘网络 G 中任意两个节点之间传输链路的通信延迟。当 $i \in [1,m]$，$j \in [1,m]$时，$e_{i,j}$表示基站 b_i 和基站 b_j 间的传输延迟；当 $i \in [1,m]$，$j \in [m+1, m+n]$时，$e_{i,j}$表示基站 b_i 和边缘服务器 c_j 间的传输延迟；当 $i \in [m+1, m+n]$，$j \in [m+1, m+n]$时，$e_{i,j}$表示边缘服务器 c_i 和边缘服务器 c_j 间的传输延迟。网络 G 的拓扑结构可表示如下：

$$E=\left\{\begin{matrix} e_{1,1} & \cdots & e_{1,m+n} \\ \vdots & & \vdots \\ e_{m+n,1} & \cdots & e_{m+n,m+n} \end{matrix}\right\} \tag{2-35}$$

其中，若节点 b_i 或 c_i 和节点 b_j 或 c_j 直接相连，那么 $e_{i,j}$为有限值，否则，$e_{i,j}$为无穷大。基站与边缘服务器之间的路径以及边缘服务器之间的路径均由 E 中的链路组成。具体而言，从基站 b_t 到所选边缘服务器 c_i 的路径是从 b_t 出发，经过 $e(t)$最终到达 c_i 的最短路径。如果 c_i 表示云数据中心，那么 b_t 到 c_i 的路径是从基站通过邻近边缘 $e(t)$和承载网到云数据中心的路径。令 $d(i,t)$表示从用户所在基站到所选边缘服务器 c_i 的通信延迟。任务 p_t 的总通信延迟为：

$$r_t(i,t)=\frac{p_t}{tr_t}+d(i,t) \tag{2-36}$$

（3）迁移延迟及成本

当用户移动并且其选择的边缘服务器改变时，计算迁移和可能的微服务部署会产生额外的延迟和成本。令 $x(t) \in C$ 表示处理时刻 t 时产生的任务 $p(t)$的边缘服务器。如果在 $x(t)$上没有部署所需要的微服务，即 $h_{x(t),t-1}=0$，那么需要快速部署微服务，然后将未完成的计算任务和中间数据（文件系统和状态数据）迁移到 $x(t)$上以同步微服务实例。

本章中的计算迁移过程采用常见的前复制内存迁移方法。当迁移开始时，先保持 $x(t)$ 上微服务实例的运行状态，预先将所有迁移数据从 $x(t)$传输到 $x(t+1)$，直到满足预先指定的条件。然后，挂起 $x(t)$上正在运行的微服务实例，并将剩余数据传输到目标边

缘服务器 $x(t+1)$。在计算迁移过程中，只有停机时间（即微服务实例未运行的时间段）会影响用户感知的延迟。因此，我们只考虑计算迁移的停机时间，而不是整体迁移时间。迁移完成后，未完成的计算任务将继续在边缘服务器 $x(t+1)$ 上处理。由于未完成任务在先前边缘服务器上的计算延迟已计入 Eq.(3-2)，因此需要重新计算。迁移延迟由计算迁移造成的停机时间和未完成任务的新计算延迟组成。

t 时刻未完成的任务大小为：

$$p_t^m=\min\left\{p_t,\max\left\{0,p_t-\frac{\Delta t-r_t(x(t),t)-r_q(x(t),t)}{r_e(x(t),t)}p_t\right\}\right\} \tag{2-37}$$

其中，Δt 表示一个时间间隙的长度。令 $\tilde{p}_t$ 表示 $p_t-\frac{\Delta t-r_t(x(t),t)-r_q(x(t),t)}{r_e(x(t),t)}p_t$，如果通信延迟长于一个时间间隙，$\tilde{p}_t\geqslant p_t$，因此 $p_t^m=p_t$ 且整个任务 p_t 都需要被迁移。如果在一个时间间隙内只有一部分任务被处理完，$\tilde{p}_t$ 则表示未完成任务的大小，且 $p_t^m=\tilde{p}_t$。如果在一个时间间隙内任务 p_t 能被处理完，即 $r_t(x(t),t)+r_c(x(t),t)\leqslant\Delta t$，那么 $\tilde{p}_t\leqslant 0$，因此 $\max\{0,\tilde{p}_t\}=0$，也就是不需要计算迁移。

因此，p_t^m 的迁移延迟如下：

$$r_m(x(t),x(t+1),t+1)=\lambda_t\,\mathbb{I}\{x(t+1)\neq x(t)\}+\frac{p_t^m w_t}{f_{x(t+1),t+1}}-\frac{p_t^m w_t}{f_{x(t),t}} \tag{2-38}$$

其中，λ_t 为计算迁移的停机时间，$\mathbb{I}\{y\}$ 为一个示性函数。若事件 y 为真，则 $\mathbb{I}\{y\}=1$，否则，$\mathbb{I}\{y\}=0$。由于未完成的任务 p_t^m 将在边缘服务器 $x(t+1)$ 上处理，因此迁移任务的执行时间为 $\frac{p_t^m w_t}{f_{x(t+1),t+1}}-\frac{p_t^m w_t}{f_{x(t),t}}$。如果边缘服务器 $x(t+1)$ 的计算能力比 $x(t)$ 强，$\frac{p_t^m w_t}{f_{x(t+1),t+1}}-\frac{p_t^m w_t}{f_{x(t),t}}$ 小于 0，那么迁移会降低任务的执行时间。否则迁移会增加任务的执行时间。由于在第一个时隙内不会发生迁移，设定 $r_m(:,:,1)=0$。此外，迁移过程中需要传输的文件系统和内存状态带来的延迟已经被考虑在了停机时间内，因此不需要对它们进行单独建模。

迁移成本包含经济成本、迁移资源消耗和新微服务实例的放置成本。$t+1$ 时刻的迁移成本为：

$$u(x(t),x(t+1),t+1)=\mu(h_{i,t},x(t),x(t+1))\,\mathbb{I}\{x(t+1)\neq x(t)\} \tag{2-39}$$

其中，$\mu(h_{i,t},x(t),x(t+1))$ 为关于 $d(x(t),x(t+1)$ 的非递减函数，且满足 $\mu(:,:,1)=0$ 和 $\mu(1,:,:)=0$。

边缘服务器的微服务部署情况会根据新微服务实例的部署而变化，这种变化可以表示如下：

$$h_{i,t+1}=\begin{cases}1, & i=x(t+1)\\ h_{i,t}, & \text{其他}\end{cases} \tag{2-40}$$

本章的目标是找到最优的微服务协同策略使得一段足够长的时间内总延迟和迁移代价最小。时刻 t 时的总延迟为：

$$r(x(t-1),x(t),t)=r_c(x(t),t)+r_t(x(t),t)+r_m(x(t-1),x(t),t) \tag{2-41}$$

对用户 L_u 来说，微服务协同策略的总延迟为：

$$R(x)=\sum_{t=1}^{\infty} r(x(t-1),x(t),t) \tag{2-42}$$

微服务协同策略的迁移成本为：

$$U(x)=\sum_{t=1}^{\infty} u(x(t-1),x(t),t) \tag{2-43}$$

因此，微服务协同问题可被建模如下：

$$\text{P1:}\quad \min_{x(1,\cdots,\infty)} R(x),U(x) \tag{2-44}$$

$$\text{s.t.}\quad r_c(x(t),t)+r_t(x(t),t)\leqslant \tau_t,\ \forall t$$

$$x(t)\in C,\ \forall t \tag{2-45}$$

然而由于求解 P1 问题需要用户整个行程和边缘服务器的完整信息，包括用户的轨迹、所有任务的参数、所有边缘服务器的计算强度、所有基站的流量强度等，该问题的最优解很难直接获得。因此，根据信息是否完备，本章设计了两种协同场景。第一种是离线协同场景，在该场景中，未来一段时间内的完整信息可以提前获得。第二种是只知道当前信息的在线协同场景。下面两节将分别介绍离线和在线协同场景。

2.3.2 基于动态规划的离线微服务协同方法

本节主要介绍已知时间段 T 的完整信息时的微服务协同问题，并设计了一个基于动态规划的离线微服务协同算法来找到最优协同策略。

离线场景中，我们讨论了下一个时间窗口 T 的完整信息可用时的服务协同问题。离线微服务协同问题被等价成最短路径问题。我们认为只有用户在切换边缘云时，才会重新选择边缘云来执行微服务和可能的服务迁移。最短路径问题的层对应于边缘云的切换时间，而不是实际的物理时隙。每个节点代表一个可能的边缘云，每条边代表当用户切换边缘云时一个可能的边缘云选择，每条边的权重代表从当前位置到下一次重选的总效用值。然后我们提出了一种基于动态规划的离线协同算法。所提出的离线算法可以为任何实际在线算法的性能提供一个理论上的上限。此外，该离线算法还可以应用于具有预测信息的微服务协调问题。

下面介绍离线微服务协同问题建模。

已知时间窗口 T 的大小，在该时间窗口$(t_0,\cdots,t_0+T-1)$内的微服务协同策略的总延迟和迁移代价如下：

$$R_T(x)=\sum_{t=t_0}^{t_0-1+T} r(x(t-1),x(t),t) \tag{2-46}$$

$$U_T(x)=\sum_{t=t_0}^{t_0-1+T}u(x(t-1),x(t),t) \tag{2-47}$$

离线微服务协同问题可表示为：

$$\text{P2}:\min_{x(t_0,\cdots,t_0+T-1)}U_T(x),U_T(x) \tag{2-48}$$

$$\text{s.t.}\ \ r_c(x(t),t)+r_t(x(t),t)\leqslant\tau_t,\ \forall t\in[t_0,t_0+T-1]$$

$$x(t)\in C,\ \forall t\in[t_0,t_0+T-1] \tag{2-49}$$

接下来，我们利用线性加权算法将 P2 转化成一个单目标优化问题，目标函数如下：

$$\mathbb{F}(x)=\omega\frac{R_T(x)-R_{\min}}{R_{\max}-R_{\min}}+(1-\omega)\frac{U_T(x)-U_{\min}}{U_{\max}-U_{\min}} \tag{2-50}$$

其中，$R_{\max}$和 $U_{\max}$分别表示时间窗口 T 内时延和迁移代价的最大值，$R_{\min}$和 $U_{\min}$分别表示时间窗口 T 内时延和迁移代价的最小值。ω 表示延迟指标的权重，且满足 $0\leqslant\omega\leqslant1$。转化后的单目标优化问题如下：

$$\text{P3}:\min\mathbb{F}(x) \tag{2-51}$$

问题 P3 的解为 P2 的弱帕累托最优解。当 $\omega\in(0,1)$时，问题 P3 的解可以达到帕累托最优。相应的定义和证明如下。

定义 2.1（弱帕累托最优性）　当且仅当不存在 $x\in C$ 使得 $R(x)<R(x^*)$且 $U(x)<U(x^*)$时，$x^*\in C$ 为 P2 的弱帕累托最优解。

定义 2.2（帕累托最优性）　当且仅当不存在 $x\in C$ 使得 $R(x)\leqslant R_T(\hat{x})$，$U_T(x)\leqslant U(\hat{x})$时，$x^*\in C$ 为 P2 的帕累托最优解。

定理 2.1　问题 P3 的解为 P2 的弱帕累托最优解。当权重系数 ω 为小于 1 的正数时，问题 P3 的解为 P2 的帕累托最优解。

证明　假设 x^* 为 P3 的解且 x^* 不是 P2 的弱帕累托最优解，则存在 $x\in C$ 使得 $R(x)<R(x^*)$且 $U(x)<U(x^*)$。根据权重系数的取值范围 $0\leqslant\omega\leqslant1$，$\omega\frac{R_T(x)-R_{\min}}{R_{\max}-R_{\min}}+(1-\omega)\frac{U_T(x)-U_{\min}}{U_{\max}-U_{\min}}<\omega\frac{R_T(x^*)-R_{\min}}{R_{\max}-R_{\min}}+(1-\omega)\frac{U_T(x^*)-U_{\min}}{U_{\max}-U_{\min}}$。这和 x^* 为 $P3$ 的解的假设相矛盾。因此，x^* 是 P2 的弱帕累托最优解。

当 $\omega\in(0,1)$时，假设 x^* 不是 P2 的帕累托最优解，则存在 $x\in C$ 使得 $R(x)\leqslant R(x^*)$，$U(x)\leqslant U(x^*)$，并且 $R(x)<R(x^*)$或者 $U(x)<U(x^*)$. 由于 $0<\omega<1$，$\omega\frac{R_T(x)-R_{\min}}{R_{\max}-R_{\min}}+(1-\omega)\frac{U_T(x)-U_{\min}}{U_{\max}-U_{\min}}<\omega\frac{R_T(x^*)-R_{\min}}{R_{\max}-R_{\min}}+(1-\omega)\frac{U_T(x^*)-U_{\min}}{U_{\max}-U_{\min}}$。同理，这和 x^* 为 P3 的解的假设相矛盾。因此当 $\omega\in(0,1)$时，x^* 是 P2 的弱帕累托最优解。

1. 问题等价

如图 2-10 所示，离线微服务协同问题可以等价成一个最短路问题。在本章中，我们认为只有在用户的邻近边缘改变时，才会重新选择边缘服务器来执行任务和可能的微服务迁移。在等价成的最短路径问题中，层对应邻近边缘的改变次数而不是实际的物理时隙，每个节点代表一个候选边缘服务器，每条边代表当用户邻近边缘改变时一个可能的边缘服务器选择，每条边的权重代表从当前位置到下一次重选的总效用值。在 t 时刻计算 $x(t)$ 的权重时，$x(t-1)$ 是确定的，因此权重值只和 $(x(t),t)$ 有关。

$$f(x(t),t)=\omega\frac{r(x(t),t)-R_{\min}}{R_{\max}-R_{\min}}+(1-\omega)\frac{u(x(t),t)-U_{\min}}{U_{\max}-U_{\min}} \tag{2-52}$$

在图 2-10 中，邻近边缘的改变次数为 3，且 $x(t)$ 有 3 个候选边缘服务器。t_0-1 时刻的边缘服务器已经给定，边 $(x(t_0-1),x(t_0))$ 的权重为从 t_0 到 t_0+4 的总效用值。终点是虚拟的，且到终点的每个边的权重都为 0。根据上述等价，最短路径对应了最优的协同策略，最短路径的权重值对应所有候选协同策略的效用 $\sum_{t=t_0}^{t_0+T-1} f(x(t),t)$ 的最小值。

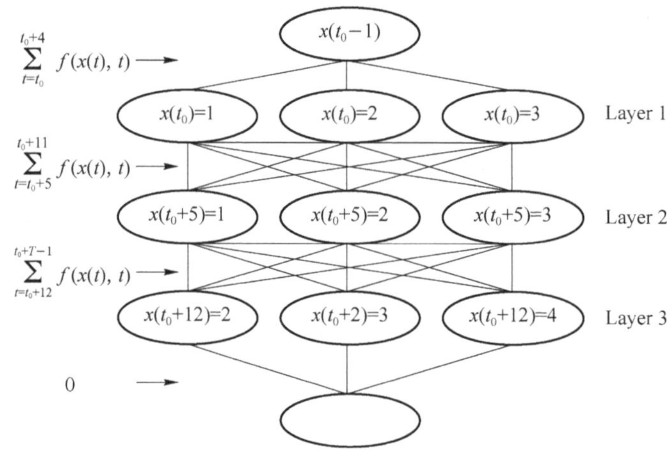

图 2-10　$T=20$ 时的离线微服务协同场景

2. 算法介绍

为了解决上文介绍的最短路径问题，这里提出了基于动态规划的离线微服务协同算法。

如算法 2-2 所示，j 表示上一次选择时的候选边缘服务器，i 表示当前选择的候选边缘服务器，$F'(j)$ 表示从 t_0 时刻到当前选择时刻的总效用值，$F(i,j)$ 表示从当前选择时刻到下一次用户邻近边缘改变的总效用值，$f(i,j,t)$ 表示时刻 t 时，上一次边缘服务器选择 i，当前选择边缘服务器 j 时的效用值，即 $x(t-1)=i,x(t)=j$。

在算法 2-2 中，第 3～26 行以迭代方式为每个时间窗口 T 找到最短路径(最佳微服务协同策略)。迭代从图 2-10 中图的第二层开始，当用户的邻近边缘改变(第 5 行)时，第 8 行通过求解贝尔曼方程来选择相对于先前选择的最优边缘服务器。例如，在图 2-10 中，当 $t=t_0+12$ 时，F' 是第二层中节点值的集合，F 是第二层和第三层之间边的权重的集合。第 8 行是在第二层中为第三层的各个节点选择出对应的最佳边缘服务器。第 9 行中的节点 $x_i(k)$ 表示当第 k^{th} 邻近边缘改变选择边缘服务器 i 时，第 $(k-1)^{th}$ 次应该选择的最优的边缘服务器。从 t_0 迭代到 t_0+T-1 后，该算法可以确定时间窗口 T 内的最优微服务协同策略。

算法 2-2　基于动态规划的离线微服务协同

输入：$L_u, E, H; A(p_t, \tau_t, w_t)$，边缘服务器的计算强度，基站的流量强度

输出：最优的微服务协同策略 $\{x(t)\}$

初始化 $t_0=1$

Loop

　初始化 $j=x(t_0-1), F(i,j)=f(i,j,t_0), F'(j)=0, k=0$

　For $t=t_0+1,\cdots,t_0+T-1$

　　If $e(t)\neq e(t-1)$

　　　$k=k+1$

　　　For 所有 i **do**

　　　　$j^*=\arg\min_j\{F'(j)+F(i,j)\}$

　　　　$x_i(k)=j^*$

　　　　$F'(j)=F'(j^*)+F(i,j^*)$

　　　　$F(i,j)=f(i,j,t)$

　　　End For

　　Else

　　　For 所有 i,j **do**

　　　　$F(i,j)=F(i,j)+f(i,j,t)$

　　　End For

　　End If

　End For

　$k=k+1$

　For 所有 i **do**

　　$j^*=\arg\min_j\{F'(j)+f(i,j,t)\}$

　　$x_i(k)=j^*$

　　$F'(j)=F'(j)+F(i,j^*)$

　End For

　$j^*=\arg\min_j\{F'(j)\}$

　将协同策略 x_{j^*} 应用到 $t_0,\cdots,t_0+T$

　$t_0=t_0+T$

End Loop

上述算法也适用于服务节点动态变化的场景，例如，边缘服务器为了节能根据睡眠策略动态地打开/关闭。服务节点的动态变化使得微服务协同问题更加复杂。然而，通过改变算法 2-2 中$\{x(t)\}$的候选集合，算法 2-2 也可以解决服务节点动态变化场景下的微服务协同问题。

2.3.3 基于强化学习的在线微服务协同方法

本节将只知道当前信息的在线微服务协同问题建模成马尔可夫决策过程，并设计了一个基于强化学习的在线微服务协同算法。

(1) 在线微服务协同问题建模

本小节将在线微服务协同问题建模成序列决策问题，并用马尔可夫决策过程表示。

令 $s(t)=\{x(t),h(t)\}$表示 t 时刻的状态，其中 $x(t)$为用户选择的边缘服务器，$h(t)$为边缘服务器上微服务实例的部署情况。令 $a(s(t))\in C$ 表示状态为 $s(t)$时选择边缘服务器的动作。策略 π 表示在任意状态 $s(t)$时做出的动作决策，是动作集合上的概率分布。动作决策使得系统状态发生转移：$s(t+1)=s'(t)=(x(t+1),h(t+1))=a(s(t))$。动作 $a(s(t))$的直接回报为 $R_s^a=-f(s(t),a,t)$，其中 $f(s(t),a,t)$为当前状态为 $s(t)$下一个时隙选择 a 时 $t+1$ 时刻的效用值。初始状态为 $s(0)=s_0$，长期累积回报为：

$$G_\pi(0)=\sum_{k=0}^{\infty}\gamma^k R_{s(k)}^{a_\pi} \tag{2-53}$$

其中，$\gamma\in[0,1]$为折扣因子。

基于上述定义，微服务协同的目标为找到策略 π 使得长期累计回报的期望最大。状态为 s 时 π 的长期累计回报 G_π 的期望值为状态-值函数，可表示如下：

$$V_\pi(s)=E\Big[\sum_{k=0}^{\infty}\gamma^k R_{s(k)}^{a_\pi}\mid s(0)=s\Big] \tag{2-54}$$

最优的状态-值函数为：

$$V^*(s_0)=\max_\pi V_\pi(s_0) \tag{2-55}$$

(2) 基于增强学习的在线微服务协同算法

为了解决上述基于马尔可夫决策框架的微服务协同问题，本小节提出了一种基于增强学习的在线微服务协同算法。增强学习关心的是代理(agent)如何在一个环境中采取行动，以使累积回报最大化。而微服务协同中 agent 可以通过与动态移动边缘环境的试错交互，学习当前选择的长期累积回报。Q-learning 算法是一种常见的强化学习算法，已被应用到多个研究领域，如服务迁移和计算卸载。基于 Q-learning 算法，我们提出了一种在线微服务协同算法，如算法 2-3 所示。

算法 2-3　基于强化学习的在线微服务协同算法

输入：$l_u(t), e(t), h(t-1), A(p_t, \tau_t, w_t)$，$t$ 时刻边缘服务器的计算强度、基站的流量强度

输出：最优的微服务协同策略

1: **If** $e(t) \neq e(t-1)$

2: 　$s_0 = (x(t-1), h(t-1)), Q = 0$

3: 　**repeat**

4: 　　$s = s_0$

5: 　　**For** $i = t, \cdots, T$

6: 　　　根据ϵ-贪婪策略选择 a

7: 　　　获得相应的转移状态 s'，预测 $\hat{R}$

8: 　　　$Q(s,a) = Q(s,a) + \alpha[\hat{R} + \gamma \max\limits_{a'} Q(s', a') - Q(s,a)]$

9: 　　　$s = s'$

10: 　　**End For**

11: 　**until** $Q(s,a)\ \$$ 收敛

12: 　$x(t) = \arg\max\limits_{a} Q(x(t-1), a)$

13: **Else**

14: 　$x(t) = x(t-1)$

15: **End if**

算法的主要思想是通过建立并更新 Q 表来学习特定状态特定动作的回报。Q 表由元素 $Q(s,a)$ 组成，$Q(s,a)$ 表示在状态 s 时采取动作 a 的长期累积回报的期望。第 5～10 行为迭代过程，每次迭代中，agent 采取动作 a，状态由 s 转移到 s'，并获得直接回报 $\hat{R}$ 以更新 $Q(s,a)$ 的值。第 6 行中选择动作的策略为 ϵ-贪婪策略。本算法中使用的 ϵ-贪婪策略具体如下：

$$\pi(a \mid s) = \begin{cases} 1 - \epsilon + \dfrac{\epsilon}{|A(s)|}, & a = \arg\max\limits_{a} Q(s,a) \\ \dfrac{\epsilon}{|A(s)|}, & \text{其他} \end{cases} \tag{2-56}$$

其中，$|A(s)|$ 表示状态为 s 时可选的动作数量。上述策略将可选的动作分为两类：一类是使 Q 值最大的动作；另一类是其他动作。选择第一类动作意味着利用已知信息选择下一步动作，而选择第二类动作意味着探索更多的动作。ϵ-贪婪策略权衡了利用和探索。第 7 行的 $\hat{R}$ 是未来奖励参数预测模型根据边缘服务器和基站的历史数据提供的预测回

报。本算法中用的参数预测模型利用截至当前时刻的历史记录的平均值来近似参数值。当 $Q(s,a)$ 收敛时，迭代终止。在线微服务协同算法不仅考虑了当前决策的直接回报，还考虑了未来可能的回报以确定整个行程的最佳微服务协同方案。

2.3.4 实验与分析

1. 数据集介绍

本节用到了两个真实数据集：上海电信基站数据集和上海市出租车轨迹数据集。

上海市出租车轨迹数据集包含 2007 年 2 月 20 日全市 4 328 辆出租车的行驶轨迹。每条出租车轨迹都包含其一整天中每隔半分钟或一分钟的具体位置信息。此数据集还包含出租车当时的行驶方向，瞬时速度以及是否在运送乘客。图 2-11 显示了 4 条随机选择的出租车轨迹，每条轨迹由不同的颜色表示。

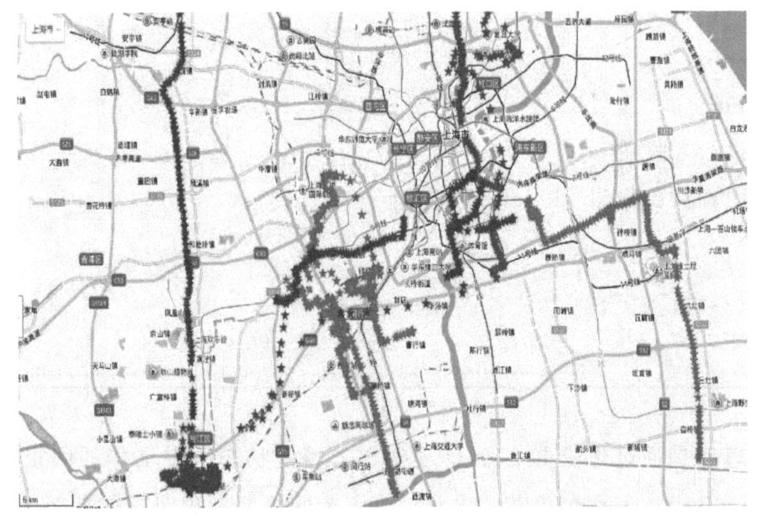

图 2-11 彩图

图 2-11　上海市出租车轨迹数据集

为了模拟用户在边缘计算环境中不断移动的场景，我们将上面两个数据集进行了结合。图 2-12 显示了这两个数据集是如何组合的。蓝点代表出租车的轨迹，绿点代表基站，红点代表边缘服务器，用不同颜色填充的区域代表边缘服务器的覆盖范围。出租车行驶时经过许多基站，从一个边缘服务器的覆盖区域移动到另一个边缘服务器的覆盖区域，其邻近边缘也在不断地切换。

根据第 3 章中提到的边缘服务器部署方法，我们从 3 233 个基站中选择了 400 个基站作为边缘服务器的部署位置，然后部署了 150 个微服务实例。

每个边缘服务器的 CPU 频率设为 25 GHz。边缘服务器分配给每个用户的计算资源 $f_{i,t}$ 服从[0,25]GHz 内的均匀分布。云数据中心分配给用户的计算资源为 25 GHz。

无线信道增益 g_t 为 $27+30\times \lg d$，其中 d 为位于 $l_u(t)$ 的用户与其所在基站 $b_t \in B$ 的距离。信道带宽 W 设为 20 MHz，噪声功率 N 设为 2×10^{-13} W，用户的传输功率 S 为 0.5 W。每条链路 $e_{i,j}\in E$ 的延迟服从 [5,50]ms 内的随机分布，基站和云数据中心的通信延迟为 50 ms。每个边缘服务器上任务的排队时间服从[0,5]ms 内的随机分布。计算迁移的停机时间 λ_t 设为 5 ms，迁移的成本为 $\mu=d(x(t),x(t-1))\times(1-h_{i,t})$。

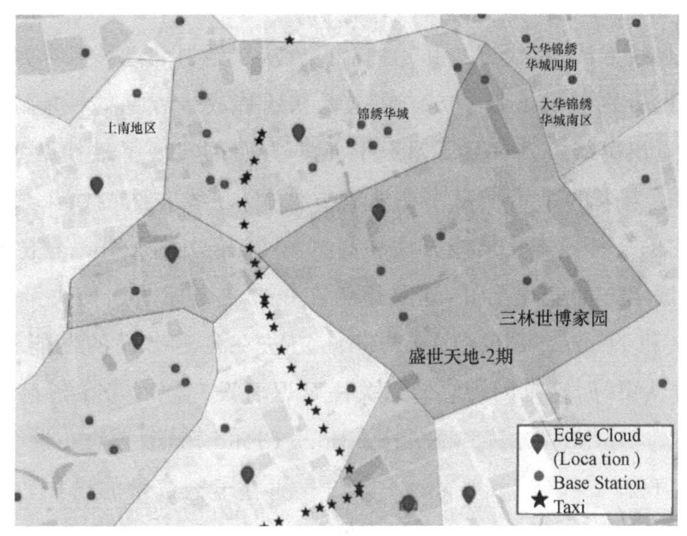

图 2-12 彩图

图 2-12　移动网络中出租车的具体行驶路径

每辆车周围的环境(如基站的密度、边缘服务器的分布和微服务实例的部署情况)以及每辆车的行驶轨迹(如速度)都是不同的。为了提高实验结果的可靠性，我们利用蒙特卡罗方法，分别在 1 000 个不同环境中进行实验。我们随机选择了 1 000 辆出租车的 30 分钟的轨迹作为实验环境。所有实验结果都是 1 000 个不同环境下数据的平均值。对于每辆出租车，假设其行驶过程中生成的任务服从期望为 0.6 Mbit/s 的泊松分布，任务的计算强度 w_t 服从[500,1 000]cycle/bit 内的均匀分布。任务完成的截止时间 τ_t 为 150 ms。

所有实验均在同一台计算机上进行，该计算机采用 Intel(R) Xeon(R)2.4 GHz 处理器及 32.0 GB RAM。

2. 对比方法

在本小节中，我们将离线微服务协同方法(Offline Algorithm)和在线微服务协同方法(Online Algorithm)与一些经典方法进行了对比。

(1) 一步优化方法 (1-step Look-ahead)：该方法同时考虑了延迟和迁移成本，选择当前时刻综合效用值最优的边缘服务器，它是时间窗口 T 为 1 的离线微服务协同方法。

(2) 时延优化方法(Delay Optimal)：该方法只考虑延迟而忽略迁移代价，选择时延最短的协同策略。

(3) 最近边缘优先方法 (Nearest Edge Cloud First):该方法选择用户的邻近边缘作为执行任务的边缘服务器,并根据用户邻近边缘的微服务部署情况按需部署微服务实例。

(4) 随机协同方法 (Random Edge Cloud):该方法在用户邻近边缘改变时,随机地选择新的边缘服务器执行任务。

3. 结果与分析

本小节比较了离线方法、在线方法和 4 种对比方法在延迟和迁移成本方面的表现。

图 2-13(a)和(b)分别展示了各个方法在延迟和迁移成本方面的性能随着车辆数目的变化。我们可以看出离线方法在延迟和迁移成本方面都实现了最佳结果。这是因为离线方法充分利用了未来的系统信息。在所有方法中,在线方法的结果最接近离线方法。实际上,只有它的迁移成本比离线方法略高。与 1-step Look-ahead 方法相比,在线方法在延迟和迁移成本方面表现更好,这是因为在线方法考虑了当前决策的长期回报。Delay Optimal 方法和 Nearest Edge Cloud First 方法在延迟方面的性能相似,且比 1-step Look-ahead 方法更好,这是因为它们只关注延迟而没有同时考虑延迟和迁移成本。此外,这也导致 Delay Optimal 方法和 Nearest Edge Cloud First 方法在迁移成本方面的性能不如 1-step Look-ahead 方法。随着车辆数量的增加,所有方法的性能都保持稳定,这表明离线方法和在线方法适用于大部分用户场景。

图 2-13 彩图

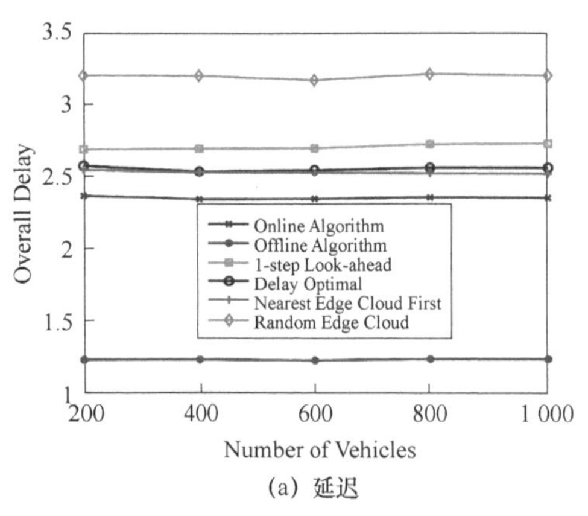

(a) 延迟

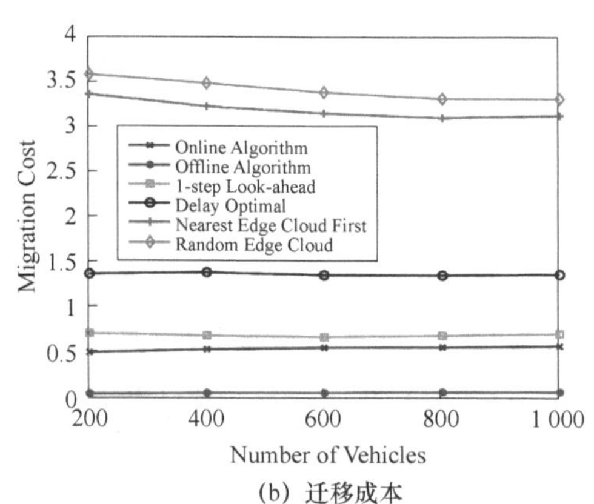

(b) 迁移成本

图 2-13 方法性能随着车辆数量的变化

为了研究用户邻近边缘切换次数对方法性能的影响,我们根据车辆轨迹中邻近边缘切换次数对 1 000 辆车进行分类。车辆的邻近边缘切换次数的分布情况如表 2-1 所示。切换次数越多说明车辆的速度越快或者其所在区域的边缘服务器部署密度越大。同时切换次数的增多也增加了选择新边缘服务器的可能性。

表 2-1　车辆的临近边缘切换次数的分布情况

切换次数	1	2	3	4	5	6	7	8	9	10
车辆数	96	145	166	157	137	100	76	57	27	12

图 2-14(a)和(b)分别展示了各个方法在延迟和迁移成本方面的性能随着邻近边缘切换次数的变化。我们可以看到，随着切换次数的增加，在线方法和离线方法的延迟和迁移成本都几乎保持不变。而其他方法的迁移成本随着切换次数的增加而增加，这是因为边缘服务器之间的切换会导致边缘服务器的重新选择并增加微服务实例部署和计算迁移的可能性。同时，重选边缘服务器次数的增加降低了当前决策的长期回报的影响，因此 Delay Optimal 方法和 1-step Look-ahead 方法的总延迟随着切换次数的增加而有所下降。Nearest Edge Cloud First 方法中若邻近边缘未部署相应微服务，则必须进行微服务实例部署，因此 Nearest Edge Cloud First 方法的迁移成本随着切换次数的增加而迅速增加。

图 2-14 彩图

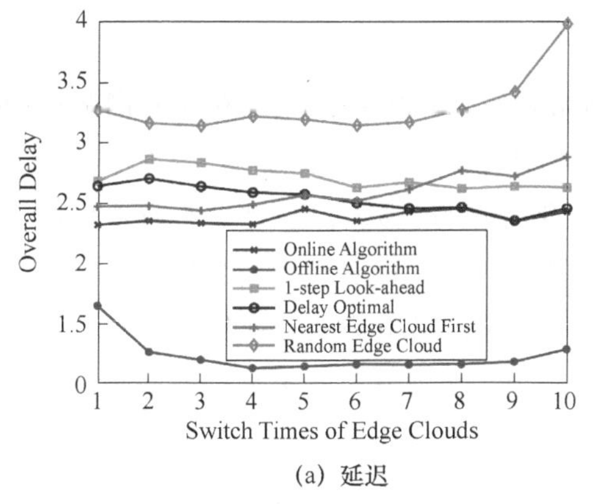

(a) 延迟

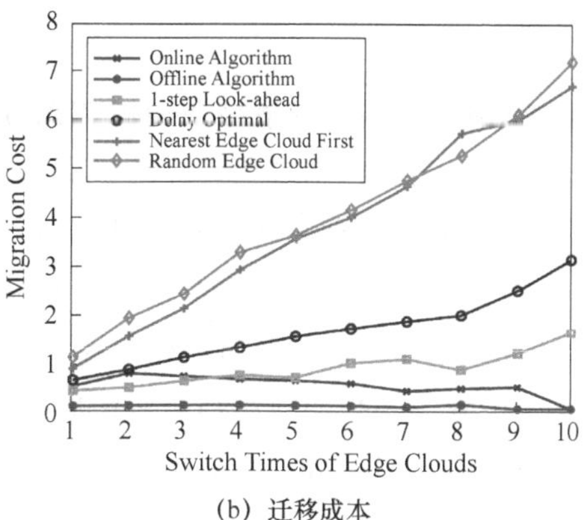

(b) 迁移成本

图 2-14　方法性能随着车辆数量的变化

综上所述，在智慧城市(如上海)中，相较于 4 种对比方法，在线微服务协同方法可以在总延迟和迁移成本方面为用户提供更好的体验，其性能接近离线方法提供的全局最优性能。

第3章 云网融合环境下的AI服务质量优化

3.1 概 述

云网融合作为一种新型架构模式充分利用虚拟化技术，将计算、存储和网络虚拟化为可编程的资源池，使这些资源能够动态分配和共享，面向广泛业务需求，需要借助特定工具对庞大的算网资源、网络配置以及资源优化等进行高效管理，进而有效地提供云网一体化服务。此外，近年来，机器学习方法在计算机视觉、语音识别及自然语言处理等应用领域取得了巨大成功。机器学习是通过从海量的数据中提取有效特征并分析其相关规律，然后利用学到的规律预测新数据的某些属性。机器学习是未来云网融合环境中的重要研究手段，同时机器学习也需要丰富的算网资源支撑。云网融合与机器学习彼此赋能，结合云网融合新型架构和机器学习方法，为人们提供低延迟高性能的服务是未来的研究热点。

本章主要研究了云网融合环境下的机器学习方法，考虑如何结合云网融合与机器学习方法为用户提供高质量服务，发现了在云网融合环境下提取数据判别特征难、满足用户不同应用多种需求难、适应终端设备动态资源难和深度学习模型协作训练难等问题，并提出了相应的解决方案。本章的主要内容如下。

(1) 提出了资源感知的边端协作特征提取方法。该方法在云指导的特征提取方法的基础上，通过将生成的特征提取器拆分成一个能够使小容量特征提取器嵌套在大容量特征提取器中的多容量特征提取器，并把该多容量特征提取器部署在终端设备上，解决了现有方法无法根据终端设备当前可用资源(存储、计算资源)动态选择合适的特征提取器提取判别特征的问题。在多个图像数据集上验证了该方法可以提高识别精度、减少网络传输流量和减少特征提取器切换开销。

(2) 提出了云边协作的深度学习模型训练方法。该方法的特点是利用部署在边缘服务器上的简单深度学习模型为用户提供服务，然后在云服务器上部署一个复杂深度学习模型，并通过复杂深度学习模型与简单深度学习模型之间的协作和用户持续上传的无标签数据提高简单深度学习模型的性能，解决了现有方法无法为用户提供同时满足低延时、高性能服务的问题。在多个图像数据集上验证了该方法可以为用户提供同时满足低延时和高性能的服务。

3.2　资源感知的边端协作特征提取方法

本节首先概述了资源感知的边端协作特征提取方法，其次，详细介绍了该方法中包括的 DFE 算法和 NestDFE 算法。

图 3-1 展示了资源感知的边端协作特征提取方法框架，其包括离线阶段和在线阶段。

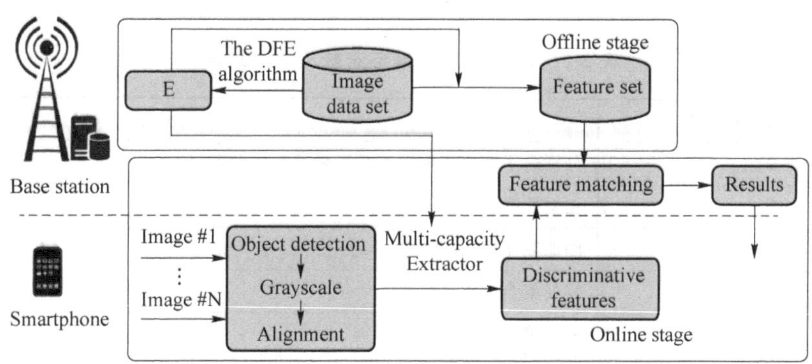

图 3-1　资源感知的边端协作特征提取方法框架

在离线阶段，该方法首先提出了 DFE 算法，并利用边缘服务器上的数据集信息辅助生成特征提取器 $\boldsymbol{E}$。其次，该方法提出了 NestDFE 算法将 $\boldsymbol{E}$ 拆分成为一个多容量特征提取器 $\boldsymbol{E}_{\text{multi}}$。然后，该方法利用 $\boldsymbol{E}_{\text{multi}}$ 从边缘服务器上的数据集中提取判别特征并形成多个不同的特征集，即 $\boldsymbol{G}_1,\cdots,\boldsymbol{G}_r$。其中，$r$ 为多容量特征提取器包含的子特征提取器的个数。最后，边缘服务器将 $\boldsymbol{E}_{\text{multi}}$ 发送并部署在移动设备上。

在在线阶段，移动设备首先捕获数据 $\boldsymbol{x}_i$ 并对其进行预处理，随后，根据当前可用资源从多容量特征提取器 $\boldsymbol{E}_{\text{multi}}$ 中选择适当的子特征提取器从预处理后的数据中提取判别特征（如 $\boldsymbol{v}_i$）。移动设备应根据当前可用的最大资源选择其可支持的最大子特征提取器，这是因为较大的子特征提取器可以提取较多判别特征，从而获得较高的识别准确度。然后，移动设备将提取的特征数据发送至边缘服务器，边缘服务器运行特征匹配算法匹配 $\boldsymbol{v}_i$ 和对应的特征集 $\boldsymbol{G}_i$，并从 $\boldsymbol{G}_i$ 中找到与 $\boldsymbol{v}_i$ 最相似的特征。最后，边缘服务器将与 $\boldsymbol{v}_i$ 最相似的特征的标签信息发送给移动设备。

3.2.1 判别特征提取算法

判别特征提取算法(DFE)的目标是利用存储在边缘服务器上的数据集信息生成特征提取器,并利用该特征提取器从边缘服务器上的图像数据集和移动设备上的图像中提取有效的判别特征。判别特征是否有效可以通过其是否容易区分进行判断。即:如果判别特征能够被很容易地区分,那么这些判别特征是有效的,且使用它们可以获得较高的识别准确度;否则,这些判别特征是无效的,使用它们将获得较低的识别准确度。根据WAPL算法和HDFE算法的设计思想,DFE算法的构造可分为两个阶段:构造类内及类间结构和优化目标函数。其中,类内结构分为全局类内子结构和局部类内子结构。类间结构分为全局类间子结构和局部类间子结构。为了清晰地描述所提出的DFE算法,表3-1列举了3.2节所用的符号及其含义。

表3-1　本章常用符号与变量及其含义表

常用符号	含义
$\boldsymbol{E},\boldsymbol{E}_{\text{multi}}$	分别表示特征提取器和多容量特征提取器
$S(i,j)$	相似性度量函数
$\boldsymbol{X}$	图像数据集,其中 $\boldsymbol{X}=\{\boldsymbol{x}_i\}_{i=1}^{N}$
$\boldsymbol{G}_1,\cdots,\boldsymbol{G}_r$	特征集合
$\boldsymbol{x}_i^m$	表示第 m 类的第 i 个样本
d	样本 $\boldsymbol{X}$ 的维度
k_1,k_2	分别为构建类内、类间邻接图时选择的近邻样本个数
$f_{gw},f_{gb},f_{lw},f_{lb}$	分别表示全局类内、类间、局部类内、局部类间子结构
C	样本类别个数
N_m,N	分别表示第 m 类样本的个数、总样本个数
α,β,γ	权衡参数
$\mathbf{I}$	单位矩阵
r	矩阵 $\boldsymbol{\Phi}$ 正特征值的个数

1. 构造类内与类间结构

根据WAPL算法和HDFE算法的思想,DFE算法应充分利用数据的类内结构和类间结构。如图3-2所示,数据的类内结构和类间结构包含4种子结构,分别为全局类内子结构、全局类间子结构、局部类内子结构和局部类间子结构。图3-2的左图展示了数据的类内结构,包括全局类内子结构和局部类内子结构。全局类内子结构指样本(如蓝色三角形)和同类别样本集合的均值(红色三角形)之间的结构。局部类内子结构指相同标签

(如蓝色立方体与蓝色立方体)的样本之间的结构。图 3-2 的右图展示了数据的类间结构,包括全局类间子结构和局部类间子结构。全局类间子结构指同类别标签样本中心点与其他类别样本均值之间的结构(比如红色三角形、红色矩形和红色立方体之间)。局部类间子结构指不同类别标签(比如蓝色三角形和蓝色矩形之间)的样本之间的结构。

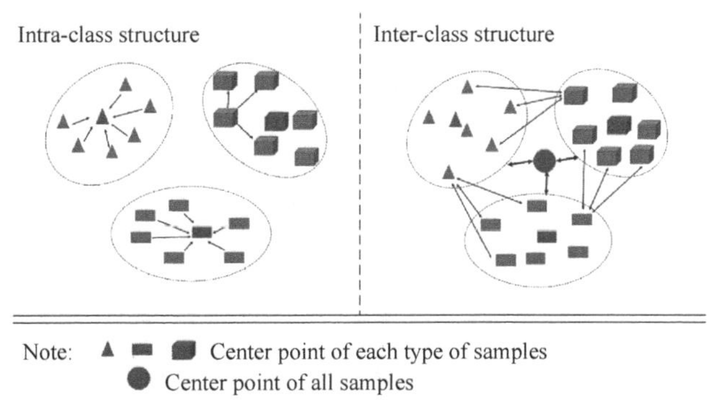

图 3-2 彩图

图 3-2　类内结构与类间结构示例图

为了生成有效地特征提取器,DFE 算法包含了全局类内子结构、局部类内子结构、全局类间子结构和局部类间子结构。此外,大多数现有特征提取器生成算法使用欧氏距离度量样本之间的距离构造子结构关系,然而,欧氏距离不适合直接被用来测量样本之间的距离。因为通常情况下,同类别标签样本之间的欧式距离较小,而不同类别标签样本之间的欧氏距离较大。不同类别标签样本距离和与同类别标签样本距离和之间的差值过大,导致目标函数求解时难以优化同类别标签样本。受 ResNet 残差网络更易于优化且易获得更好效果的启发,DFE 方法旨在通过设计一种新的相似度函数来缩小不同类别标签样本距离和与同类别标签样本距离和之间的差距。为此,DFE 算法构造了一个新的相似度函数,以扩大同类别标签样本之间的距离,并缩小不同类别标签样本之间的距离。定义相似性函数如下:

$$S(i,j)=\begin{cases} d_n \times \exp(d_n+1), & y_i=y_j \\ d_n \times \exp(-d_n-1), & y_i \neq y_j \end{cases} \tag{3-1}$$

其中,$d_n=\dfrac{d(i,j)-d(i,j)_{\min}}{d(i,j)_{\max}-d(i,j)_{\min}}$,$d(i,j)=\sqrt{\sum\limits_{l=1}^{d}(\boldsymbol{x}_i^l-\boldsymbol{x}_j^l)^2}$,$d(i,j)_{\min}$ 和 $d(i,j)_{\max}$ 表示样本 $\boldsymbol{x}_i$ 和样本 $\boldsymbol{x}_j$ 之间的最小距离和最大距离。

图 3-3 展示了相似性度函数。如图 3-3 所示,该相似性度量函数对不同类别标签的样本距离与同类别标签的样本距离的缩放范围是不同的。具体而言,相似性度量函数将同类别标签的样本距离缩放到$[0,e^2]$;将不同类别标签的样本距离缩放到$[0,1]$。基于此,可以在一定程度上减小不同类别标签的样本的距离和与同类别标签的样本距离和之

间的差距，基于 WAPL 算法和 HDFE 算法，并结合该相似性度量函数和图 3-2 展示的 4 种子结构，4 种子结构量化如下。

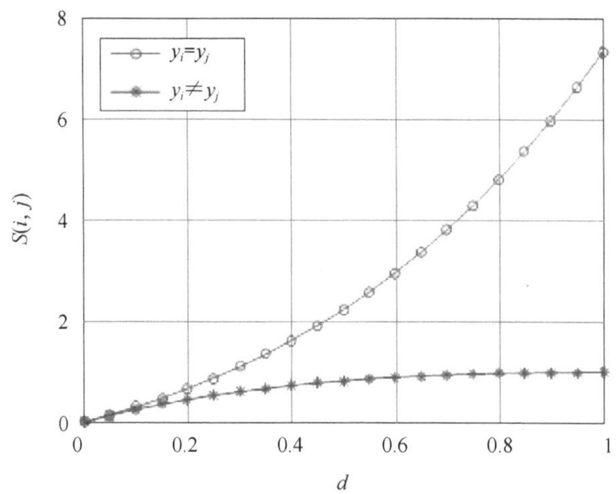

图 3-3　相似性度量函数示例图

全局类内子结构表示样本与同类别标签样本集合的均值之间的结构，被量化为：

$$f_{gw}=\sum_{m=1}^{C}\sum_{i=1}^{N_m}\boldsymbol{E}^{\mathrm{T}}\left(\boldsymbol{x}_i^m-\frac{1}{N_m}\sum_{i=1}^{N_m}\boldsymbol{x}_i\right)\left(\boldsymbol{x}_i^m-\frac{1}{N_m}\sum_{i=1}^{N_m}\boldsymbol{x}_i\right)^{\mathrm{T}}\boldsymbol{E} \tag{3-2}$$

其中，N_m 表示类别标签为 m 的样本数，$\boldsymbol{x}_i^m$ 是第 m 类第 i 个样本，C 是样本的类别数。

局部类内子结构表示同类别标签样本 $\boldsymbol{x}_i$ 和样本 $\boldsymbol{x}_j$ 之间的结构关系，被量化为：

$$f_{lw}=\sum_{ij}^{N}\|\boldsymbol{E}^{\mathrm{T}}\boldsymbol{x}_i-\boldsymbol{E}^{\mathrm{T}}\boldsymbol{x}_j\|^2W_{ij}^{w} \tag{3-3}$$

其中，当 $i\in\mho_{k_1}^{w}(j)$ 或 $j\in\mho_{k_1}^{w}(i)$ 时，$W_{ij}^{w}=S(i,j)$；否则，$W_{ij}^{w}=0$。$\mho_{k_1}^{w}(i)$ 由等式(3-1)计算得出且指的是与样本 $\boldsymbol{x}_i$ 同类别标签且最近邻的 k_1 个样本的索引集合。

全局类间子结构表示每个类别样本中心与所有样本中心之间的结构，被量化为：

$$f_{gb}=\sum_{k=1}^{C}N_m\boldsymbol{E}^{\mathrm{T}}\left(\frac{1}{N_m}\sum_{i=1}^{N_m}\boldsymbol{x}_i-\frac{1}{N}\sum_{i=1}^{N}\boldsymbol{x}_i\right)\left(\frac{1}{N_m}\sum_{i=1}^{N_m}\boldsymbol{x}_i-\frac{1}{N}\sum_{i=1}^{N}\boldsymbol{x}_i\right)^{\mathrm{T}}\boldsymbol{E} \tag{3-4}$$

局部类间子结构表示不同类别标签样本 $\boldsymbol{x}_i$ 和 $\boldsymbol{x}_j$ 之间的结构关系，被量化为：

$$f_{lb}=\sum_{ij}^{N}\|\boldsymbol{E}^{\mathrm{T}}\boldsymbol{x}_i-\boldsymbol{E}^{\mathrm{T}}\boldsymbol{x}_j\|^2W_{ij}^{b} \tag{3-5}$$

其中，当 $i\in\mho_{k_2}^{b}(j)$ 或 $j\in\mho_{k_2}^{b}(i)$ 时，$W_{ij}^{b}=S(i,j)$；否则，$W_{ij}^{b}=0$。$\mho_{k_2}^{b}(i)$ 由等式(3-1)计算得出且指的是与样本 $\boldsymbol{x}_i$ 不同类别标签且最近邻的 k_2 个样本的索引集合。

2. 目标优化

为了生成有效地特征提取器 $\boldsymbol{E}$，DFE 算法最小化 f_{gw} 和 f_{lw}，并最大化 f_{gb} 和 f_{lb}。最

小化 f_{gw} 和 f_{lw} 的目的是使从同类别标签样本中提取的特征之间的距离更近，最大化 f_{gb} 和 f_{lb} 的目的是使从不同类别标签样本中提取的特征之间的距离更远。

在处理不同图像数据集时，不同的子结构信息对生成特征提取器的贡献不同。为此，DFE 算法引入 3 个权衡参数 α，β 和 γ 控制 f_{gw} 与 f_{lw}，f_{gb} 与 f_{lb}，以及 $\alpha f_{gw}+(1-\alpha)f_{lw}$ 与 $\beta f_{gb}+(1-\beta)f_{lb}$ 之间的贡献度。目标函数定义如下：

$$\max_{\boldsymbol{E}}\{\gamma[\beta f_{gb}+(1-\beta)f_{lb}]-(1-\gamma)[\alpha f_{gw}+(1-\alpha)f_{lw}]\}$$
$$\text{s. t. } \boldsymbol{E}^{\mathrm{T}}\boldsymbol{E}=\boldsymbol{I} \tag{3-6}$$

其中，$\alpha,\beta,\gamma\in[0,1]$，为了便于理解，等式(3-6)重写为：

$$\upsilon_{\mathrm{DFE}}=\arg\max_{\boldsymbol{E}}\mathrm{tr}(\boldsymbol{E}^{\mathrm{T}}\boldsymbol{\Phi}\boldsymbol{E})\ \text{ s. t. } \boldsymbol{E}^{\mathrm{T}}\boldsymbol{E}=\boldsymbol{I} \tag{3-7}$$

其中，

$$\begin{aligned}\boldsymbol{\Phi}=&\beta\gamma\sum_{m=1}^{C}\sum_{i=1}^{N_m}\left(x_i^m-\frac{1}{N_m}\sum_{i=1}^{N_m}x_i\right)\left(x_i^m-\frac{1}{N_m}\sum_{i=1}^{N_m}x_i\right)^{\mathrm{T}}-\\&(1-\gamma)\alpha\sum_{m=1}^{c}N_k\left(\frac{1}{N_m}\sum_{i=1}^{N_m}x_i-\frac{1}{N}\sum_{i=1}^{N}x_i\right)\left(\frac{1}{N_m}\sum_{i=1}^{N_m}x_i-\frac{1}{N}\sum_{i=1}^{N}x_i\right)^{\mathrm{T}}+\\&\sum_{ij}^{N}(x_i-x_j)(x_i-x_j)^{\mathrm{T}}[\gamma(1-\beta)W_{ij}^{b}-(1-\alpha)(1-\gamma)W_{ij}^{w}]\end{aligned} \tag{3-8}$$

DFE 算法包含了数据的全局类内子结构、局部类内子结构、全局类间子结构和局部类间子结构信息，且引入了 3 个权衡参数 α，β 和 γ 来合理的控制每种子结构的贡献度。此外，DFE 算法还通过引入新的相似度度量方式构建子结构关系，这使得其易于优化不同类别标签样本距离和与同类别标签样本距离和之间的差值。因此，DFE 算法可以生成有效的特征提取器 $\boldsymbol{E}$。

由第 3 章的定理 3.1 可知，求解等式(3-7)可以转化为矩阵 $\boldsymbol{\Phi}$ 的特征值分解问题。等式(3-7)构成拉格朗日函数：$\zeta(\boldsymbol{E},\boldsymbol{\Lambda})=\mathrm{tr}(\boldsymbol{E}^{\mathrm{T}}\boldsymbol{\Phi}\boldsymbol{E})-\mathrm{tr}(\boldsymbol{\Lambda}(\boldsymbol{E}^{\mathrm{T}}\boldsymbol{E}-\boldsymbol{I}))$，其中 $\boldsymbol{\Lambda}=[\lambda_1,\cdots,\lambda_n]$。通过设置 $\dfrac{\partial\zeta(\boldsymbol{E},\boldsymbol{\Lambda})}{\partial\boldsymbol{E}}=0$，得到 $\boldsymbol{\Phi}\boldsymbol{e}_i=\lambda_i\boldsymbol{e}_i$，其中 $\boldsymbol{e}_i$ 为 $\boldsymbol{\Phi}$ 对应的特征向量，λ_i 为 $\boldsymbol{e}_i$ 对应的特征值。等式(3-7)改写为：

$$\upsilon_{\mathrm{DFE}}=\arg\max_{\boldsymbol{e}_i}\sum_{i=1}^{d}\boldsymbol{e}_i^{\mathrm{T}}\boldsymbol{\Phi}\boldsymbol{e}_i=\arg\max_{\boldsymbol{e}_i}\sum_{i=1}^{d}\lambda_i \tag{3-9}$$

根据等式(3-8)，$\boldsymbol{\Phi}$ 是一个非正定对称矩阵，其对应的特征值可能为正值、零或负值。由等式(3-9)可知，目标函数最优解应该选择 $\boldsymbol{\Phi}$ 所有的正特征值。假设 $\boldsymbol{\Phi}$ 的正特征值个数为 r，则等式(3-9)的解为 $\boldsymbol{E}=[\boldsymbol{e}_1,\cdots,\boldsymbol{e}_r]$。

特征提取器 $\boldsymbol{E}$ 是由矩阵 $\boldsymbol{\Phi}$ 的前 r 个正特征值对应的特征向量组成。图 3-4 和图 3-5 展示了 DFE 算法在 COIL20 数据集和 UMIST 数据集上的准确度、特征向量数和特征值之间的关系。如图 3-4 和图 3-5 所示，当 $\boldsymbol{E}$ 由矩阵 $\boldsymbol{\Phi}$ 的前 r 个正特征值对应的特征向量组成时，DFE 算法达到了最高的识别准确度，这也表明了 $\boldsymbol{E}$ 可以提取有效的判别特征。零特征值对应的特征向量构成 $\boldsymbol{E}$ 时，DFE 算法的识别准确度不变；负特征值对应的特征向量构成 $\boldsymbol{E}$ 时，DFE 算法的识别准确度甚至开始下降。因此，可以将 $\boldsymbol{E}$ 的维数估计为矩阵 $\boldsymbol{\Phi}$ 的正特征值数。

图 3-4 彩图

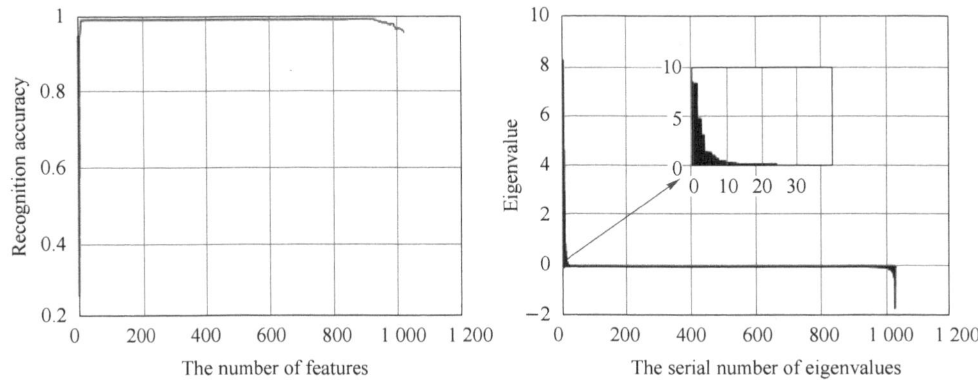

图 3-4 COIL20 数据集上的准确度、特征向量个数和特征值之间的关系

此外，图 3-4 和图 3-5 显示矩阵 $\boldsymbol{\Phi}$ 的正特征值数量很少，这意味着 $\boldsymbol{E}$ 的维数很低。因此，$\boldsymbol{E}$ 从边缘服务器上的图像数据集和移动设备上的图像中仅提取少量的判别特征。这有两个优点：①减少了网络传输流量。从移动设备上提取少量的特征数据，减少了从移动设备上传至边缘服务器的数据量。②减少了特征匹配时间。在数据集中提取少量的特征构成的是低维特征集，特征匹配时只需要匹配较少特征数据。此外，DFE 算法根据矩阵 $\boldsymbol{\Phi}$ 的正特征值数估算 $\boldsymbol{E}$ 的最优维度，节省了大量人力成本。

图 3-5 彩图

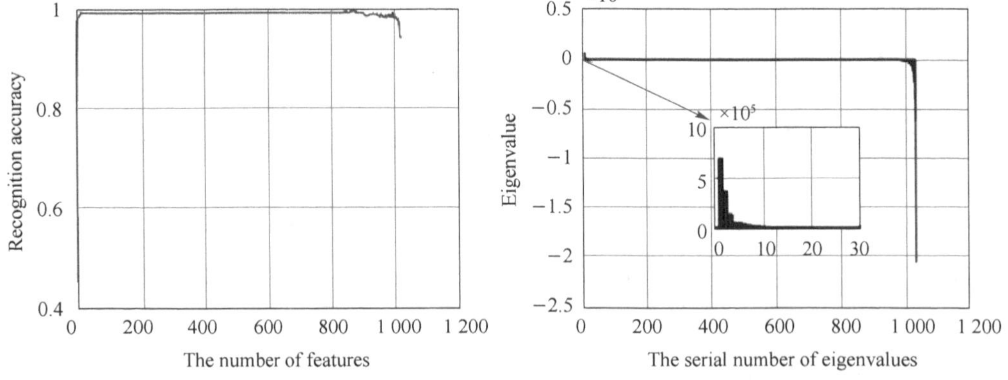

图 3-5 UMIST 数据集上的准确度、特征向量个数和特征值之间的关系

3.2.2 嵌套判别特征提取算法

现实场景中移动设备会同时运行多个应用程序，且用户会频繁启动新应用程序或关闭现有应用程序，因此，它的可用资源是动态变化的。如果某段时间内移动设备没有足够的资源支持特征提取，那么会导致应用程序无法运行，从而影响用户体验。

如上所述，最优的特征提取器 $\boldsymbol{E}=[\boldsymbol{e}_1,\cdots,\boldsymbol{e}_r]$。为了应对移动设备可用资源动态变化的特性，一种简单的解决思路是首先将 $\boldsymbol{E}$ 划分为多个子特征提取器并将这些子特征提取器都存储在移动设备上。例如，将 $\boldsymbol{E}$ 划分为一系列子特征提取器，$\boldsymbol{E}_1=[\boldsymbol{e}_1]$，$\boldsymbol{E}_2=[\boldsymbol{e}_1,\boldsymbol{e}_2]$，$\boldsymbol{E}_3=[\boldsymbol{e}_1,\cdots,\boldsymbol{e}_3]$，$\cdots$，$\boldsymbol{E}_r=[\boldsymbol{e}_1,\cdots,\boldsymbol{e}_r]$。然后，将每个子特征提取器与其需要的资源建立关系。基于此，移动设备可以根据其当前可用资源动态地选择合适的子特征提取器。由于在使用特征提取器提取判别特征时已对图像进行了预处理，因此提取特征所需的RAM资源仅与特征提取器的大小有关，这里可以离线使用检测工具来测量每个子特征提取器所需的RAM资源。但是，存储所有的子特征提取器会占用大量的存储空间。此外，在移动设备上切换特征提取器也会导致较大的切换开销。假设移动设备当前为一个图像识别应用程序使用 $\boldsymbol{E}_2$ 提取判别特征。如果突然需要运行更高优先级的新应用程序（运行优先级高的新应用程序会导致移动设备的可用资源不能支持 $\boldsymbol{E}_2$ 的需求），那么为了继续使用该图像识别应用程序，移动设备需要调出 $\boldsymbol{E}_2$ 并调入小容量的特征提取器 $\boldsymbol{E}_1$。每次特征提取器切换都要调入调出完整的特征提取器，导致较大的切换开销。

为此，资源感知的边端协作特征提取方法提出嵌套判别特征提取算法（NestDFE），用于生成一个多容量特征提取器。通过分析以上简单思路，发现子特征提取器之间不是独立的，容量较小的子特征提取器是容量较大的子特征提取器的一部分，即 $\boldsymbol{E}_i\subset\boldsymbol{E}_j$，其中 $1\leqslant i<k<j\leqslant r$。因此，子特征提取器 $\boldsymbol{E}_i$ 可以嵌套在子特征提取器 $\boldsymbol{E}_j$ 内，而不会占用额外的存储空间。在NestDFE算法中，特征提取器 $\boldsymbol{E}$ 被划分为 r 个子特征提取器，即 $\boldsymbol{E}_1=[\boldsymbol{e}_1]$，$\boldsymbol{E}_2=[\boldsymbol{e}_1,\boldsymbol{e}_2]$，$\cdots$，$\boldsymbol{E}_r=[\boldsymbol{e}_1,\cdots,\boldsymbol{e}_r]$。NestDFE算法使容量较小的子特征提取器嵌套到容量较大的子特征提取器内。因此，在移动设备中只需要存储 $\boldsymbol{E}_r$ 就能实现其他子特征提取器的功能。这是因为子特征提取器都嵌套在 $\boldsymbol{E}_r$ 内，$\boldsymbol{E}_r$ 被看作一个多容量特征提取器，即 $\boldsymbol{E}_{\text{multi}}=\boldsymbol{E}_r$。

嵌套在 $\boldsymbol{E}_r$ 中的每个子特征提取器可以提取不同数量的判别特征，从而获得相应的识别准确度。大容量子特征提取器可以提取更有效的判别特征，这意味着更高的识别准确度。所以，可以通过选择移动设备当前可用资源可以支持的最大容量的子特征提取器来获得最高识别准确度。因此，当移动设备捕获图像后，首先对其进行预处理。然后，移动设备选择其当前可用资源可支持的最大容量的子特征提取器从预处理后的图像中提取判别特征。随后，移动设备将提取的判别特征数据上传至边缘服务器进行特征匹配并得到结果。最后，边缘服务器将结果发送给移动设备。

如图 3-6 所示，假定一个图像识别应用程序使用特征提取器 $\boldsymbol{E}_k$ 提取判别特征。在某个时间，由于启动了一些更高优先级的新应用程序，移动设备的可用资源无法满足 $\boldsymbol{E}_k$ 的要求。移动设备必须将 $\boldsymbol{E}_k$ 切换到 $\boldsymbol{E}_i$ 才能继续使用该图像识别应用程序。通过使用 NestDFE 算法生成的多容量特征提取器，移动设备的页面调入开销为 0，并且仅需要页面调出 $\boldsymbol{E}_i$ 没有的参数（标记为灰色方块）。反之，在某个时间，由于某些应用程序的关闭，移动设备的可用资源可以支持大容量的特征提取器的资源要求。移动设备将 $\boldsymbol{E}_k$ 切换到 $\boldsymbol{E}_j$。此时，移动设备产生的页面调出为 0，并且仅需要调入 $\boldsymbol{E}_j$ 中有而 $\boldsymbol{E}_k$ 中没有的参数（标记为绿色方块）。假设 $\boldsymbol{E}_i$ 的参数数量为 $P(\boldsymbol{E}_i)$，$\boldsymbol{E}_j$ 的参数数量为 $P(\boldsymbol{E}_j)$。$\boldsymbol{E}_i$ 切换到 $\boldsymbol{E}_j$ 时，调出的参数数量为 0，而调入的参数数量上限为 $P(\boldsymbol{E}_j)-P(\boldsymbol{E}_i)$。$\boldsymbol{E}_j$ 切换到 $\boldsymbol{E}_i$ 时，调入的参数数量为 0，而调出的参数数量上限为 $P(\boldsymbol{E}_j)-P(\boldsymbol{E}_i)$。与独立的子特征提取器的调入和调出相比，多容量特征提取器减少了调入和调出子特征提取器的开销。另外，由于多容量特征提取器的大小远小于累积的子特征提取器的大小，因此多容量特征提取器节省了大量的存储空间。

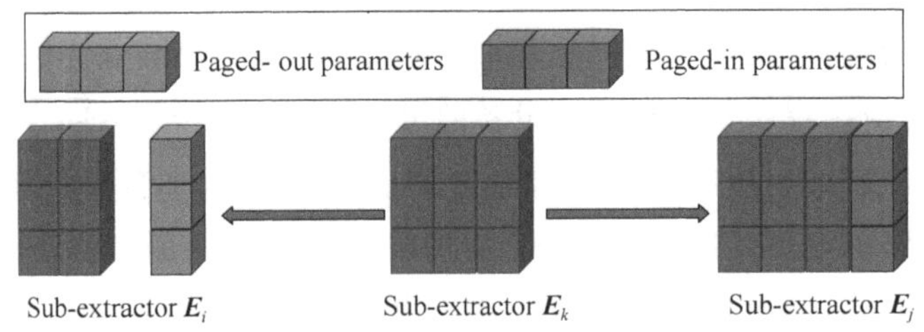

图 3-6 彩图

图 3-6　多容量特征提取器切换示意图

综上所述，通过 DFE 算法生成有效的 $\boldsymbol{E}$ 和通过 NestDFE 算法将 $\boldsymbol{E}$ 划分成 $\boldsymbol{E}_{\text{multi}}$，该方法可实现高识别准确度、短特征匹配时间、少网络传输流量和少存储空间。

3.2.3　性能评估

1. 数据集

本节描述了实验中用到的数据集，包括 Yale 数据集①、COIL20 数据集②、UMIST 数据集③和 USPS 数据集④。其中，ORL 数据集包含了 40 个人的 400 张图像，每个人 10 张

① http://vision.ucsd.edu/~leekc/ExtYaleDatabase/Yale%20Face%20Database.htm

② https://www.cs.columbia.edu/CAVE/software/softlib/coil-20.php

③ http://web.mit.edu/emeyers/www/face_databases.html#umist

④ https://www.kaggle.com/bistaumanga/usps-dataset

图像。在实验中，以上数据集中的每张图像都被缩放为 32×32 的像素矩阵。表 3-2 展示了实验中用到的数据集的详细信息。

表 3-2　数据集描述

数据集	样本数	维度	类别
COIL20	1 440	1 024	20
UMIST	564	1 024	20
YALE	165	1 024	15
ORL	400	1 024	40
USPS	1 854	256	10

数据集划分训练集和测试集的规则为：COIL20 数据集被以 1∶1的比例随机分割形成训练集和测试集。比如，COIL20 数据集包含 1 440 张图像，随机选择 720 张图像构成训练集，其余图像构成测试集。UMIST 和 ORL 数据集被以 3∶2的比例随机拆分训练集和测试集，YALE 和 USPS 数据集被以 9∶1的比例随机划分成训练集和测试集。最后，我们使用最近邻分类器评估所有算法并呈现 20 次运行结果的平均值。

2. 实验设置

为了评估 DFE 算法的性能，我们与其他四种经典的特征提取器生成算法进行比较。其中，局部二进制模式算法（LBP）是一种用来描述图像局部纹理特征的算法，它具有旋转不变性和灰度不变性等优点。主成分分析算法（PCA）通过求解最能代表原始数据的特征生成特征提取器。此外，我们还比较了利用云指导特征提取方法思想的算法，即在边缘服务器指导的情况下评估 PCA，即 Edge-guided PCA（EG-PCA）。EG-PCA 指首先对训练集运行 PCA 算法得到特征提取器，然后将特征提取器发送至移动设备并从其上的测试数据中提取特征。

DFE 算法中的权衡参数调整规则与 WAPL 算法类似，即：固定其中的两个参数，在训练集上调试另一个。比如，调试 α 时，我们固定 β 和 γ 且设置 $\beta=\gamma=0.5$，得到最优的 α 后，比如 $\alpha=0.1$，固定 $\alpha=0.1$，$\gamma=0.5$ 来调试 β，获得最优的 β 后，比如 $\beta=0.9$，固定 $\alpha=0.1$ 和 $\beta=0.9$ 来调试 γ。

为了确保 LBP 和 PCA 算法的识别准确性，我们使用 LBP 算法从图像数据中提取 128 个特征，使用 PCA 算法提取 100 个特征。DFE 和 JGLDA 算法中设置 $k_1=k_2=1$ 选择近邻样本构建邻接图。此外，JGLDA 和 LADA 算法的最优特征值个数是根据识别准确度确定的，具体做法为：JGLDA 和 LADA 算法首先计算在不同特征值个数下对应的识别准确度，然后选择具有最高识别准确度的特征值个数作为特征提取器的最优维数。DFE 算法把正特征值的个数作为特征提取器的维数。

以 COIL20 数据集为例，资源感知的边端协作特征提取方法流程为：首先使用 DFE

算法在边缘服务器上生成特征提取器 $\boldsymbol{E}$。然后，边缘服务器运行 NestDFE 算法将 $\boldsymbol{E}$ 划分为一个多容量特征提取器 $\boldsymbol{E}_{\mathrm{multi}}$。随后，边缘服务器利用 $\boldsymbol{E}_{\mathrm{multi}}$ 从 COIL20 数据集中提取判别特征，并形成名为 DF-COIL20 的判别特征集。同时，边缘服务器将 $\boldsymbol{E}_{\mathrm{multi}}$ 发送至移动设备。移动设备捕获图像之后，首先对其进行预处理，然后根据其当前可用资源选择合适的 $\boldsymbol{E}_{\mathrm{multi}}$ 提取判别特征且将提取的判别特征数据上传至边缘服务器。边缘服务器接收到判别特征数据后，将其与 DF-COIL20 匹配，并选择最相似的判别特征数据并返回其标签。最后边缘服务器将标签数据作为结果返回给用户。

3. 实验结果

(1) 准确度

DFE 算法的识别准确度在所有数据集上均优于其他算法的识别准确度。如表 3-3 所示，在 YALE 数据集上，较之 LBP 算法的识别准确度，DFE 算法的识别准确度高了 22.65%。较之 LADA 算法的识别准确度，DFE 算法的识别准确率高了 2.2%。这主要是因为 DFE 算法可以提取有效的判别特征。从表 3-3 中，我们还发现 LADA 和 JGLDA 算法的识别准确度高于 LBP 和 EG-PCA 算法的识别准确度。虽然 LBP 和 EG-PCA 算法提取了大量特征，然而，它们的目的是保留图像数据的本质结构，即尽可能多地提取能保留图像本质结构的特征，而不是利于识别的判别特征。LADA 和 JGLDA 算法提取的是有利于识别的判别。DFE 算法比 JGLDA 和 LADA 算法具有更高的识别准确度。这主要是因为 DFE 算法使用相似性函数构造子结构并合理地控制这些子结构。因此，DFE 算法可以获得较高的识别准确度。

表 3-3 算法在不同数据集上的识别准确度

	COIL20	UMIST	YALE	ORL	USPS
LBP	95.56	97.75	70.67	90.63	83.52
PCA	59.00	54.03	22.20	59.58	65.93
EG-PCA	96.67	98.12	86.67	90.80	85.71
JGLDA	98.61	98.20	90.67	91.87	87.91
LADA	97.64	98.65	91.12	95.00	89.56
DFE	**99.31**	**99.55**	**93.32**	**96.25**	**93.96**

边缘服务器上的数据集信息指导提取终端设备上的图像数据的判别特征是非常重要的。如表 3-3 所示，在所有数据集上，EG-PCA 算法的识别准确度均高于 PCA 算法的识别准确度。例如，在 COIL20 和 USPS 数据集上，EG-PCA 算法的识别准确度分别比 PCA 算法的识别准确度高 37.67%和 19.78%。这主要是因为 EG-PCA 生成的特征提取器探索了图像数据集特征的分布信息。使用该特征提取器在终端设备上的图像中提取判别特征时，该特征提取器很容易从图像中提取判别特征。当使用 PCA 算法时，从图像数据集和图像中提取特征的过程是分开的，这使得 PCA 算法生成的特征提取器无法提

取对识别任务有利的判别特征。因此，EG-PCA获得了较高识别准确度，这也表明利用图像数据集指导图像数据的判别特征提取很重要。

在大多数情况下，JGLDA算法的识别准确度低于LADA算法的识别准确度。如表3-3所示，在ORL数据集上，JGLDA算法的识别准确度比LADA算法的识别准确度低3.13%。虽然JGLDA算法包含了全局类内子结构、全局类间子结构、局部类内子结构和局部类间子结构，但其识别准确度低于LADA算法的识别准确度。这主要是因为在生成特征提取器时，JGLDA算法没有合理地控制每种子结构的贡献度，这导致了它还提取了一些对识别任务不利的特征，导致该算法的识别准确度较低。这表明了合理的控制每种子结构对生成有效的特征提取器很重要。

(2) 网络传输流量

DFE算法在所有数据集上具有最小的网络传输流量。如图3-7所示，在YALE数据集上，与LBP算法的网络传输流量相比，DFE算法的网络传输流量减少了76.09%。这主要是因为DFE算法仅提取少量的判别特征。因此，当使用DFE算法从图像中提取判别特征时，移动设备只需要上传少量判别特征数据至边缘服务器。

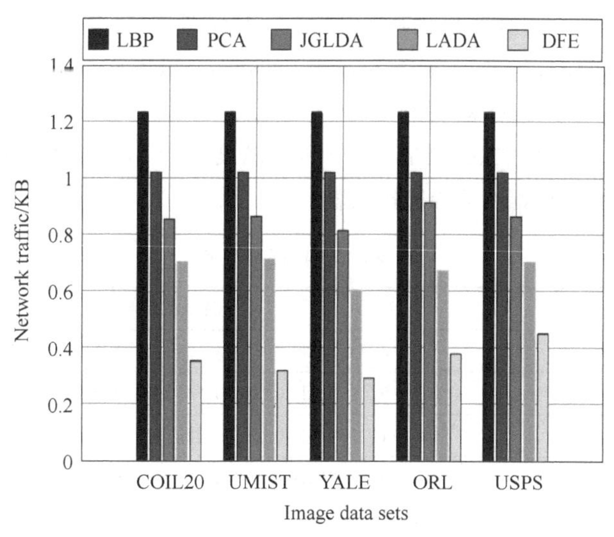

图3-7　不同方法在不同数据集上的网络传输流量

图3-7彩图

较之LBP和PCA，LADA和JGLDA具有较少的网络传输流量。如图3-7所示，在COIL20数据集上，与LBP相比，LADA减少了42.71%的网络传输流量，与PCA相比，LADA减少了30.96%的网络传输流量。这主要是因为LBP和PCA算法提取了大量特征来保留图像数据的本质结构。然而，DFE、LADA和JGLDA算法提取的判别特征数量较少，只消耗了较少的网络传输流量。

(3) 特征匹配时间

DFE算法具有最少的特征匹配时间。DFE算法从图像数据中提取的特征数量最少，对于相同数量的图像，较少的特征导致较少的特征匹配时间。此外，如图3-8所示，与

LBP 和 PCA 相比，LADA 和 JGLDA 具有较少的特征匹配时间。这主要是因为 LBP 和 PCA 提取的特征数量较多。LADA 和 JGLDA 提取的特征数量少于 LBP 和 PCA 提取的特征数量。因此，LADA 和 JGLDA 具有较少的特征匹配时间。

图 3-8 彩图

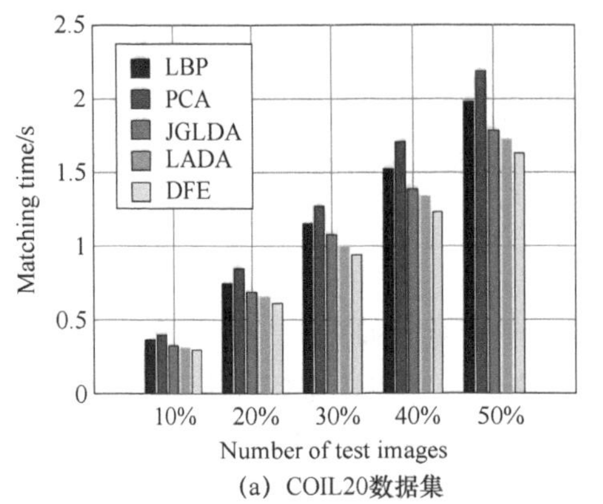

(a) COIL20数据集

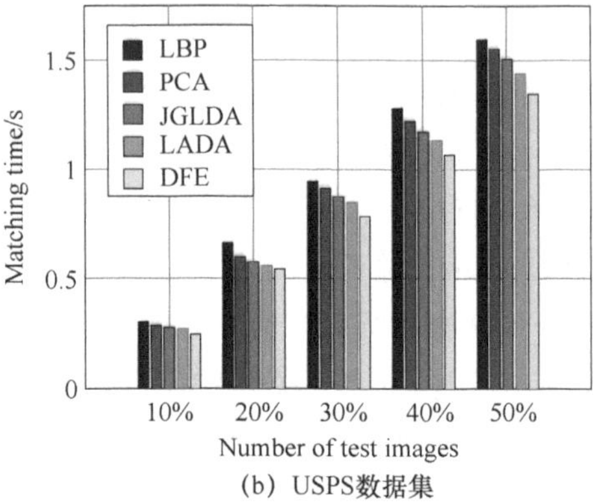

(b) USPS数据集

图 3-8 不同图像数量下的特征匹配时间

（4）存储空间

如表 3-4 所示，每个数据集的特征提取器被划分为多个子特征提取器，其中，()内分别表示特征提取器的特征个数、组成、大小和准确度。COIL20* 表示在 COIL20 数据集上，特征提取器被划分为多个子特征提取器。

表 3-4 子特征提取器

数据集	子特征提取器
COIL20	(1,1:3,23.2 KB,0.879)；(2,1:6,46.2 KB,0.957)
	(3,1:9,69.3 KB,0.991)；(4,1:19,146 KB,0.992)
COIL20*	(1,1:1,7.87 KB,0.256)；(2,1:2,15.5 KB,0.689)
	(3,1:3,23.2 KB,0.879)；(4,1:4,30.8 KB,0.921)
	(5,1:5,38.5 KB,0.941)；(6,1:6,46.2 KB,0.957)
	(7,1:7,53.9 KB,0.963)；(8,1:8,61.6 KB,0.964)
	(9,1:9,69.3 KB,0.991)；(10,1:19,146 KB,0.992)
UMIST	(1,1:3,23.2 KB,0.904 5)；(2,1:6,46.2 KB,0.985 1)
	(3,1:9,69.3 KB,0.988 1)；(4,1:12,92.3 KB,0.991)
	(5,1:15,115 KB,0.997)
YALE	(1,1:3,23.2 KB,0.488 9)；(2,1:6,46.3 KB,0.711 1)
	(3,1:9,69.3 KB,0.822 2)；(4,1:12,92.4 KB,0.933 3)
ORL	(1,1:15,38.6 KB,0.85)；(2,1:10,77 KB,0.945 8)
	(3,1:15,118 KB,0.95)；(4,1:20,153 KB,0.956)
	(5,1:22,169 KB,0.966 7)

续 表

数据集	子特征提取器
USPS	(1,1∶5,9.8 KB,0.785 7)；(2,1∶10,19.4 KB,0.906 6)
	(3,1∶15,29 KB,0.923 1)；(4,1∶20,38.6 KB,0.934 1)
	(5,1∶30,57.9 KB,0.956 0)

多容量特征提取器的大小远小于累积特征提取器的大小。如表 3-4 所示，与累积的特征提取器相比，多容量特征提取器在 COIL20 和 ORL 数据集中的存储空间分别减少 48.72%和 69.58%。原因是在多容量特征提取器中，具有较小容量的子特征提取器嵌套在具有较大容量的子特征提取器中。因此，具有较大容量的子特征提取器与具有较小容量的子特征提取器共享存储空间，并且多容量特征提取器的大小等于具有最大容量子特征提取器的大小，但是，累积特征提取器的大小等于每个子特征提取器大小的总和。因此，多容量特征提取器的占用存储空间较少。

当最优特征提取器划分更多子特征提取器时，多容量特征提取器可节省更多的存储空间。如表 3-5 所示，COIL20* 中多容量特征提取器的存储空间减少了 70.37%。这是因为多容量特征提取器中的子特征提取器都不独立，它的大小等于单个最大多容量特征提取器的大小，然而，累积的子特征提取器的大小的存储空间是独立的。

表 3-5　多容量和累积特征提取器内存空间使用对比

数据集	多容量特征提取器内存空间/KB	累积特征提取器内存空间/KB	减少存储空间/KB
COIL20	146	284.7	48.72%
COIL20*	146	492.77	70.37%
UMIST	115	346	66.76%
YALE	92.4	231.2	60.03%
ORL	169	555.6	69.58%
USPS	57.9	154.7	62.57%

(5) 切换开销

在所有数据集上，多容量特征提取器的调入和调出的内存使用量都小于独立特征提取器。如表 3-6 所示，在 COIL20 数据集上，升级子特征提取器(从较小子特征提取器切换到较大子特征提取器)时，多容量特征提取器需要调入 122.8 KB 和调出 0 KB 参数。但是，独立的子特征提取器需要调入 146 KB 和调出 23.2 KB 参数。如表 3-7 所示，在 COIL20 数据集上，当降级子特征提取器(从较大子特征提取器切换到较小子特征提取器)时，多容量特征提取器需要调入 0 KB 和调出 122.8 KB 的参数。独立的特征提取器需要调入 23.2 KB 和页面调出 146 KB 参数。这是因为在特征提取器升级时，多容量特征提取器仅需要调入当前子特征提取器没有的参数即可。另外，多容量特征提取器不需要调出任何参数。当特征提取器降级时，多容量特征提取器只需要调出部分参数即可。无论特征提取器是升级还是降级，独立特征提取器都需要调入和调出完整的子特征提取器。因此，多容量特征提取器可以极大地减少特征提取器的切换开销。

表 3-6　多容量和独立特征提取器切换(升级)时内存使用情况

数据集	多容量特征提取器升级开销/KB		独立特征提取器升级开销/KB	
	调入	调出	调入	调出
COIL20	122.8	0	146	23.2
COIL20*	7.7	0	69.3	61.6
UMIST	91.8	0	115	23.2
YALE	69.2	0	92.4	23.2
ORL	130.4	0	169	38.6
USPS	48.1	0	57.9	9.8

当子特征提取器划分更多的子特征提取器时，多容量特征提取器可以节省更多的切换开销。如表 3-6 和表 3-7 所示，升级特征提取器时，多容量特征提取器仅需要页面调入 7.7 KB 的参数。在降级特征提取器时，多容量特征提取器只需要页面调出 7.7 KB 的参数。这是因为当最优特征提取器被分成多个子特征提取器时，相邻的两个子特征提取器具有相似的大小。在升级或降级相邻的子特征提取器时，多容量特征提取器仅需要调入或调出部分参数。但是，独立的子特征提取器需要调入和调出整个子特征提取器。因此，独立特征提取器消耗更多的切换开销。另外，随着特征提取器切换频率的增加，多容量特征提取器可以节省更多的切换开销。

表 3-7　多容量和独立特征提取器切换(降级)时内存使用情况

数据集	多容量特征提取器降级开销/KB		独立特征提取器降级开销/KB	
	调入	调出	调入	调出
COIL20	0	122.8	23.2	146
COIL20 *	0	7.7	61.6	69.3
UMIST	0	91.8	23.2	115
YALE	0	69.2	23.2	92.4
ORL	0	130.4	38.6	169
USPS	0	48	9.8	57.8

3.3　云边协作的深度学习模型训练方法

近年来，深度学习受到了学术界和工业界的大量关注，并在图像识别、自然语言处理及语音识别等很多领域取得了巨大成功。本章将介绍深度学习模型在移动边缘计算平台的应用方法。然而,现有方法存在两点不足:其一,边缘服务器只被用来做简单的数据预处理,最终的计算还是在云服务器上完成的,难以满足用户对应用快速响应的需求;其二,部署的深度学习模型是静态的,难以利用用户持续上传的无标签数据进一步训练以提升其性能。

为此,本章提出了云边协作的深度学习模型训练方法。该方法的目的是在边缘服务器上部署深度学习模型,且使用该深度学习模型直接为用户提供高性能的图像识别服务。该方法首先在云服务器上部署一个复杂深度学习模型(CloudCNN)和在边缘服务器上部署一个简单深度学习模型(EdgeCNN)。CloudCNN 通过下发其部分层参数辅助 EdgeCNN 训练以提高后者的性能。其次,考虑了用户不断上传新数据至边缘服务器的真实场景,通过 CloudCNN 和 EdgeCNN 之间的进一步协作训练 EdgeCNN,使 EdgeCNN 能够持续训练以进一步提高其性能。

本章节以图像识别应用为例,研究结合移动边缘计算与深度学习方法为用户提供准确性高和响应时间短的图像识别服务。问题描述如下:如图 3-9 所示,该方法的系统架构包括:移动设备、边缘服务器和云服务器。移动设备与边缘服务器通过基站通信。边缘服务器通过 Internet 连接到云服务器。大量带标签图像数据存储在云服务器上。移动设备首先获取图像并将其发送至边缘服务器,然后,边缘服务器对图像数据进行预处理并运行深度学习模型获得结果。最后,边缘服务器把结果发送给移动设备。

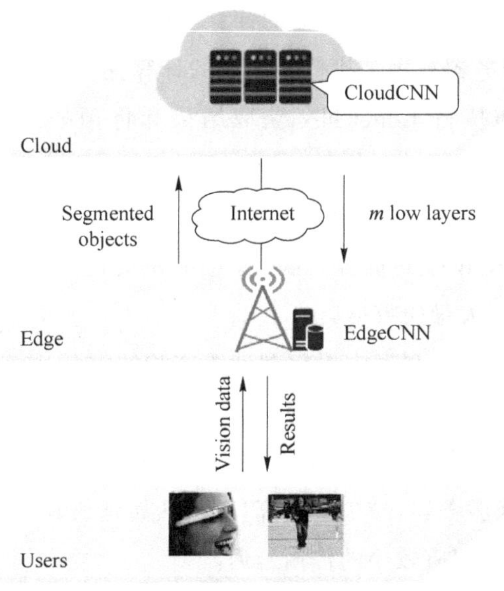

图 3-9　云边协作的深度学习模型训练方法系统架构

图 3-10 展示了云边协作的深度学习模型训练方法的框架。该方法包含三层组件:移动设备、边缘服务器和云服务器。每个组件的组成和功能描述如下。

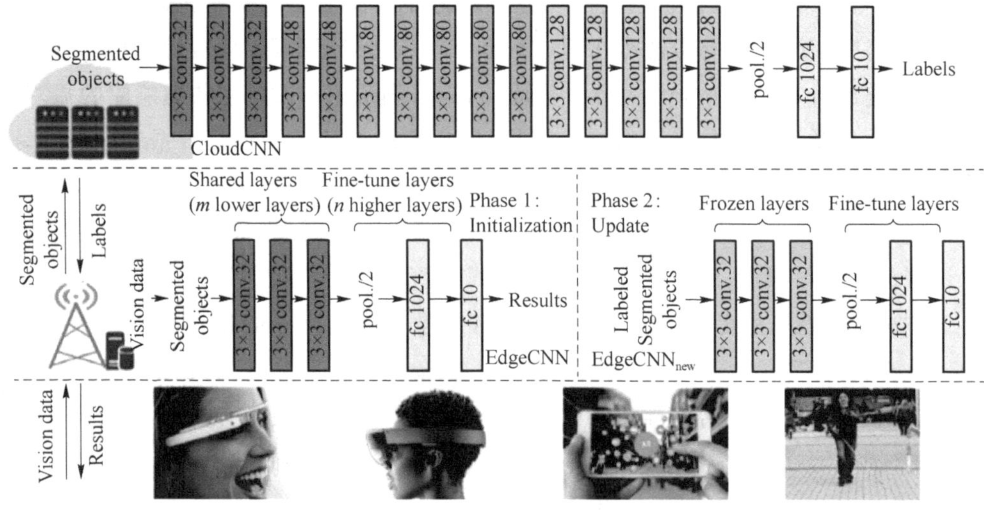

图 3-10 云边协作的深度学习模型训练方法框架

- 移动设备：移动设备通常指计算和存储资源有限的智能设备，如谷歌眼镜、微软 Hololens 和智能手机等。考虑到移动设备的资源受限且会运行很多应用程序，移动设备主要负责轻量级任务，如捕获数据、上传数据和接收图像识别结果等。
- 边缘服务器：边缘服务器通常是一组部署在网络边缘的服务器，如传感器、家庭网关和微型服务器等。由于边缘服务器距离用户近，且其计算和存储资源介于移动设备和云服务器之间。边缘服务器的计算和存储资源多于移动设备，少于云服务器。因此，边缘服务器被用来执行轻量级的计算操作，比如主要负责预处理接收到的数据、训练和执行 EdgeCNN 获取结果和将预处理后的数据上传至云服务器。
- 云服务器：云服务器通常是指阿里云服务器、微软云服务器和谷歌服务器。云服务器有丰富的计算和存储资源。因此，它主要负责密集型任务的计算，如训练 CloudCNN 和存储大量的数据集。

图 3-10 展示了云边协作的深度学习模型训练方法的框架。该方法旨在为用户提供长持续时间、低延时和高性能的图像识别服务。该方法使用边缘服务器完成提供图像识别服务的所有操作。移动设备捕获图像数据之后，直接上传至边缘服务器，移动设备通过将所有计算卸载到边缘服务器，减少了计算负荷，从而延长其电池寿命。另外，移动设备靠近边缘服务器，它们之间有较小的传输延迟。

3.3.1 云边协作的深度学习模型训练方法

在云边协作的深度学习模型训练方法中，部署 EdgeCNN 在边缘服务器上可以为用户提供持续时间长、低延时的图像识别服务。但是由于单个边缘服务器仅能收集到少量数据，利用少量数据训练 EdgeCNN 会导致其过拟合，识别准确度低。为此，本章提出了云边协作的深度学习模型训练方法。该方法使用云服务器辅助的方式协助训练 EdgeCNN 以提高后者模型的性能。如图 3-11 所示，CloudCNN 部署在云服务器上，EdgeCNN 部署在边缘服务器上。CloudCNN 和 EdgeCNN 协作训练来提高后者模型的性能。较之 EdgeCNN 的网络结构，CloudCNN 的网络结构更复杂，准确性更高。然而，CloudCNN 的结构复杂也意味着较长的推理时间。为了减少图像识别服务的推理时间，EdgeCNN 的网络结构一般较为简单。此外，该方法还探究了不同网络结构深度的 EdgeCNN，该方法通过 CloudCNN 共享其前 m 层参数来协助训练 EdgeCNN，从而提高后者模型的性能。

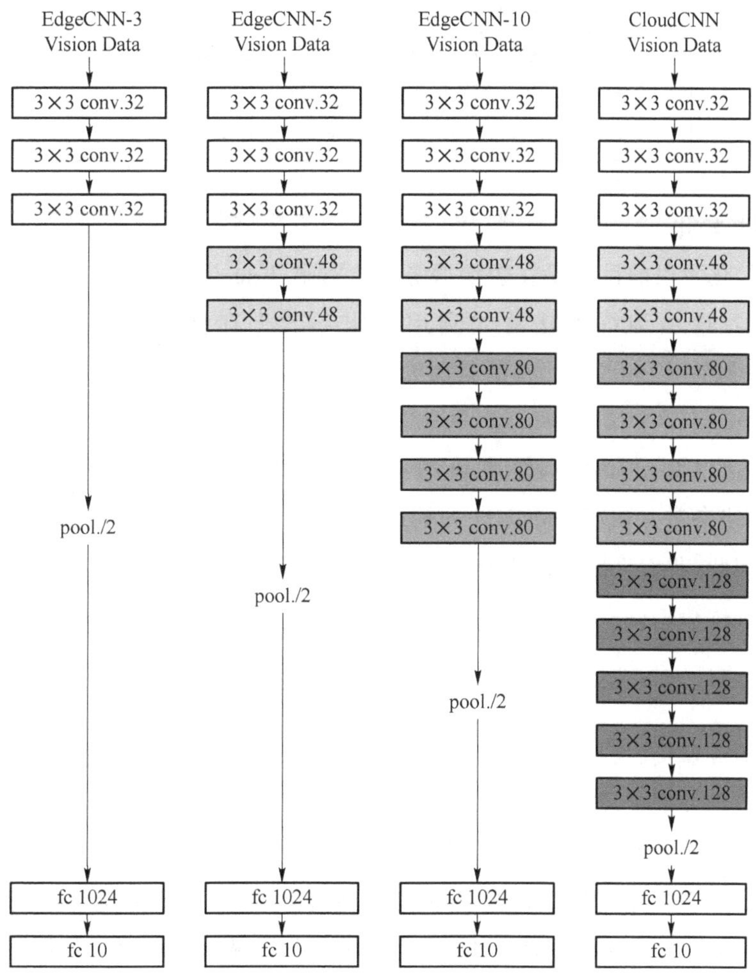

图 3-11　CloudCNN 和 EdgeCNN 的网络架构示例图

此外，考虑到在真实场景中，用户可能会持续的向边缘服务器上传图像数据请求图像识别服务，为了利用用户持续上传的图像数据，该方法又提出使用这些持续上传的数据和 CloudCNN 共同协助训练 EdgeCNN 以进一步提高 EdgeCNN 的性能。该方法的详细过程可分为初始化阶段和更新阶段。为了清晰地描述模型初始化和模型更新，表 3-8 列举了所用的符号及其含义。

表 3-8　本章常用符号与变量及其含义表

符号	含义
$\boldsymbol{W}_c$	CloudCNN 完成训练之后的参数
$\boldsymbol{W}_{mc}$	CloudCNN 前 m 层网络参数
$\boldsymbol{W}_e$	EdgeCNN 的网络参数
$\boldsymbol{W}_{e\text{-}mc}$	EdgeCNN 去除前 m 层之后剩余的网络参数
$\boldsymbol{W}_{e\text{-}mc}^*$	表示 $\boldsymbol{W}_{e\text{-}mc}$ 更新后的对应层的网络参数
$\boldsymbol{W}_e^*$	完成初始化之后的 EdgeCNN 网络参数
$\boldsymbol{W}'_{e\text{-}mc}$	完成初始化之后的 EdgeCNN 去除前 m 层之后剩余的网络参数
$\boldsymbol{W}_{e\text{-}mc}^{**}$	表示 $\boldsymbol{W}_{e\text{-}mc}^*$ 更新后的对应层的网络参数
$\boldsymbol{W}_e^{**}$	样本更新后的 EdgeCNN 的网络参数

1. 模型初始化

模型初始化阶段的目的是在边缘服务器上部署 EdgeCNN。在初始化阶段，云边协作的深度学习模型训练方法首先利用云服务器上存储的大量带标签数据训练 CloudCNN。随后，CloudCNN 共享其前 m 层参数给 EdgeCNN，以辅助 EdgeCNN 模型的训练。

令 $\boldsymbol{W}_c$ 表示 CloudCNN 训练之后的参数，$\boldsymbol{W}_{mc}$ 表示其前 m 层网络参数，$\boldsymbol{W}_e$ 表示 EdgeCNN 网络参数。在 CloudCNN 的辅助下，我们使用 $\boldsymbol{W}_{mc}$ 替换 EdgeCNN 的前 m 层网络参数。因此，我们只需要训练 $\boldsymbol{W}_{e\text{-}mc}$，其中 $\boldsymbol{W}_{e\text{-}mc}$ 表示 EdgeCNN 去除 $\boldsymbol{W}_{mc}$ 之后的网络参数。给定训练数据$\{\boldsymbol{x}_i, y_i\}_{i=1}^N$，对 EdgeCNN 进行训练，优化损失函数为：

$$f_e(\boldsymbol{W}_{e\text{-}mc}) = \frac{1}{N}\sum_{i=1}^{N} \mathrm{H}(y_i, \sigma(f(x_i; \boldsymbol{W}_{e\text{-}mc}))) \tag{3-10}$$

当边缘服务器接收到云服务器发送的 CloudCNN 的前 m 层网络参数后，边缘服务器在此基础上添加 n 层神经网络形成 EdgeCNN，如图 3-10 所示。随后，边缘服务器冻结 $\boldsymbol{W}_{mc}$ 并微调 $\boldsymbol{W}_{e\text{-}mc}$ 来训练 EdgeCNN，如等式(3-10)所示。通过 CloudCNN 共享的前 m 层网络参数，EdgeCNN 不仅可以提高其准确性，而且还可以节省大量计算资源。原因是 EdgeCNN 继承了 CloudCNN 的部分知识，EdgeCNN 只需要训练其 n 层网络参数。详细的初始化过程见算法 3-1。$\boldsymbol{W}_{e\text{-}mc}^*$ 表示 $\boldsymbol{W}_{e\text{-}mc}$ 更新后的值。连接符号 $\cup$ 表示连接两个参数集，例如，S_1 代表深度学习模型的前 m 层网络参数，S_2 代表该深度学习模型的其余网络参数，而 $S_1 \cup S_2$ 代表整个深度学习模型的参数。

算法 3-1　初始化阶段

输入：训练数据$\{\boldsymbol{x}_i, y_i\}_{i=1}^{N}$，$\boldsymbol{W}_c$，$\boldsymbol{W}_{mc}$及 CloudCNN

输出：EdgeCNN

1. 云服务器发送 CloudCNN 的前 m 层参数至边缘服务器；
2. 在每个边缘服务器上，n 层网络连接 m 层形成 EdgeCNN；
3. 初始化 $\boldsymbol{W}_{e\text{-}mc}$ 为随机实数；
4. $\boldsymbol{W}_{e\text{-}mc}^{*} \leftarrow \arg\min_{\boldsymbol{W}_{e\text{-}mc}} f_e(\boldsymbol{W}_{e\text{-}mc})$；
5. $\boldsymbol{W}_e^{*} \leftarrow \boldsymbol{W}_{mc} \cup \boldsymbol{W}_{e\text{-}mc}^{*}$；
6. 返回 EdgeCNN，其权值为 $\boldsymbol{W}_e^{*}$。

2. 模型更新

模型更新的目的是在初始化阶段的基础上通过云边协作进一步提升 EdgeCNN 的性能。在初始化阶段，EdgeCNN 通过 CloudCNN 共享的前 m 层参数克服了过拟合的问题。在真实场景中，用户会持续地将数据上传到边缘服务器。在基于深度学习模型的应用程序中，训练数据对于提高深度学习模型的性能极为重要。为此，该方法又提出利用用户持续上传的数据协助训练 EdgeCNN 以进一步提高其性能。但是，用户上传的数据通常是无标签的，因此难以利用。

为此，云边协作的深度学习模型训练方法提出利用 CloudCNN 来解决这个问题。CloudCNN 一般是高准确度的深度学习模型，比如 ResNet，在复杂的数据集上（如 ImageNet）的准确度高达 96.43%。边缘服务器接收到用户上传的数据后，首先对其进行预处理。例如，使用对象检测和对象分割技术来获取分割后的图像。然后，边缘服务器运行 EdgeCNN 获取识别结果并将该结果返回给用户。边缘服务器会保存分割后的图像。当核心网络负载较低时，边缘服务器将分割后的图像数据上传至云服务器。云服务器利用 CloudCNN 预测接收图像数据的标签，并将标签数据发送至存储相应图像数据的边缘服务器。因此，EdgeCNN 可以利用边缘服务器上所有带标签的图像数据进行重新训练，其训练过程与初始化阶段类似。

令 $\boldsymbol{W}_e^{*}$ 表示 EdgeCNN 初始化阶段之后的模型参数。假设当新标记的图像数量累积到 M 时，边缘服务器重新训练 EdgeCNN。累积的对象被表示为$\{\boldsymbol{x}_i\}_{i=1}^{M}$。随后，我们使用 CloudCNN 为这些数据打标签，为$\{y_i\}_{i=1}^{M}$。因此，我们使用$\{\boldsymbol{x}_i, y_i\}_{i=1}^{N+M}$重新训练 EdgeCNN 以提高其准确性。通过优化以下损失函数：

$$f_e(\boldsymbol{W}'_{e\text{-}mc}) = \frac{1}{N+M} \sum_{i=1}^{N+M} H(y_i, \sigma(f(x_i; \boldsymbol{W}'_{e\text{-}mc}))) \tag{3-11}$$

其中，$\boldsymbol{W}'_{e\text{-}mc}$ 表示删除 $\boldsymbol{W}_{mc}$ 之后的 $\boldsymbol{W}_e^{*}$ 的其他参数。

CloudCNN 可以持续预测图像数据的标签并将其发送至存储相应图像数据的边缘服务器。详细的更新过程见算法 3-2。

算法 3-2 更新阶段

输入:EdgeCNN、已有图像数据$\{\boldsymbol{x}_i, y_i\}_{i=1}^{N}$、新图像数据$\{\boldsymbol{x}_i\}_{i=1}^{M}$、CloudCNN

输出:$\text{EdgeCNN}_{\text{new}}$

1. 当核心网负载低时,边缘服务器上传数据$\{\boldsymbol{x}_i\}_{i=1}^{M}$至云服务器;
2. 云服务器使用 CloudCNN 预测$\{\boldsymbol{x}_i\}_{i=1}^{M}$的标签,获得标签数据$\{y_i\}_{i=1}^{M}$;
3. 云服务器发送$\{y_i\}_{i=1}^{M}$至边缘服务器;
4. $\boldsymbol{W}_{e\text{-}mc}^{**} \leftarrow \arg\min_{W'_{e\text{-}mc}} f_e(\boldsymbol{W}'_{e\text{-}mc})$;
5. $\boldsymbol{W}_e^{**} \leftarrow \boldsymbol{W}_{mc} \cup \boldsymbol{W}_{e\text{-}mc}^{**}$;
6. 返回$\text{EdgeCNN}_{\text{new}}$,其权值为$\boldsymbol{W}_e^{**}$。

云边协作的深度学习模型训练方法有三个优点。其一,该方法可以提供持久的图像识别服务。这是因为移动设备通过将计算任务全部卸载至边缘服务器减轻了移动设备的计算负担。其二,该方法可以提供快速响应的图像识别服务。较之云服务器,用户距离边缘服务器较近,因此它们之间的传输延迟较小。此外,EdgeCNN 结构简单,这也减少了模型的推理时间。其三,该方法可以提供高准确度的图像识别服务。通过 CloudCNN 和 EdgeCNN 的协作以及不断上传的数据,EdgeCNN 模型的准确性得到了显著提高。值得注意的是,该方法是通用的,CloudCNN 可以是任何其他流行的深度学习模型,如 ResNet、DenseNet 等。

随着物联网(Internet of Things,IoT)和第五代移动通信系统(Fifth Generation Mobile Networks,5G)技术的发展,数以百万计的边缘服务器部署在靠近用户的网络边缘侧。用户上传数据至边缘服务器、再至云服务器,边缘服务器和云服务器之间数据的频繁上传和下载会增加核心网络的带宽负荷,本节提出的方法仅上传预处理后的数据和下载部分模型参数在一定程度上能缓解核心网带宽高负荷的问题。

3.3.2 性能评估

1. 数据集

我们在 3 个数据集上评估云边协作的深度学习模型训练方法,分别为 CIFAR-10 数据集、MNIST 数据集和 Fashion-MNIST 数据集。表 3-8 列出了数据集的详细信息。

表 3-8　数据集信息

数据集	类别数	训练样本个数	测试样本个数
CIFAR-10	10	50 000	10 000
MNIST	10	60 000	10 000
FASHION-MNIST	10	60 000	10 000

CIFAR-10 数据集：CIFAR-10 数据集由 10 个不同类别的 32×32 彩色图像组成。其中，训练集包含 50 000 张图像，测试集包含 10 000 张图像。

MNIST 数据集：MNIST 数据集是流行的手写数字识别数据集，由 10 个类别（0～9）的 28×28 灰度图像组成。训练集包含 60 000 张图像，测试集包含 10 000 张图像。

FASHION-MNIST 数据集：FASHION-MNIST 数据集由 10 个类别的 70 000 张 28×28 灰度图像组成。训练集包含 60 000 张图像，测试集包含 10 000 张图像。

2. 实验设置

CloudCNN 包含四种类型的卷积层。CloudCNN 仅使用大小为 3×3 的卷积核，第一种卷积层有 3 层，每层 32 个卷积核。第二种卷积层有 2 层，每层 48 个卷积核。第三种卷积层有 5 层，每层 80 个卷积核。第四种卷积层有 5 层，每层 128 个卷积核。全连接层有 1 024 个神经元。EdgeCNN 与 ClouCNN 结构类似。在 CloudCNN 和 EdgeCNN 中，所有卷积层都使用了修正线性单元（Rectified Linear Unit，ReLU）。EdgeCNN0 代表从零开始训练的简单深度学习模型，EdgeCNN1 代表利用 CloudCNN 的共享层辅助训练的模型。如图 3-12 所示，EdgeCNN0～3、EdgeCNN0～5 和 EdgeCNN0～10 代表具有 3、5 和 10 个卷积层的 EdgeCNN0。EdgeCNN1～3、EdgeCNN1～5 和 EdgeCNN1～10 代表具有 3、5 和 10 个卷积层的 EdgeCNN1。

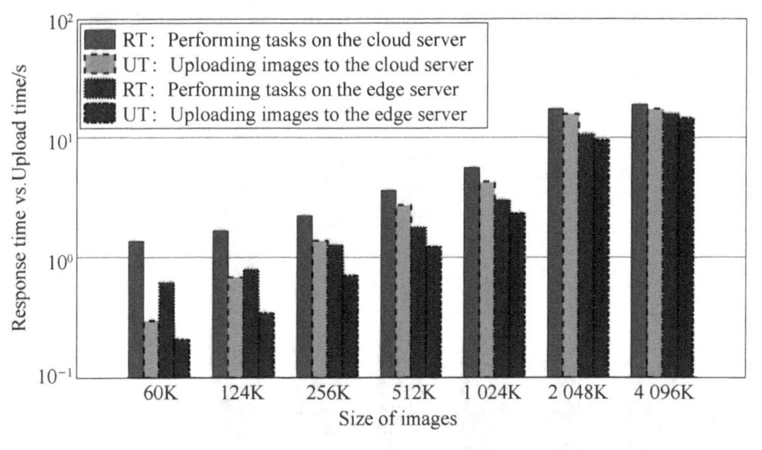

图 3-12　LTE 情况下不同方案的响应时间与上传时间

图 3-12 彩图

CloudCNN 和 EdgeCNN 的训练过程与一般深度学习模型的训练过程类似。即：使用小批量梯度下降进行训练。批次大小设置为 32，动量设置为 0.9，学习率设置为 0.01。CloudCNN 在 MNIST、CIFAR-10 和 FASHION-MNIST 数据集上的准确性分别为 99.48%、87.80%和 93.50%。当训练图像数量最少时，EdgeCNN 代表初始化阶段的简单深度学习模型。当训练图像数量增加时，EdgeCNN 代表更新阶段的简单深度学习模型。例如，在 MNIST 数据集上，当训练图像数量为 120 时，EdgeCNN1～3 表示初始化阶段的简单深度学习模型。当训练图像数量为 240 或更多时，EdgeCNN1～3 表示更新阶段的简单深度学习模型。

3. 实验结果

（1）响应时间

EdgeCNN1～3 的响应时间最短。图 3-12 展示了 CloudCNN 和 EdgeCNN1～3 提供图像识别服务的响应时间和上传时间，其中，RT 表示响应时间，UT 表示上传时间。与 CloudCNN 相比，当图像数据为 60 KB 时，EdgeCNN1～3 减少了约 55.08%的响应时间。这是因为云服务器距离用户较远且 CloudCNN 网络结构复杂。云服务器与移动设备的距离较远导致了较长的网络传输时延，CloudCNN 的网络结构复杂导致了较长的推理时间。然而，边缘服务器较靠近用户，网络传输时延短，而且，EdgeCNN1～3 的网络结构较简单，推理时间也较短。因此，EdgeCNN1～3 的响应时间较短。

将图像数据上传至边缘服务器可以大大减少上传时间。如图 3-12 所示，与将图像上传至云服务器相比，当图像数据为 512 KB 时，将其上传到边缘服务器可以减少约 55.42%的上传时间。原因是用户离边缘服务器较近。通常，移动设备与边缘服务器之间的距离是一跳。这说明使用边缘服务器提供快速响应的识别服务的必要性。

EdgeCNN1～3 的推理时间较短。如图 3-13 所示，与 CloudCNN 的推理时间相比，当图像数据为 60 KB 时，EdgeCNN1～3 减少了约 37.68%的推理时间。由于 CloudCNN 的网络结构较为复杂，包含大量的乘法运算。因此，它将消耗更长的推理时间。这也表明部署简单深度学习模型以满足有快速响应需求的图像识别应用的必要性。

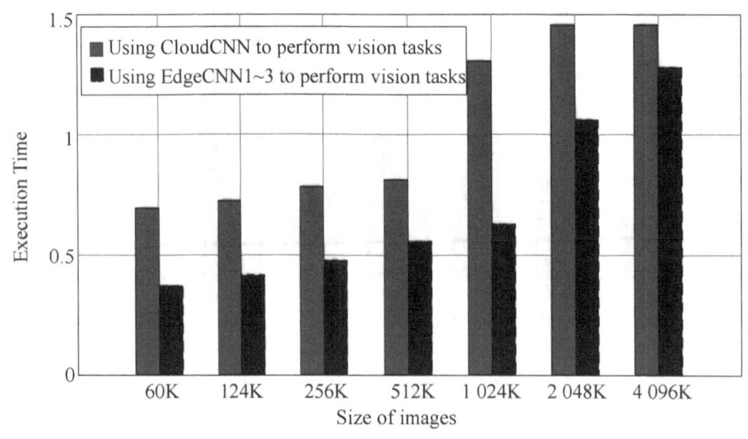

图 3-13 彩图

图 3-13　两种不同方案的执行时间

图 3-14 展示了在 WiFi 情况下的响应时间和上传时间。图 3-14 显示的结果与在 LTE 情况下的观察结论类似。即：EdgeCNN1～3 具有较短的响应时间和上传数据的时间。例如，与 CloudCNN 的响应时间相比，EdgeCNN1～3 减少了约 40.26%的响应时间。

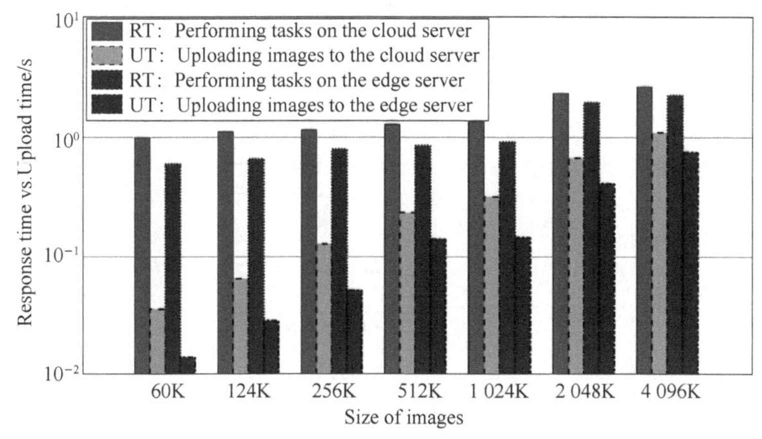

图 3-14 彩图

图 3-14　WiFi 情况下不同方案的响应时间与上传时间

随着 5G 技术的发展，移动设备与基站之间的传输速率更快。因此，部署简单深度学习模型在边缘服务器上可以为用户提供更快响应的图像识别服务。

(2) 识别准确度

EdgeCNN1 具有较高的识别准确度。图 3-15 显示了 EdgeCNNs 在 CIFAR～10 数据集上的性能。如图 3-15(c)所示，当标签图像的数量为 500 时，与 EdgeCNN0～10 相比，EdgeCNN1～10 的识别准确度高 26.70%。原因是当标记图像的数量很少时，EdgeCNN0 从零训练难以学习数据的分布规律。但是，通过继承 CloudCNN 的知识，EdgeCNN1 可以轻松地学习数据的分布规律。因此，EdgeCNN1 易获得较高的准确度。

图 3-15(a)(b)和(c)展示了当训练图像数量为 100 时，EdgeCNN0～3、EdgeCNN0～5 和 EdgeCNN0～10 的识别准确度较低。这是因为由于训练数据较少，导致它们过拟合。在 CloudCNN 共享部分层网络参数的辅助下，EdgeCNN1～3、EdgeCNN1～5 和 EdgeCNN1～10 具有较高的识别准确度。原因是通过 CloudCNN 的部分共享层网络参数，EdgeCNN0～3、EdgeCNN0～5 和 EdgeCNN0～10 可以利用 CloudCNN 的知识来学习数据的分布规律。即：在 CloudCNN 共享的网络参数的基础上学习数据的分布规律，而不是从零开始学习。这表明在 CloudCNN 的部分共享层网络参数的帮助下，EdgeCNN 可以避免过拟合问题，获得较高的识别准确度。

利用用户持续上传的数据可以进一步提高 EdgeCNN 性能。如图 3-15(a)所示，当训练数据的数量从 100 增加到 5 000 时，EdgeCNN1～3 的准确性提高了 25.03%。这表明利用 CloudCNN 提供的带标签数据，EdgeCNN 可以进一步提高准确性。由于

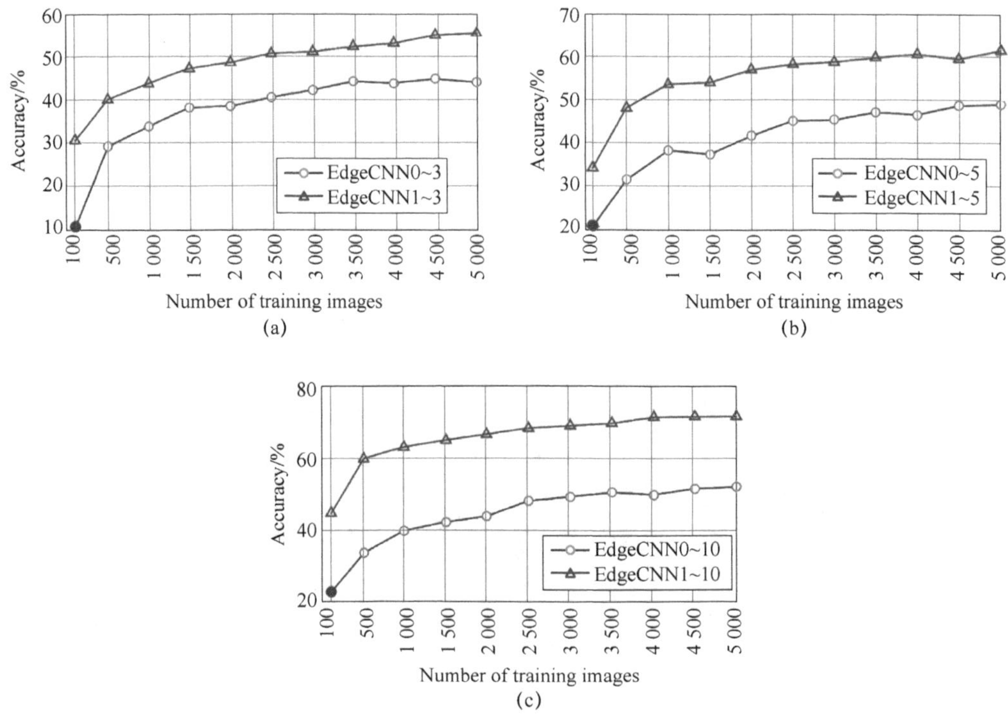

图 3-15 CIFAR-10 数据集上模型在不同图像数量时的准确度

EdgeCNN0 没有标签数据，因此只能保持初始准确度。图 3-15(a)展示了当训练数据为 100 时 EdgeCNN0～3 的准确性为 10%。为了公平地比较 EdgeCNN0 和 EdgeCNN1，图 3-15 还展示了标签数据增加时 EdgeCNN0 的准确性。如图 3-15(a)所示，当训练数据的数量从 100 增加到 5 000 时，EdgeCNN0～3 的准确度提高了 33.77%。这是因为大量的训练图像数据有助于表征图像数据的分布规律。这也说明对于真实场景的深度学习模型的应用，收集足够的可训练数据至关重要。

MNIST 和 FASHION-MNIST 数据集上的结论与 CIFAR-10 数据集的结论类似，即通过 CloudCNN 共享部分层网络参数辅助 EdgeCNN 训练可以提高后者模型的性能，且可以使用用户持续上传的无标签数据与 CloudCNN 协作进一步提高 EdgeCNN 的性能。如表 3-9 所示，当训练图像的数量为 120 时，与 EdgeCNN0～3 相比，EdgeCNN1～3 的识别准确度高 8.76%。表 3-10 所示，当训练图像的数量为 120 时，与 EdgeCNN0～3 相比，EdgeCNN1～3 的识别准确度高 17.16%。

表 3-9 MNIST 数据集上不同数量训练图像下不同模型的准确度比较

Model/images	120	240	360	480	600	720	840	960	1 080	1 200
EdgeCNN0～3	74.36	82.96	88.35	89.04	90.00	90.45	90.68	91.98	93.67	93.46
EdgeCNN1～3	83.12	88.97	89.76	90.17	91.97	94.04	94.65	95.31	95.41	95.47
EdgeCNN0～5	83.38	91.94	91.12	93.75	93.40	93.61	95.08	95.35	96.40	96.54

续 表

Model/images	120	240	360	480	600	720	840	960	1 080	1 200
EdgeCNN1～5	84.39	92.81	93.49	94.14	95.50	96.09	96.40	96.56	96.65	96.81
EdgeCNN0～10	84.75	89.91	93.01	94.69	95.04	95.85	95.31	96.11	94.62	96.19
EdgeCNN1～10	85.17	94.51	95.14	95.12	96.20	96.42	96.49	96.99	97.05	97.20

表 3-10　FASHION-MNIST 数据集上不同数量训练图像下不同模型的准确度比较

Model/images	120	240	360	480	600	720	840	960	1 080	1 200
EdgeCNN0～3	58.61	68.74	72.01	74.40	75.93	75.98	76.06	77.08	78.01	78.77
EdgeCNN1～3	75.77	78.67	82.04	83.39	84.05	84.34	84.46	85.49	85.59	86.00
EdgeCNN0～5	63.91	69.34	77.38	78.23	78.73	78.54	79.17	79.69	80.73	80.37
EdgeCNN1～5	78.21	82.55	84.15	84.53	86.12	86.26	86.63	87.66	87.80	88.23
EdgeCNN0～10	65.66	71.47	76.02	76.14	77.84	78.23	78.55	80.36	81.00	81.22
EdgeCNN1～10	77.59	82.61	84.15	85.68	86.55	86.48	86.78	87.64	88.01	88.23

图 3-16 和图 3-17 展示了在 MNIST 和 FASHION-MNIST 数据集上当有大量可训练图像时 EdgeCNN 的性能。虽然训练图像的数量很大，借助 CloudCNN 的共享层网络参数，EdgeCNN 也可以进一步提高准确性。在 MNIST 和 FASHION-MNIST 数据集上，当训练图像数为 60 000 时，CloudCNN 可以通过共享其前（3、5、10）层参数提高 EdgeCNN 的准确性。如图 3-16(a)所示，当标记图像的数量为 60 000 时，与 EdgeCNN0～3 相比，EdgeCNN1～3 的准确性高 1.26%。CloudCNN 通过其共享层网络参数辅助训练 EdgeCNN，提高了 EdgeCNN 的准确性。

在 CloudCNN 共享部分层网络参数下，EdgeCNN 的识别准确度接近使用相同训练集的 CloudCNN 的识别准确度。当训练图像的数量为 60 000 时，图 3-17 展示了 EdgeCNN1～3、EdgeCNN1～5 和 EdgeCNN1～10 的准确度为 93.15%、93.30%和 93.09%，而 CloudCNN 的准确度是 93.50%。这表明利用 CloudCNN 辅助训练 EdgeCNN 来提高后者模型性能的重要性。

（3）训练时间

EdgeCNN1 的训练时间最短。图 3-18 显示了当训练样本数为 120、100 和 120 时，EdgeCNN1～3、EdgeCNN1～5 和 EdgeCNN1～10 的训练时间。确切地说，在 CIFAR-10 数据集上，EdgeCNN1～10 的训练时间较之 EdgeCNN0～10 的训练时间减少了约 86.57%。在 MNIST 数据集上，EdgeCNN1～10 的训练时间较之 EdgeCNN0～10 的训练时间减少了约 45.15%；在 FASHION-MNIST 数据集上，EdgeCNN1～3 的训练时间较之 EdgeCNN0～3 的训练时间减少了约 45.47%。这是因为 CloudCNN 共享其前 m 层网络参数于 EdgeCNN1，这相当于 EdgeCNN1 继承了 CloudCNN 的前 m 层网络知识，使 EdgeCNN1 在 CloudCNN 的基础上训练。而且，在训练 EdgeCNN1 时，冻结其前 m 层网

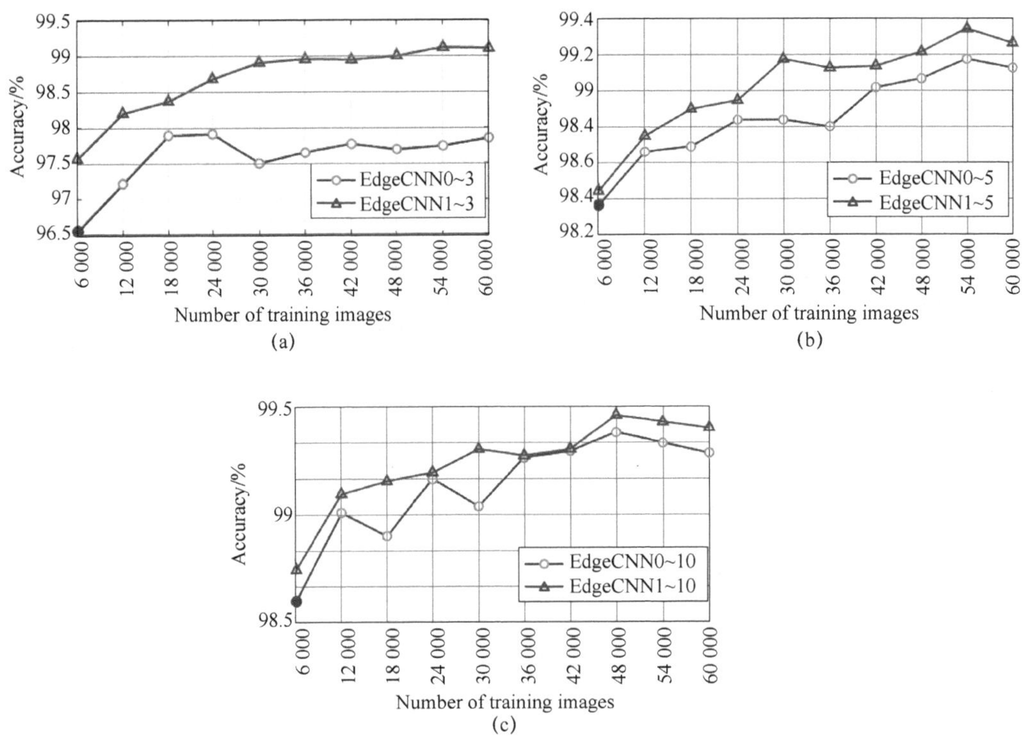

图 3-16　MNIST 数据集上模型在不同图像数量时的准确度

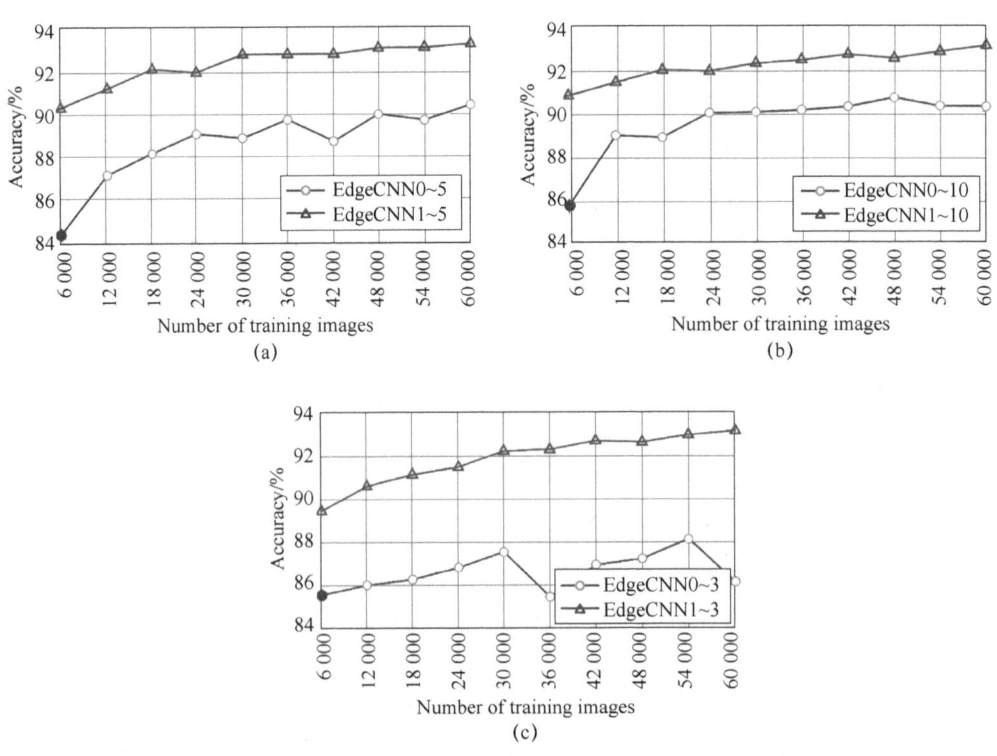

图 3-17　Fashion-MNIST 数据集上模型在不同图像数量时的精度

络参数且只微调其他层参数。因此，EdgeCNN1 的训练时间最短。

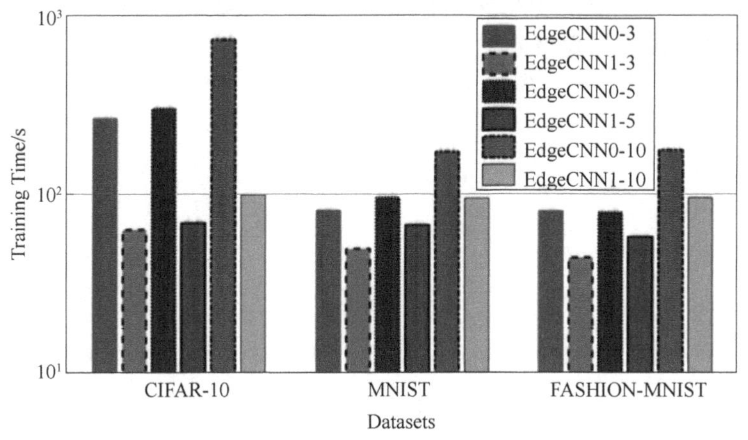

图 3-18 彩图

图 3-18　不同 EdgeCNN 模型的训练时间

（4）推理时间

层数越多，推理时间越长。图 3-19 显示了 CIFAR-10 数据集上 EdgeCNN 模型的推理时间。如图 3-19 所示，当测试图像的数量为 2 000 时，EdgeCNN1～3 的推理时间分别比 EdgeCNN1～10 和 EdgeCNN1～5 的推理时间缩短了 51.87%和 23.28%。原因是 EdgeCNN1～3 的层数较少。因此，EdgeCNN1～3 的推理时间较短。

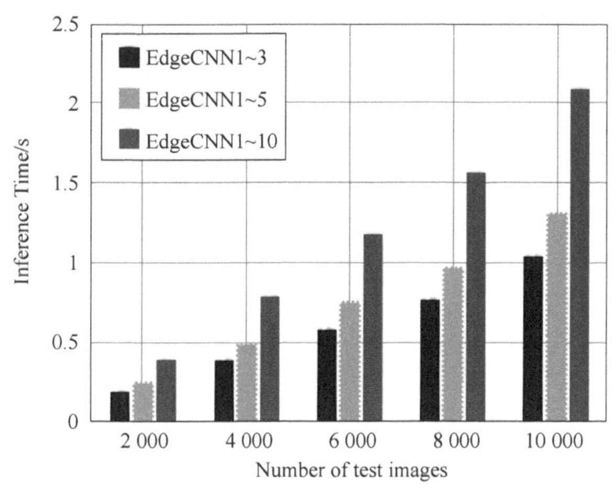

图 3-19 彩图

图 3-19　不同 EdgeCNN 模型的推理时间

以上实验结果表明，EdgeCNN 模型可以提供较快响应的图像识别服务。借助 CloudCNN 和用户持续上传的数据，EdgeCNN 可以实现更高的图像识别准确度。此外，本节提出的云边协作的深度学习模型训练方法适用于通用深度学习模型，其可以与现有的高性能深度学习模型完美地结合。例如，将高性能复杂深度学习模型部署在云服务器上作为 CloudCNN，将一些简单深度学习模型部署在边缘服务器上作为 EdgeCNN。CloudCNN 和 EdgeCNN 可以通过本章提出的云边协作的深度学习模型训练方法协作训练，为用户提供高性能的图像识别服务。

第4章 容器驱动的 Serverless 边缘云服务质量优化

4.1 概　　述

云计算是推动数字经济发展，加快软件和信息技术服务发展，支撑互联网、大数据、人工智能与实体经济深度融合的重要驱动力，同时是云网融合实现的重要一环，而 serverless（无服务器计算）正是云计算最受欢迎的新兴范式。无服务器计算改变服务的开发部署模式和计算资源的收费模式：几乎所有烦琐的部署和管理工作被转交给云服务提供商，开发人员仅需专注于应用程序的代码实现，而云网融合具备底层基础设施与网络资源的自动化配置与调整能力，进一步为无服务器计算执行与云基础设施运维的相互隔离提供了便利；服务开发者仅需要为服务实际执行消耗的资源付费，成本极大减少。这些显著的优势以及其他特征优势，降低了无服务器计算范式的使用门槛，有力地推动了无服务器计算的蓬勃发展。国内传统巨头阿里巴巴、华为、腾讯，以及国外知名云计算厂商谷歌、微软等正在大力投资和发展无服务器计算。

无服务器计算平台通常运行在中心式或分布式（边缘）的容器集群上。开发人员可以将服务代码及其所依赖的环境或者库文件打包成一个容器镜像，将该容器镜像部署到无服务器计算平台中。容器镜像是分层结构，包括可执行文件和运行时依赖，每个镜像层都是一个文件集合。所有镜像都存储在集中式镜像仓库中，客户端可以将新的镜像推送到仓库中，也可以从中拉取现有镜像以在主机上启动和运行容器。随着容器技术和云计算技术的发展，镜像数量迅速增长，消耗了大量的存储和网络资源。例如，作为最流行的镜像仓库，Docker Hub 目前存储了超过 200 万个公共镜像和超过 4 亿个私有镜像，占据了约 1 PB 的存储空间。Google 平均每秒启动 7 000 个容器以应对不断变化的服务请求，相应地，频繁的、大量的镜像获取对网络产生了巨大的压力。

内容寻址存储技术通过在同一客户端服务器上共享不同镜像之间的相同镜像层以

减少存储和网络资源消耗。基于此，已有学者对镜像层缓存和服务放置等问题进行了研究。然而，我们的测量结果显示，镜像层共享可以节省约 38%的存储资源，但仍存在 35%的文件冗余。其主要原因是相同镜像层的数量十分有限。超过 90%的镜像层是不被共享的，只有不到 1%的镜像层被超过 25 个镜像所共享。因此，镜像层共享的性能仍有待探索。

尽管可共享的相同镜像层数目较少，但存在许多具有相同文件的相似镜像层。图 4-1 展示了 java:7u121-jdk-alpine 和 java:8u111-jdk-alpine 两个容器镜像的部分镜像层及所含文件，其中红色字体标记了两个镜像中的相似镜像层(镜像层对)。两个相似镜像层中的大部分文件都是相同的，仅有少数文件不同。我们观测了 Docker Hub 中的 2 200 个镜像，发现其中的 26 042 个镜像层对中相同文件的比例高达 80%。此外，我们发现同镜像仓库内的镜像层对比跨仓库的镜像层对的文件重复程度更高。

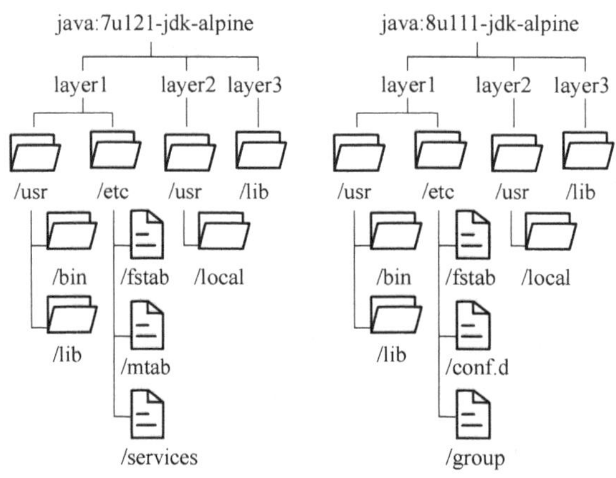

图 4-1　镜像“java”的部分镜像层及文件结构

受到镜像层相似性的启发，我们提出镜像重构以节省存储和网络资源消耗。我们的目标是通过重新组合镜像中的文件以形成新的镜像层来最大化镜像之间的可共享镜像层。镜像重构应该解决以下几个问题：①重构镜像中有几个镜像层？②每个镜像层中有哪些文件？③各个镜像层的顺序是什么？解决上述问题极具挑战性。首先，需要保持重构镜像的有效性。Docker 将各个镜像层联合挂载到一个目录，最终提供合并视图。调整文件和镜像层会影响合并视图，由此可能导致重构后的镜像发生变化甚至不可用。因此，判断文件和镜像层的调整是否可行是一个难点，且在之前的工作中从未被研究过。其次，镜像重构应该权衡镜像的资源成本和操作时延成本。为了降低资源成本，一个极端的做法是使每个镜像层仅包含一个文件，则每个文件都可以在镜像之间共享。然而，大多数镜像的文件数目庞大，有 20%的镜像有超过 10 000 个文件。一个文件一层将导致镜像层数和镜像元数据爆炸式增长。我们的测量实验显示，镜像层深度与其中文件的操作时延呈正相关关系。因此，镜像层数目越多，操作时延将越大，镜像重构需要权衡这两项成本。

为了应对上述挑战，我们首先探索了镜像的层结构，定义了文件的可交换性以保证重构镜像的有效性。然后，我们通过真实数据拟合的方法量化了镜像层深度与操作时延之间的关系，并进一步设计了镜像的操作成本。我们将镜像重构建模为整数非线性规划(INLP)问题，以最小化存储成本和操作成本的加权和，并提出相似度感知的在线镜像重构算法(SOIRA)来解决该问题。对于待重构的镜像，SOIRA 调整其中镜像层所包含的文件，使其尽量与已有的目标镜像层相同。利用同仓库镜像层比跨仓库镜像层相似度更高的特点，SOIRA 从同仓库中选择目标镜像层，而不是从整个注册中心中选择目标镜像层，有效地减少了算法的执行时间。我们利用 Docker Hub 中的镜像对算法进行了评估，所采用镜像的总大小约为 60 GB，文件总数为 1 413 629。与现有技术相比，SOIRA 只需增加个位数的镜像层即可节省约 10%的存储资源，以及约 9.3%的网络资源。在实际的大规模网络中，镜像重构具有节省存储和网络资源的巨大潜力。

4.2　容器使能的 Serverless 技术

开发者将服务代码与环境打包为镜像上传至无服务器计算平台，平台根据实际请求按需在容器集群中部署服务，实现包括镜像拉取、容器启动、资源调度、代码执行、返回结果等过程。我们以最普遍使用容器技术 Docker 为研究对象，下面介绍其中与本工作相关的主要概念和技术。

(1) 镜像构建。有两种方法可以创建新镜像并发布到注册中心：① Dockerfile：Dockerfile 是一个文本文件，描述了构建镜像的步骤指令，每条指令都会创建一个新的镜像层。②Docker commit："Docker commit"是一个命令，它将正在运行的容器与其环境打包形成新的镜像。由于开发人员各自独立地创建和发布他们的镜像，创建的方式可能各有不同，导致相同的库文件可能组合成不同的镜像层。

(2) 镜像传输。命令"pull"和"push"是客户端和注册中心之间两个最常用的镜像传输命令。每个主机上存在一个 Docker 本地守护进程。当执行命令"pull"时，Docker 守护进程首先从注册中心获取清单文件。清单文件记录了构成镜像的镜像层列表，各个层由 SHA-256 算法计算的内容哈希值唯一标识。随后 Docker 守护进程检查本地是否存有列表中的镜像层，然后仅下载未被存储的镜像层。由此，基于内容的标识和存储可以使镜像层在不同的镜像之间被共享。当执行命令"push"时，Docker 守护进程向注册中心上传新的镜像。

(3) 镜像仓库和注册中心。镜像仓库是某一类型镜像不同版本的集合。例如，"java:7u121- jdk-alpine"和"java:8u111-jdk-alpine"都归属于存储库 "java"。注册中心是一个集中式的镜像存储和内容分发的系统，负责存储镜像层以及镜像的元数据文件（如 manifest.json）。

（4）Docker 存储驱动。镜像层共享是由内容寻址存储技术实现的，由 Docker 存储驱动程序来管理。Overlay 是 Docker 上常用的存储驱动程序。它基于名为 OverlayFS 的联合文件系统，被写入 3.18 版本之后的 Linux 内核。Overlay 将各个独立的镜像层联合挂载到同一目录以提供整体的容器视图。如图 4-2 所示，在融合视图中，下层镜像中的文件和文件夹会和上层镜像的目录进行合并〔图 4-2(a)〕，上层镜像中的文件会覆盖下层镜像中具有相同路径和名称的文件〔图 4-2(b)〕。Overlay 采用写时复制技术（Copy on Write，CoW）以实现对容器文件系统的各项操作，如图 4-3 所示。各个镜像层均为只读层，在容器创建时，将初始化一个可写的容器层以记录各项操作。容器层与所有镜像层被联合挂载到同一目录以呈现容器视图。

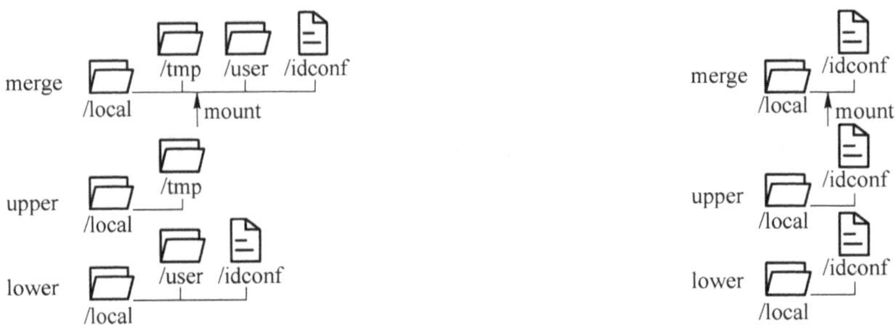

（a）目录“user”和文件“idconf”与上层目录合并　　（b）上层文件“idconf”会覆盖下层的同名文件

图 4-2　联合挂载示意图

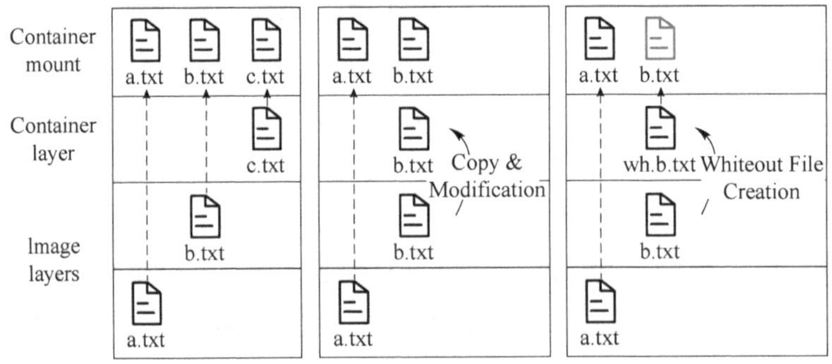

Container mount
Container layer
Image layers

(a) Creating a new file.　(b) Modifying an existing file.　(c) Removing an existing file.

图 4-3　基于 overlay 的文件系统示意图

容器的设计和部署在学术界得到了广泛的研究。Slacker 提出了懒加载技术，即优先加载启动过程关键的软件包，而延迟加载其他软件包。Dragonfly 利用 P2P 技术加速镜像拉取过程。Firecracker 对容器进行剪枝以加速启动。Checkpoint/restore 和 fork 被用于跳过容器启动过程中的重复步骤。多层缓存采用内存存储较小镜像层，采用 SSD 存储较大镜像层，从而加快 IO 操作以减少容器启动时间。为了减少冷启动此处，提出混合直方图策略来决策容器预热和保持的时间窗口大小。弗吉尼亚理工大学的研究人员对容器的存储性能进行了详细的分析，可以为后续存储系统的设计提供指导。上述均是容器领域杰出的工作代表，但与本书工作所关注的重点略有不同。我们将与本书工作目标一致，探索镜像层结构和镜像层共享的研究工作大致归类为以下三个方面。

(1) 缓存和调度。由于镜像层可以被共享，合作缓存镜像可以节省存储资源消耗，由此可以在资源受限的边缘网络中部署更多的镜像和容器服务。华中科技大学的研究人员研究了镜像层共享背景下的微服务部署和请求调度问题，以最大化边缘吞吐量。这种联合缓存和调度策略可以节省存储和网络资源的消耗。然而，由于只有小部分镜像层是相同的、可共享的，仍然存在大量由数据冗余造成的资源浪费。

(2) 注册中心去重。去重是一种消除镜像层中的数据冗余的有效方法，弗吉尼亚理工大学研究人员研究利用去重使得 47 TB 的镜像层缩减至了 24 TB。Slimmer 设计了对注册中心进行文件粒度去重的方法。DupHunter 进一步实现了更完整的注册中心去重系统。注册中心去重系统以文件粒度存储数据，并维护元数据数据库以提供文件和镜像层的索引和映射。当客户端下载镜像层时，注册中心根据索引和映射数据即时构建镜像层。注册中心去重系统可以避免存储重复文件，但无法减少镜像层下载时冗余文件导致的网络资源消耗。

(3) 镜像重构。研究比较了基于数据块和基于镜像层的镜像存储性能。研究者分别随机下载了 10 个镜像，并计算了每个镜像在 Docker 和 Casync(基于数据块的镜像管理器)中的存储消耗增量。基于内容定义的可变大小块划分方法可以在不同的镜像中找到相同的数据块，并在特定情况下节省存储空间。然而，这种基于数据块的镜像存储方法失掉了分层共享的优势。IBM 的研究人员提出对镜像进行重构，重新组织文件以形成新的层次结构。由于决策空间较大，该项工作提出采用贪心算法，并对 100 个镜像进行了实验评估。然而，该工作并未解决重构镜像层的排序问题，可能会导致重构镜像发生改变甚至失效。

4.3　交换性感知的容器镜像重构与实例优化部署方法

4.3.1　Docker 镜像分析

在本节中，我们通过测量真实数据以进一步说明此项工作的研究动机。

(1) 设置

实验所用服务器配有 11 GB 的 RAM 以及八核 Intel Xeon 处理器，处理频率为 2.5 GHz。

我们从 Docker Hub 的 130 个镜像仓库中选取了 2 200 个新近更新镜像用于实验。

(2) 内容寻址存储技术评估

与我们通过比较启用和禁用内容寻址存储技术的镜像层数目和存储资源消耗以评估该技术的有效性。图 4-4 和图 4-5 分别显示了两个指标的变化。启用内容寻址存储技术的镜像层数目和存储资源消耗总是小于禁用该技术的指标数值,且差距随着仓库数目的增多而变大。对于实验中的所有镜像,启用内容寻址存储技术的镜像大小为 316.5 GB,相比禁用该技术,可节省约 38.8%的存储空间。

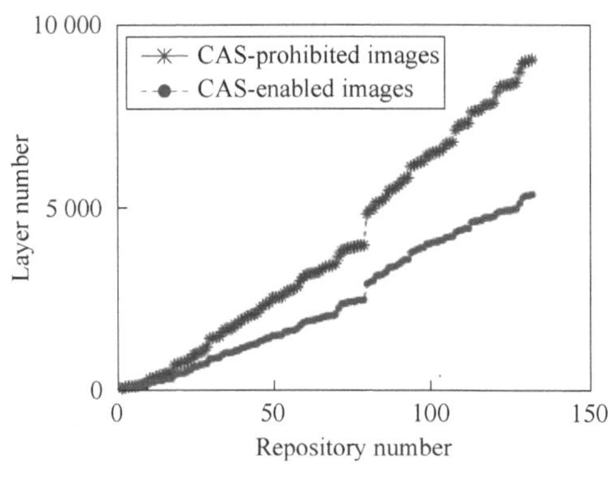

图 4-4 镜像层数目变化曲线

图 4-4 彩图

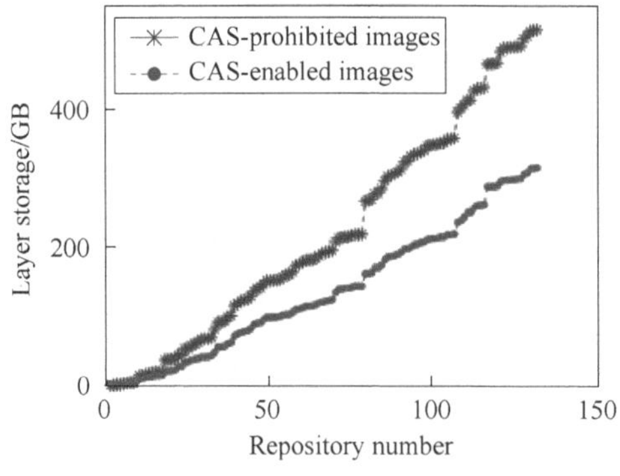

图 4-5 镜像层大小变化曲线

图 4-5 彩图

(3) 镜像文件冗余

内容寻址存储技术使得镜像层可以在存储和传输过程中被共享,但是文件粒度的数据冗余仍然存在。为了揭示文件冗余程度,我们计算了每个镜像仓库中镜像层的文件数目和大小,以及文件去重后的数目和大小,结果如图 4-6 和图 4-7 所示。镜像层中文件总数为 8 305 000,文件去重后数目为 3 721 000,约 55.2%为冗余文件。文件去重后的大小为 204.8 GB,可减少约 35%。镜像层共享可以实现部分文件的复用,但不能消除全部文件冗余。

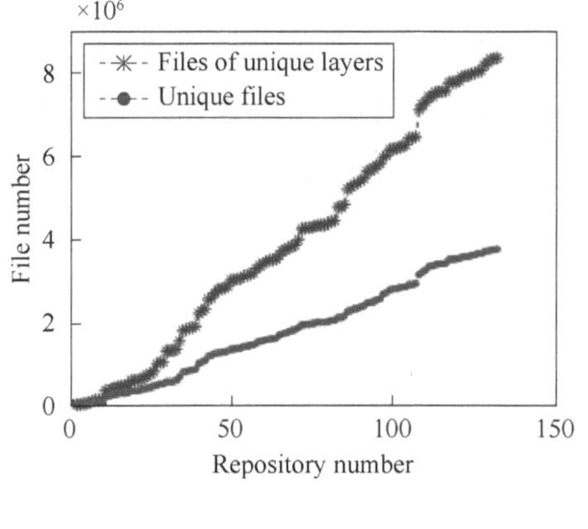

图 4-6　文件数目变化曲线

图 4-6 彩图

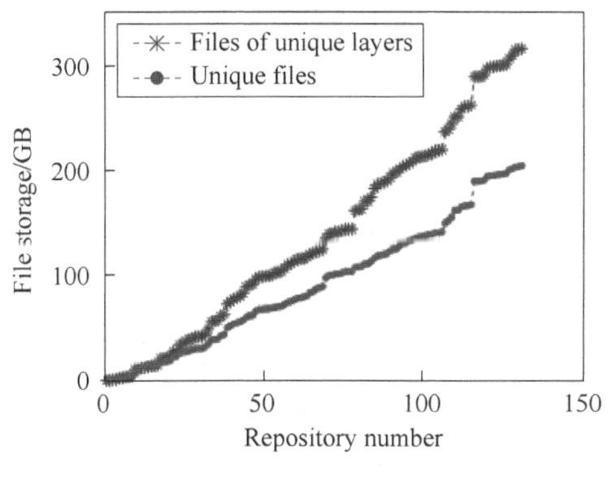

图 4-7　文件大小变化曲线

图 4-7 彩图

我们观察到，大多数与基础操作相关的库文件和包都会形成固定的层，并作为其他功能性镜像构建的基础。例如，应用程序镜像通常基于操作系统镜像，"ubuntu"是"ubuntu upstart""php-zendserver"的基础镜像。"iojs"和"node"同属于网络框架，它们最低五层都是相同的。另外，同一镜像仓库中的不同镜像也会调用相同的常用库文件和包。然而，由于没有统一的镜像构建规范，这些库文件可能被构建进入不同的镜像层。

（4）镜像层相似性

我们定义包含相同的文件的镜像层为相似镜像层。我们利用两个指标来评估镜像层的相似程度。①Jaccard 指数。Jaccard 指数是衡量两组集合的相似性的常用指标。Jaccard 指数由两个镜像层相同文件数目除以两者的总文件数目得到，用以评估镜像层在文件数量方面的相似度。其取值范围为 0 到 1，值越大表明相同文件数目越多，相似度越高。②重复数据删除率。重复数据删除率是从存储资源消耗方面衡量文件的冗余程度，由两个镜像层的总存储量除以去除重复文件后的存储量得到。其取值范围为 1 到 2，值越大表明镜像层中的相同文件越大，相似度越高。据我们所知，这是首个利用数学指标量化和测量镜像层相似度的工作。

那么,有多少镜像层是相似的呢?我们计算了每两个镜像层(镜像层对)之间的 Jaccard 指数,结果如图 4-8 所示。有大约 70%的值为 0 或接近 0,表明这部分镜像层几乎没有相同的文件。跨仓库的镜像层对的 Jaccard 指数大部分分布在 0 附近。对于同一仓库的镜像层对,有大约 10%的 Jaccard 指数超过 0.5,这意味着这些层对中有超过半数的相同文件。

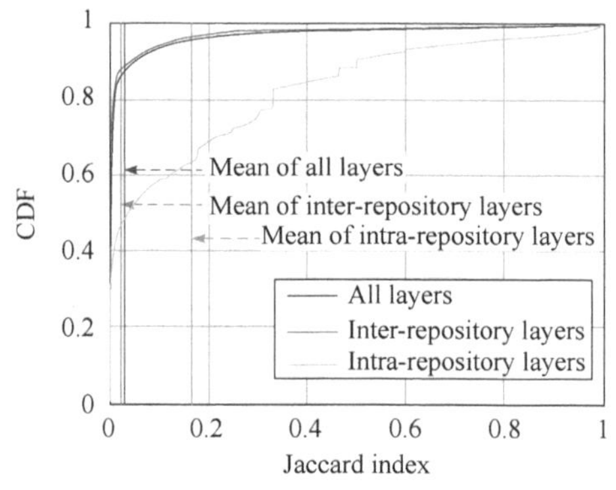

图 4-8 镜像层相似度

图 4-8 彩图

同仓库和跨仓库的镜像层之间的相似程度如何?对于某一镜像层,我们计算它与同仓库和跨仓库的其他镜像层的 Jaccard 指数和重复数据删除率,并统计最大值和平均值。图 4-9 和图 4-10 展示了所有镜像层的统计结果。有大约 28% 的镜像层与同仓库中其他镜像层的最大 Jaccard 指数超过 0.8,而仅有 21% 的镜像层与跨仓库中其他镜像层的最大 Jaccard 指数超过该数值。约有 30%的镜像层与同仓库中其他镜像层的最大重复数据删除率超过 1.78,同比例下,跨仓库最大重复数据删除率临界值为 1.4。

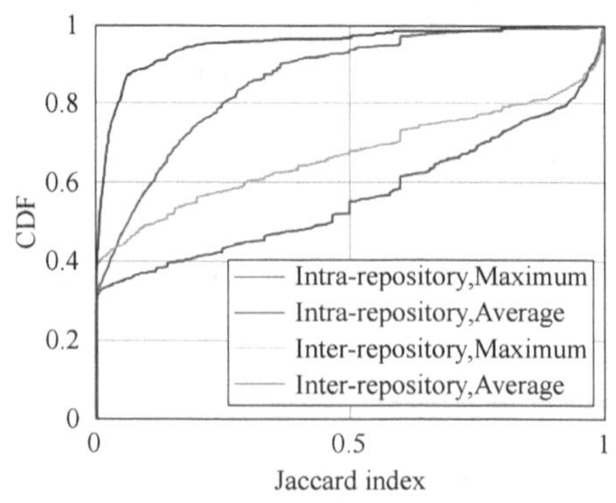

图 4-9 Jaccard 指数分布

图 4-9 彩图

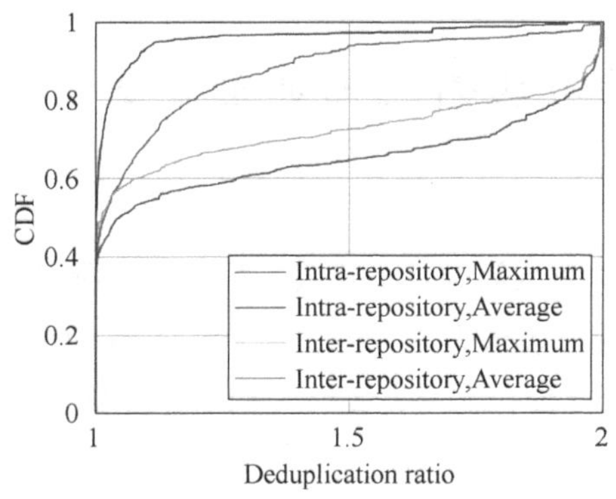

图 4-10　重复数据删除率分布

图 4-10 彩图

进一步，我们计算相似度指标差值。Jaccard 指数差值是由某个镜像层的跨仓库最大/平均指数减去同仓库最大/平均指数得到。我们计算了所有层的 Jaccard 指数差值，其结果如图 4-11 所示。约 75% 的平均 Jaccard 指数差值是非负的。约 68% 的最大 Jaccard 指数差值是非负的，即：有 68% 的镜像层可以在其仓库内找到最相似的另一镜像层。类似地，图 4-12 显示了所有镜像层的重复数据删除率差值，约 63% 的最大重复数据删除率的差值是非负的，约 80% 的平均重复数据删除率的差值是非负的。这表明同一仓库内镜像层的文件冗余比跨仓库的镜像层更加严重。

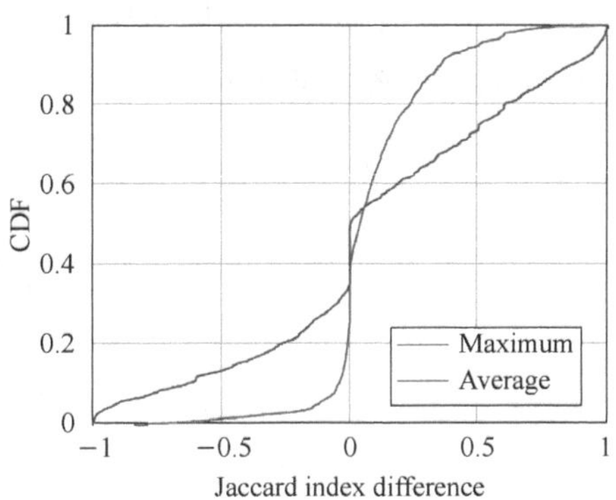

图 4-11　Jaccard 指数差值分布

图 4-11 彩图

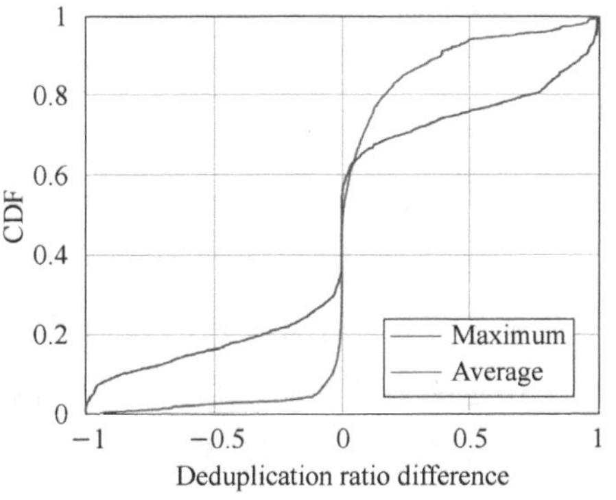

图 4-12　重复数据删除率差值分布

图 4-12 彩图

4.3.2 镜像重构与实例优化部署方法

1. 系统模型

本小节中，我们对镜像重构问题进行建模。我们将注册中心的镜像集合表示为 I，镜像层集合表示为 J，文件集合表示为 K，并用 $y_{k,j}$ 标识文件和镜像层之间的关联关系。对于待重构的镜像 i，将其文件集合表示为 M。我们需要决策重构后的镜像层数 N，以及新的文件和镜像层的关联关系 $\xi_{k,n}$。当且仅当文件 k 在第 n 层时，$\xi_{k,n}=1$。镜像重构的优化目标是最小化存储成本和操作成本的加权和。

2. 操作成本

我们采用实验测量加数据拟合的方法来评估操作成本。我们创建了 30 个镜像层，每个层中包含 1 000 个空文件。我们采用 Overlay 进行联合挂载，在容器视图中随机选择 20 个文件以冷缓存方式打开，并测量文件打开延迟。测量结果(500 次运行的平均值)如图 4-13 所示，延迟随着文件所在层深度的增加而增加。我们将该操作延迟记为 L，表示为层深度 D 的函数，即：

$$L=\mu(D)=a\cdot D+b$$

其中，$a = 0.001\,526$，$b = 0.030\,87$。我们定义镜像的操作成本为其中镜像层的操作延迟之和。设镜像的层数为 N，则其操作成本可计算为：

$$C_o^i=\sum_{D=1}^{N}\mu(D)=\sum_{D=1}^{N}(a\cdot D+b)=a\cdot\frac{N(N+1)}{2}+b\cdot N$$

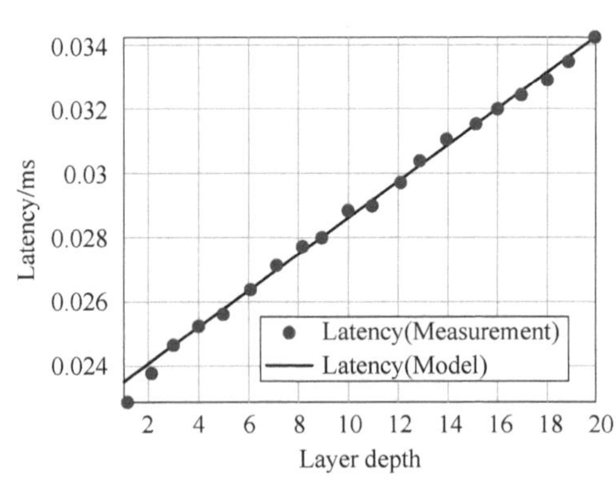

图 4-13 操作时延与镜像层深度变化关系曲线

3. 存储成本

镜像 i 中的部分镜像层可能已经存在于注册中心中，我们将另外不在注册中心中的，由镜像 i 引入的新镜像层的大小定义为其存储成本。我们将内容(由哈希值标识)和路径完全一致的文件视为相同文件。如果镜像 i 中镜像层 n 即是注册中心中的已有镜像层 j，那么两者中所包含的文件完全相同，即：

$$\sum_{k \in M \cup K} |\xi_{k,n} - y_{k,j}| = 0$$

若镜像层 n 已存在于注册中心，即存在镜像层 j 与其文件相同，则

$$\prod_{j \in J} \sum_{k \in M \cup K} |\xi_{k,n} - y_{k,j}| = 0$$

否则，镜像层 n 即是由镜像 i 引入注册中心的新镜像层，则

$$\prod_{j \in J} \sum_{k \in M \cup K} |\xi_{k,n} - y_{k,j}| \geqslant 1$$

将文件 k 的大小记为 S_k，则镜像层 n 的大小为 $\sum_{k \in M} (\xi_{k,n} \cdot S_k)$。则由镜像 i 引入的新镜像层的总大小为：

$$C_s^i = \sum_{n \in N} \left\{ \sum_{k \in M} (\xi_{k,n} \cdot S_k) \cdot \min\left(\prod_{j \in J} \sum_{k \in M \cup K} |\xi_{k,n} - y_{k,j}|, 1 \right) \right\}$$

4. 可交换性模型

由于镜像采用层结构化存储和写时复制机制，镜像层以及其内的文件之间存在上下层顺序。我们采用 θ_k^i 标识文件在镜像中所属的层位置。如果文件 k 在镜像 i 的最底层，那么 $\theta_k^i = 1$，如果文件不在其中，那么 $\theta_k^i = 0$。我们将文件顺序定义为文件所在镜像层的层数差异，并使用 $\delta_{k,k'}^i$ 表示镜像 i 中文件 k 与文件 k' 的顺序。文件顺序可由两个文件所属层位置之差计算得到，计算公式如下所示：

$$\delta_{k,k'}^i = \operatorname{sgn}(\theta_k^i - \theta_{k'}^i)$$

其中，sgn(·)为符号函数：

$$\operatorname{sgn}(x) = \begin{cases} 1, & x > 0 \\ 0, & x = 0 \\ -1, & x < 0 \end{cases}$$

则 $\delta_{k,k'}^i$ 等于 0 表示文件 k 与文件 k' 在镜像 i 的同一层，大于 0 表示文件 k 在文件 k' 的上层。文件的层级顺序在下列情况时不可被改变：

(1) 如果上层文件 A' 是下层同路径文件 A 的复制修改版本，那么这两个文件的上下层级顺序不可改变。

(2) 如果下层文件 B 是上层文件 A 的依赖文件，那么这两个文件的上下层级顺序不可改变。

我们将这种是否可改变上下层级顺序的关系定义为文件的可交换性，并采用布尔变量 $\lambda_{k,k'}^i$ 表示它。$\lambda_{k,k'}^i$ 等于 0 表示可以交换文件 k 与文件 k' 在镜像 i 中的上下层级顺序，等于 1 则表示不可改变原有顺序。我们将镜像重构后的文件顺序表示为：

$$\delta_{k,k'}^{i*} = \operatorname{sgn}\left(\sum_{n=1}^{N} n\xi_{k,n} - \sum_{n=1}^{N} n\xi_{k',n} \right)$$

则对于可交换文件，重构后的文件顺序可以是任意的，对于不可交换文件，需保持 $\delta_{k,k'}^{i*}$ 和 $\delta_{k,k'}^i$ 一致，约束条件如下所示：

$$\delta_{k,k'}^{i} \cdot \lambda_{k,k'}^{i} == \delta_{k,k'}^{i*} \cdot \lambda_{k,k'}^{i}, \quad \forall k,k' \in K$$

5. 问题构建

我们将镜像重构的目标定义为最小化加权和成本。问题建模如下：

$$\mathrm{P}: \min_{N,\Xi} C = \alpha C_o^i + \beta C_s^i.$$

$$\mathrm{C1}: \mathrm{sgn}(\theta_k^i) = \sum_{n=1}^{N} \xi_{k,n}, \forall k \in M \cup K.$$

$$\mathrm{C2}: \delta_{k,k'}^{i} \cdot \lambda_{k,k'}^{i} = \mathrm{sgn}\left(\sum_{n=1}^{N} n\xi_{k,n} - \sum_{n=1}^{N} n\xi_{k',n}\right) \cdot \lambda_{k,k'}^{i_0}.$$

约束 C1 表示镜像重构前后所包含的文件应当保持一致。约束 C2 是将 P 代入 C1 得到的，用于限制重构镜像中文件的上下层级顺序。$\Xi = \{\xi_{1,1}, \xi_{2,1}, \cdots, \xi_{M,N}\}$ 表示镜像中所有文件和镜像层的关系向量。

6. 镜像重构算法

P 是一个整数非线性规划问题。结合实验中观察到的镜像层相似性，我们提出相似度感知的在线镜像重构算法。对于镜像 i，我们将其中的镜像层 n 与已有镜像层 $j \in J$ 之间的相似度表示为 $T_{n,j}$，采用 Jaccard 指数来计算，如下式所示。按照相似度 $T_{n,j}$ 从高到低的顺序，我们调整镜像层 n 中所包含的文件，使其与镜像层 j 相同。由于镜像仓库内部的镜像层相似度通常高于跨镜像仓库，因此我们只排序镜像层 n 与同仓库内其他镜像层之间的相似度。由此可以大大降低所要比较的镜像层数目，进而减少算法的执行时间。当迭代次数超过阈值或镜像层相似度降低到阈值以下时，镜像重构算法结束。

$$T_{n,j} = \frac{\sum_{k \in M \cap K} (\xi_{k,n} - y_{k,j})}{\sum_{k \in M \cup K} (\xi_{k,n} - y_{k,j})}$$

算法 4-1 SOIRA

输入：镜像 i 原始信息：$\theta_k^i, \delta_{k,k'}^i, \lambda_{k,k'}^i$；

输出：重构镜像信息：N, Ξ；

---

1. 初始化迭代计数器 cont 为 0；
2. 计算当前成本 C^{init}；
3. 计算各个镜像层与已有镜像层的相似度 $T_{n,j}$；
4. 选择重建镜像层与目标镜像层 $(n^*, j^*) = \arg\max_{n \in M, j \in J} T_{n,j}$；
5. 计算镜像重建成本 C^{re}；
6. 如果 $C^{\text{init}} < C^{\text{re}}$，那么

   a) 令 $T_{n,j} = -\infty$，返回第 4 行；

---

7. 否则：

　b) 执行镜像重建，更改镜像层 n 的文件信息；令 $C^{init}=C^{re}$；返回第 3 行；

8. 令 cont＝cont＋1；

9. 如果 $\text{cont}>\text{cont}_{\text{threshold}}$ 或 $\max\limits_{n\in M,j\in J} T_{n,j}\leqslant T_{\text{threshold}}$，那么

10. 返回 N，Ξ；

11. 结束

4.3.3 实验验证

1. 实验设置

由于网络和计算资源的限制，我们采用 Docker Hub 中的部分镜像对算法进行评估。该算法可以轻松扩展到数万计的镜像，我们将在后续的工作中进行大规模的测试。对于每个镜像，我们获取其中镜像层的元数据信息，包括文件 ID、文件大小、文件层级位置 θ_k^i 和文件顺序 $\delta_{k,k'}^i$。由于我们暂时无法准确判断文件的可交换性，我们假定所有文件都是不可交换的，以确保重构镜像的有效性。我们与以下基线算法进行比较：

(1) 贪婪离线镜像重构算法（GOIRA）。对于每个文件，该算法遍历需要该文件的所有镜像，进而选择一个已有层或创建一个新层加入其中。

(2) Docker Hub 镜像（LIDH）。当前 Docker Hub 中镜像的分层方案，每个镜像层及其中所含文件均由开发者独立创建。

(3) 一个文件一层（OFPL）。每个文件都作为单独的一个镜像层。

2. 实验结果

(1) 存储和操作成本。图 4-14 展示了累积存储成本随镜像数量的变化。与 LIDH 相比，OFPL 减少的存储成本最多。当镜像数量增加至 150 时，GOIRA 节省了约 1.3％的存储资源。GOIRA 的性能相对有限，这是由该算法的固有特征所决定的。对于每个文件，GOIRA 会遍历所有需要该文件的镜像，并根据存储成本和操作成本做出文件归属决策。因此，后续镜像中的决策很大程度上受到前序镜像中决策的影响。尽管对每个镜像都基于前序的决策结果做出了当前最优选择，但它可能并不是整体上的最优决策。我们的方法 SOIRA 充当类似“检查员”的角色，探索层之间的相似程度，并调整文件归属关系以尽可能使得源镜像层与目标与注册中心已有层相同。当镜像数目为 150 时，SOIRA 可节省约 10％的存储资源。实际上，Docker Hub 中的镜像数量远远大于 150，实际可节省的存储资源比例可能更高。值得注意的是，OFPL 方法可以显著节省存储成本，甚至

优于 SOIRA，然而该方法在操作成本方面表现非常糟糕。图 4-15 显示了累积镜像层数量（操作成本）随镜像数量的变化。GOIRA 实现的微小存储节省是以增加镜像层数目为代价的。与 LIDH 相比，GOIRA 的镜像层数增加了 7.3%。SOIRA 仅在 LIDH 基础上多出了极少个数的镜像层。而 OFPL 的镜像层数目以数万为计迅速增加，当镜像数量增加至 150 时，其镜像层数达到 1 413 629，远远超过 LIDH 的值。此外，我们观察到有大约 25%的镜像层被重构，证实了 SOIRA 方法的可行性。

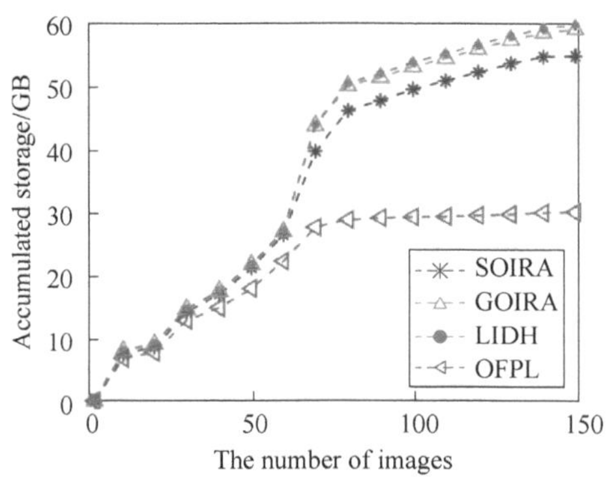

图 4-14　存储资源消耗变化曲线

图 4-14 彩图

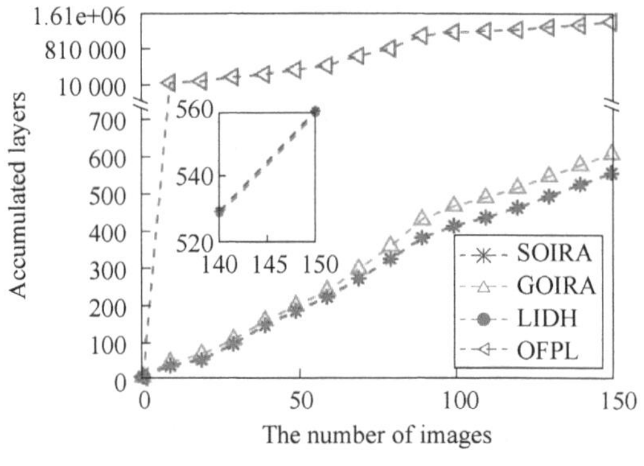

图 4-15　镜像层数目变化曲线

图 4-15 彩图

图 4-16 展示了不同 α 和 β 设置情况下累积存储成本随镜像数量的变化。令 α 和 β 之比从 1∶10 增加到 10∶1，图中仅展示了其中部分有差异的结果，其他结果被省略。随着 α∶β 的增加，SOIRA 更倾向于进行镜像重构，以实现更低的存储资源消耗。当 α∶β 为1∶8时，SOIRA 的存储成本几乎与 LIDH 相同，这意味着几乎没有镜像被重构。当 α∶β 为 1∶6和1∶2时，SOIRA 可分别节省约 6.6%和 8.3%的存储资源。图 4-17 展示了不同 α 和 β 设置情况下镜像层数目的变化。随着 α∶β 的增加，镜像重构使得镜像层数目有所增长。当镜像数目为 150 时，LIDH 的镜像层总数为 559。当 α∶β 为1∶4时，SOIRA 仅在其基础上增

加了个位数的镜像层。当 α:β 为4:1时，镜像层数目约增加 5.3%。

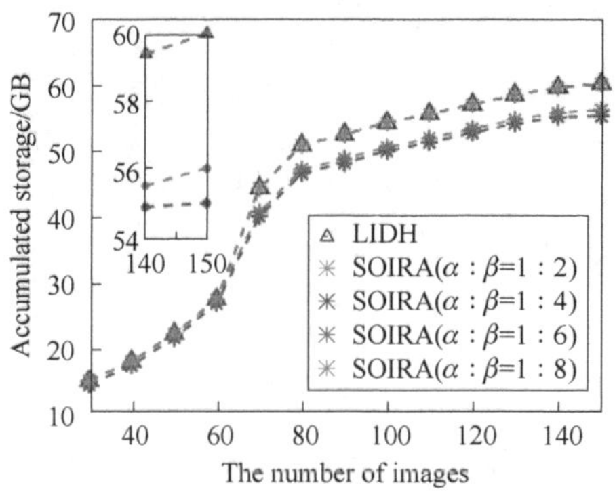

图 4-16　不同权重参数设置时的存储资源消耗变化曲线

图 4-16 彩图

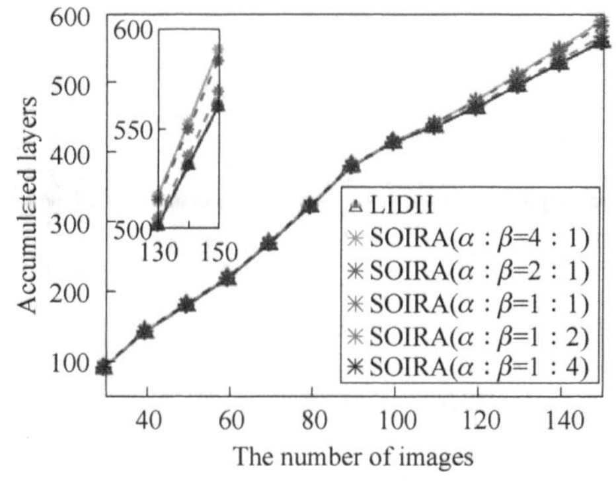

图 4-17　不同权重参数设置时的镜像层数目变化曲线

图 4-17 彩图

(2) 网络资源消耗。通过镜像重构也可以减少网络流量资源消耗。虽然与该项资源直接相关的公式并未体现在优化目标中，但减少存储成本的本质是增加可共享的镜像层，由此也可以减少所需要下载的镜像层以及对应流量。由于客户端仅下载不在本地存储的镜像层，因此镜像层传输的网络流量与客户端镜像层存储消耗增量相同。我们设置有 10 个客户端随机下载一定数量的镜像，网络流量消耗随下载镜像数目的变化如图 4-18 所示。SOIRA 与 GOIRA 和 LIDH 的网络流量差异随着下载镜像数目的增加而增加。当下载镜像数目增加至 50 时，SOIRA 的网络流量消耗比 GOIRA 少约 8.3%，比 LIDH 少约为 8.8%。此外，我们设置令每个客户端下载 20 个镜像，并假定客户端数目从 0 增加到 20，网络流量随客户端数目变化的结果如图 4-19 所示。当客户端数量为 20 时，SOIRA 可节省网络流量约 9.3%。无论是增加镜像数目还是客户端数目，SOIRA 相对 LIDH 可节省的网络流量均随之增加。

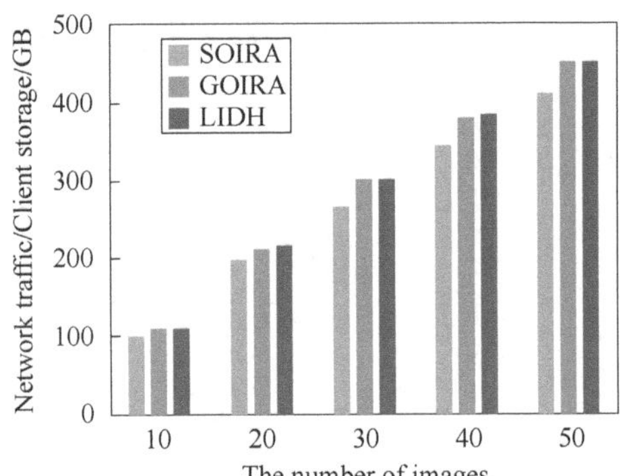

图 4-18 彩图

图 4-18　不同下载镜像数目的网络资源消耗直方图

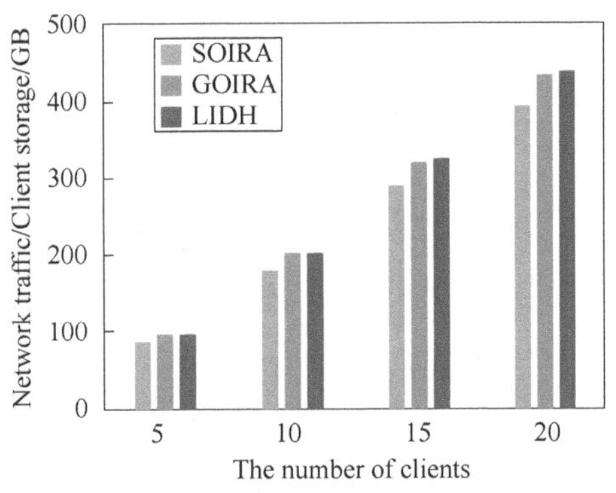

图 4-19 彩图

图 4-19　不同客户端数目的网络资源消耗直方图

(3) 存储和操作成本均衡。在优化目标表达式中，我们采用权重参数 α 和 β 来权衡存储成本和操作成本。在不同的权重参数设置下，我们分别计算使用 SOIRA 和 GOIRA 得到的最优加权成本，其相应的存储成本和镜像层数目(反映操作成本)如图 4-20 所示。存储成本和操作成本的值呈相反的变化趋势，这表明改进一个指标可能会导致另一个指标的下降。较少的镜像层意味着每个镜像层中包含更多的文件，这使得镜像层中的所有文件很难完全相同，即使得存储成本上升。较多的镜像层则意味着而每个镜像层的文件相对较少，增加了不同镜像中存在相同镜像层的概率。LIDH 对应的镜像大小为 $6.438\,1\times 10^{10}$ 字节，镜像层数目为 559。当 $\alpha:\beta$ 为1∶1时，SOIRA 对应的镜像大小为 $5.877\,2\times 10^{10}$ 字节，与 LIDH 相比节省了约 9%的存储空间，而镜像层数目仅增加约 0.7%。图中虚线标记的曲线为帕累托曲线。GOIRA 的帕累托曲线位于 SOIRA 的右上方，这意味着在实现相同的镜像层数目时，SOIRA 比 GOIRA 的存储资源消耗更少。综上，SOIRA 的性能优于 GOIRA。

(4) 镜像重构时间。我们对 1 250 个镜像进行重构实验，并记录镜像重构的时间消耗。图 4-21 展示了平均镜像重构时间随镜像数量的变化。当重构镜像数目为 100 时，平均重构时间为 0.012 秒。当重构镜像数目增加至 1 250 时，平均重构时间上升至 0.047 秒。随着镜像数目的增加，镜像重构时间有可以容忍的小幅度增加。图 4-22 展示了重构镜像数目为 1 250 时各个镜像重构时间的分布情况，大约 80％的镜像的重构时间少于 0.05 秒。值得注意的是，在我们的算法中，各个镜像的重构是独立的，很容易通过采用多线程，增加 CPU 或 GPU 资源等方式进一步缩短重构时间。

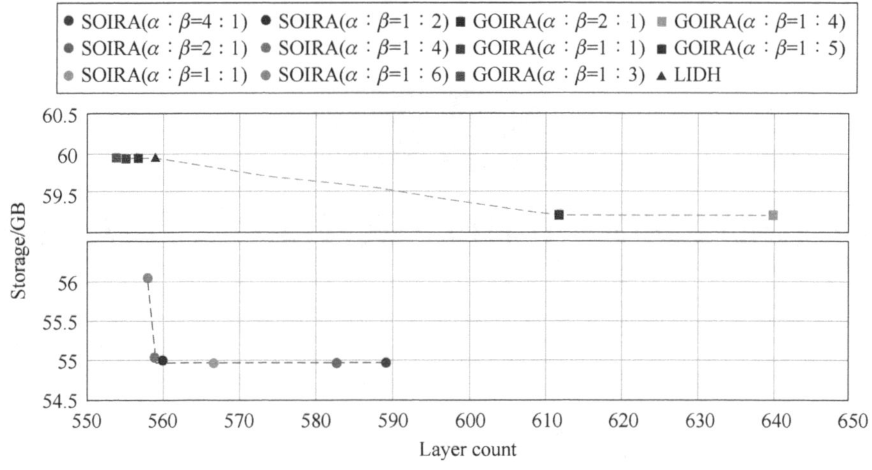

图 4-20　存储资源消耗和镜像层数目的均衡

图 4-20 彩图

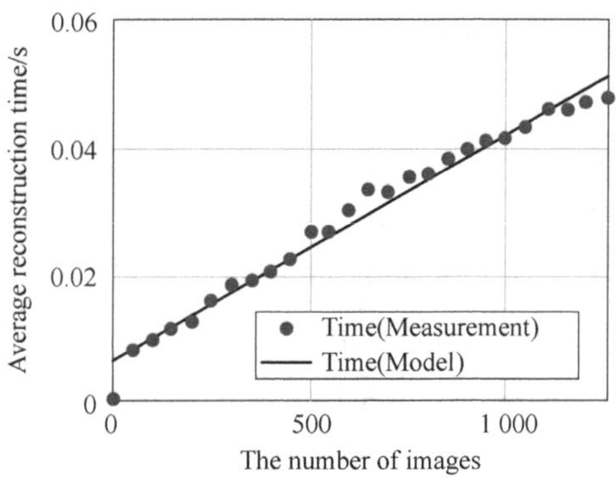

图 4-21　平均镜像重构时间随镜像数目的变化曲线

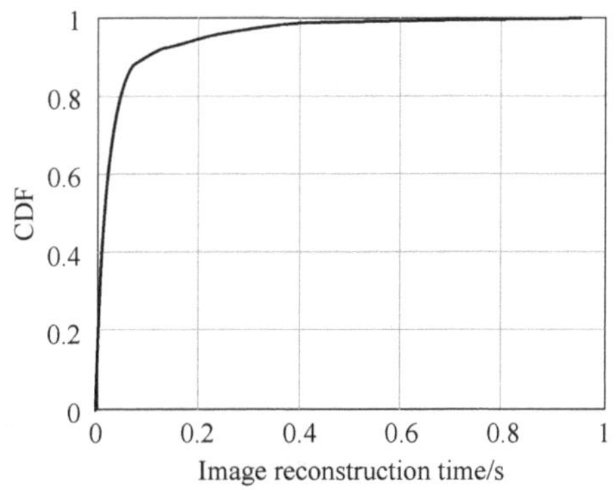

图 4-22　镜像重构时间分布图

第5章 云网融合环境下用户意图转译方法研究

5.1 概　　述

5.1.1 意图网络的概述

如何在云网融合环境下针对语义化的信息、数据进行处理以便于促进网络的开放和自动化管理，目前业界还没有现成的技术可以直接使用，这也是云网融合环境需要攻克的一大难题，而意图网络的出现为解决该问题提供了契机。

由于互联网规模的逐步扩大，网络自治成为研究的重点，基于意图网络（Intent-based Networking，IBN）也成为现阶段直至未来网络发展的重要趋势。2015年，LENROW D.提出了一种全新的网络模型架构IBN。它以用户意图为中心，通过分析、转译用户的意图生成相应的网络策略，再经过策略编排等步骤实现网络策略的自动化部署。IBN使网络的管理更加方便、快捷，从而降低成本，IBN的组成如图5-1所示。

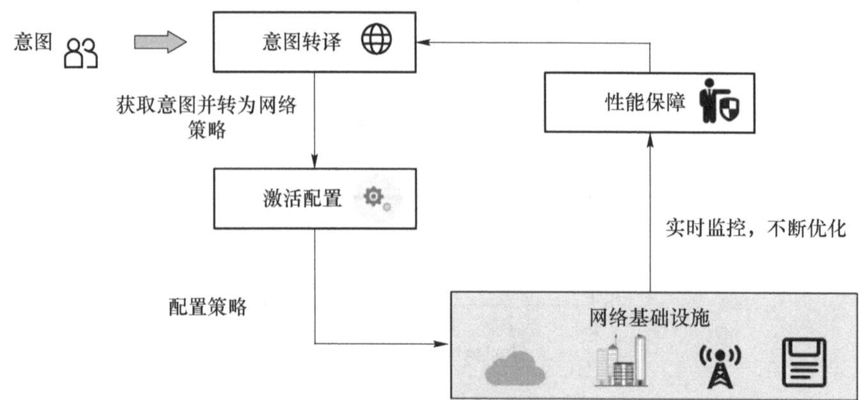

图5-1　IBN的组成

基于意图网络主要包括：意图的获取与转译、生成策略并进行验证、自动化实现、网络状态感知以及修复与实时反馈这几大步骤。任意策略的生成以及后续的编排与反馈工作都需要用户意图的正确传达。由此可见，准确获取用户意图并转译为有效策略，是驱动整个 IBN 的重中之重。图 5-2 描绘了基于意图的网络闭环实现的示意图。

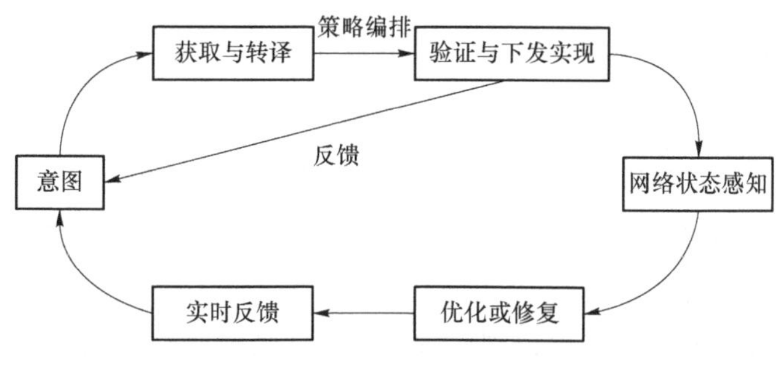

图 5-2　IBN 闭环实现示意图

5.1.2　云网融合环境下意图转译的特点

在基于意图的网络中，用户意图以明示或暗示的方式表达需求，要准确、高效地将意图具体化至网络操作级，意图转译是关键步骤。然而，对于意图转译，现有研究尚未形成一套完备且被公认的标准化解决方案，原因如下：首先，因为意图大部分以自然语言形式表达，较为抽象；其次，意图转译多采用自然语言处理技术，但自然语言处理对于专业领域的语义提取的处理能力有限；另外，现有方法大多还停留在理论或初步实验阶段，可靠性和实用性有待验证。不仅如此，目前已有的研究通常仅限于一些简单的、特定情况下的意图或策略的描述，所使用的数据集也不适用于新兴的云网融合环境，因此在云网融合背景下对用户意图进行转译的问题还亟待进一步的研究。

云网融合环境下意图的转译主要是对自然语言文本形式的用户意图转译的方法进行研究，是将语言和关键词提取模型相结合，针对无法将用户意图准确转义为对算力资源需求的问题，设计了一种全新的主观信息的提取和转译的方法流程。特定的语言是一种类似于英语的高级、综合性意图定义语言，具有高易读性、高表现力、高可写性。两者结合不仅能提高意图识别的准确率，而且允许操作人员快速、轻松地对生成的意图进行调整，从而为用户提供满足意图的策略。

同时，将云网融合环境特点融入网络意图数据中，可生成一种包含云网特点和 QoS 指标的全新的数据集。6G 云网融合环境会涉及不同地理位置空间中的网络服务调度，通过在文本数据中加入地理位置的需求表述和相应的地理标签，来体现用户意图中针对云网环境方面的需求。

5.2 基于深度学习的意图预处理方法

5.2.1 数据预处理

基于自然语言文本的数据包含各种的资源信息，如录音、电话、短信、社交媒体等，并且每个来源都以不同的格式存储数据，这导致相关研究人员难以直接分析这些结构化、半结构化或非结构化的数据。

云网融合环境下的命名实体识别任务不同于一般领域的命名实体识别任务，由于QoS会影响服务的可用性和效用，数据需要包含QoS相关特征。此外，云网环境下的网络服务调度是在各类地理环境中实现，因此需要加入地理特征以便于区分服务对象。但由于该环境下，现阶段还未出现较为符合的数据集，要生成一个可靠的数据集，应考虑数据量级、数据质量、数据一致性等特性。数据量级应该能够适当反映模型目标应用的实际数量级。数据质量应充分符合应用场景的真实情况，覆盖数据精度、数据噪声、数据缺失等情况，并应保证数据标注的质量。样本分布应考虑样本和标注的均衡分布，数据应从样本真实分布中独立采样生成，样本标注类别分布与任务真实分布应保持一致。其中，数据一致性可以从代表性和平衡性上体现，即数据抽样要科学，样本的比例、分布要合理。

用户得到意图一部分需要来源于网络中现存的真实数据，为了与云网融合环境的特点更加贴近，另一部分来源于自行编写的、符合研究特点的数据。与普通环境中意图转译的工作特点不同，本方法中的数据需要满足云网融合环境，即空、天、地、海不同地理环境中网络策略的需求，额外添加地理特征、QoS特征以及表示服务等级形容词等信息。另外，用户所表达的意图数据通常以文本形式为主，中文文本信息与英文文本信息不同，中文文本信息不包含单词之间的空格，无法轻易地直接分隔开。同时，中文文本包含的内容丰富的用户意图中经常存在信息冗余、缺失、复杂等特点。为了更好地进行转译工作，需要对意图数据进行以下预处理工作。

1. 数据清洗

数据清洗技术(Data Cleaning Technology)主要应用于数据仓库、数据挖掘和数据质量管理这三个部分，其通常的对象是脏数据，脏数据普遍存在于各行各业中，主要指不一致或不准确的数据，它会直接影响数据的质量。首先，从数据的生命周期角度分析，每个不同的阶段都有严格的规划和约束来防止脏数据的生成；其次，在数据的集成与演化中，需要采用特定的算法对脏数据进行检测。

由于不同语言的差异，相同的数据清洗方法并不能完全适用于其他语言。例如，英文缩写、英文姓名、英文地址等与中文的表示是不一样的，但对于数字型数据却存在共同点。因此，针对中文数据的清洗研究大部分都是通过结合中文语言的特点并借鉴英文的算法思想，如中文字段匹配方法与中文记录匹配的方法。

中文字段匹配方法是通过确定两个字段内容是否表示同一种语义实体的内容。如果两个字段在语义上是等价的，并且具有自反性、对称性和传递性。例如，中文“安徽”和“皖”表示的是同一个地方，可以互相代替。其中包括字符串匹配方法、拼音匹配方法、字段的相似度匹配方法等。最具代表性的字符串匹配法其基本思想是 A 与 B 是相同的字符串或是一个为另一个的缩写，则匹配程度为 1.0，否则为 0.0。

A 与 B 的匹配度公式如下：

$$\text{match}(A,B)=\frac{1}{|A|}\sum_{i=1}^{|B|}\max_{j=1}^{|B|}\text{match}(A,B) \tag{5-1}$$

中文记录匹配方法是对一条记录进行的匹配操作，而记录匹配是对多条记录进行匹配的一种方式。通过对于重复数据或者异常数据进行检测，再对这些数据进行清除。

2. 数据集成

数据集成所要解决的问题是将位于不同异构数据源上的数据合并起来，从而方便为用户提供一个统一的视图，也被称为全局模式。数据集成的核心任务是将相互关联的分布式异构数据源集成到一起，使用户能以透明的方式访问这些数据源。这种集成是指数据在整体上的一致性，提供给使用者统一、一直的全局视图。

数据集成的传统方法主要分为两大类：数据复制方法和模式映射方法。前者的思想描述起来很简单，它主要将网络节点中分散的、异构的数据通过某种规则，将有用的部分复制到与其他相关联的数据源上。后者也称为虚拟视图法，它是人们最早使用的数据集成方法，其基本思想是向用户透明地提供全局数据，用户无须关心数据源的具体位置、组成方式等。数据集成法的缺点也较为明显，该方法需要很好的网络通信性能。

3. 数据归约

数据归约是针对粗集(Rough Set)即一种处理模糊与不确定数据的工具中的重要内容。粗集的基本思想是用上近似与下近似表示集合，从而实现对不确定性的严格表示。数据归约中有两个分类，一种是系统归约，另一种是对象归约。前者指的是区分信息系统中所有对象都必需的属性集合，后者则是指系统中某个对象所必需的属性集。其基本概念如下。

定义 1　决策表

信息系统 $S=(U,A,C,D)$。其中 $U=\{x_1,x_2,\cdots,x_n\}$ 是论域，A 是属性集合，$A=C\cup D$，C 是条件属性，D 是决策属性，具有条件属性和决策属性的知识表达系统称为决策表。

定义 2 不可分辨关系

如果任意两个对象对所有条件属性或决策属性的值相等，则称其为不可分辨对象。

对决策系统 $IS=(U,C\cup\{d\})$，B 是条件属性集合 C 的一个子集，称二元关系 $\mathrm{ind}(B,\{d\})=\{(x,y)\in U\times U:d(x)=d(y)$ 或者 $a\in B,a(x)=a(y)\}$ 为 IS 的不可分辨关系。

定义 3 上近似、下近似

对任何一个对象子集 $X\subseteq U$ 的下近似和上近似定义如下：

$R_-(X)=\{X\in U\mid [X]_{\mathrm{ind}(B)}\subseteq X\}$ 称 X 关于 B 的下近似，

$R_-(X)=\{X\in U\mid [X]_{\mathrm{ind}(B)}\cap X\neq\Phi\}$ 称 X 关于 B 的上近似。

定义 4 属性的依赖度

在数据归约中利用两个属性集合 $P,R\subseteq Q$ 之间的相互依赖程度，可以确定一个属性 α 的重要性. 属性 P 对 R 的依赖程度用 $r_R(P)$ 表示，定义为：

$$r_R(P)=\mathrm{card}(\mathrm{POS}_R(P)/\mathrm{card}(U))$$

$$\mathrm{POS}_R(P)=\bigcup_{x\in U/\mathrm{IND}(P)} R_-(X)$$

其中，card(.)表示集合的基数，$\mathrm{POS}_R(P)$ 是属性集 R 在 $U/\mathrm{ind}(P)$ 中的正区域。

(1) 若 $r_R(P)=1$，则称知识 P 完全依赖于知识 R，$P\rightarrow R$。

(2) 若 $0<r_R(P)<1$，则称知识 P 粗糙依赖于或部分依赖于知识 R。

(3) 若 $r_R(P)=0$，则称知识 P 完全独立于知识 R。

定义 5 分辨矩阵

分辨矩阵由华沙大学数学家 Skowron 提出，有系统 $S=(U,A,V,F)$，$a(x)$ 是 x 在属性 a 上的值，分辨矩阵为：

$$(C_{ij})=\begin{cases} a\in A:a(x_i)\neq a(x_j) & D(x_i)\neq D(x_j) \\ (C_{ij})=0 \quad \Phi & D(x_i)\neq D(x_j) \\ -1 \quad a(x_i)\neq a(x_j) & D(x_i)\neq D(x_j) \end{cases}$$

定义 6 核

相对于属性集 D，属于属性集合 C 的所有归约的交集的属性的集合称为属性 C 的核心，记为 $\mathrm{CORE}(C,D)$，对于分辨矩阵中核就是组合数为 1 的属性记为核。

定义 7 归约

设 S 是一个信息系统，对于属性子集 $P\subseteq R$，且属性 $a\in P$，若存在 $Q=P-a,Q\subseteq P$，使得 $\mathrm{ind}(Q)=\mathrm{ind}(P)$，且 Q 为最小子集，则 Q 为 P 的归约，用 $\mathrm{red}(P)$ 表示。

5.2.2 文本预处理

由于用户的意图大多数是以文本形式展现，故针对文本预处理，一般进行以下步骤。

第一步:选用与QoS相关的意图数据库作为语料库,从QoS、单位、等级、服务等类别中选出长度不一的意图数据。

第二步:在Python编程软件中加入jieba模块工具,对选取好的文本信息进行分词处理。

第三步:对软件工程专业词汇进行识别,由于该专业词汇往往在分词过程中被错误切分,为解决此问题需建立专业词汇词库以帮助分词系统识别。

第四步:停用词多为语气助词,对停用词表进行过滤,去除类似于"么、的、了、啊、呀、吧"等没有任何价值词汇。分词系统进行分词后仍存在停用词,关键词多为名词与动词,所以要进行过滤,过滤后仅需留下文本信息中的名词、动词。

第五步:在识别专业词汇,停用词去除后,手工标记出包含QoS信息的训练集和测试集中每篇信息的三个关键词。

5.3　多场景环境中复杂意图的关键词提取方法

5.3.1　关键词提取技术概述

关键词源于"keywords",是图书馆学中的常用的词汇,关键词概念也因此由Calvin教授在1948年第一个提出,其主题思想的词语。我们认为关键词在大多意义的定义不应仅仅是某一单词,而是应该富含深厚底蕴,其复杂程度是英文无法比拟的,应包括词组和短语。故关键词的自动提取技术一般指的是利用计算机代替人工来抽取文本信息中契合主题的词语。关键词提取可以作为一段文字的良好入口,发挥很大的作用。比如,网络电视中用户对各种电影的评价文字可以发掘出很大的信息。然而很多内容评价网站的评价关键词,仍然是用户或管理员手动添加上去的,这给关键词本身的获取产生了一定的困难。同时,分词中,低质量的分词结果可能会让推荐算法功亏一篑。

5.3.2　中文分词算法研究

作为中文文本信息处理技术的基础,中文分词技术的好坏直接影响到关键词提取的效果。现如今应用最广泛的中文分词算法分为三大类:基于词库匹配的分词技术;基于统计理论的分词技术;基于规则和语义的分词技术。

这些方法在应用中存在不同的优缺点。例如:基于词库匹配的分词技术,虽然分词快速直接，但是却由于对词汇的直接匹配，容易出现歧义或割裂的情况；而基于统计的分词技术，通过对现有词库中词汇出现的频率进行统计，以及各个词汇搭配关系与共同的出现的频率，通过统计分析结果以进行分词，分词性能普遍高于其他方法，但其对现有词库的预处理有着较高的要求，并且存在大规模数据的频率计算，较为耗时、耗力；基于规则和语义的分词技术，需要依靠计算机模拟人类对文本信息的理解来进行分词，这需要高度概括总结中文语法句式来满足计算机的模拟过程，中文的博大精深无疑使这种方法难以实现，因此该技术现阶段还处在探索阶段。以下介绍条件随机场算法和隐马尔可夫模型。

1. 条件随机场算法

条件随机场(Conditionnal Random,CRF)包含很多相关的基础概念，包括马尔可夫随机场、团、最大团等。马尔可夫随机场(Markov Random Field)包含了两层概念——马尔可夫和随机场。马尔可夫指的是一个随机变量序列，其值按照时间的先后顺序组成，其第 $T+1$ 时刻的分布特性和 T 时刻之前的随机变量的结果无关。

当所有位置被按照某种分布规则随机赋予了相空间的一个值后，其整体就是随机场。位置(Site)和相空间(Phase Space)的关系——“位置”就像是花园，“相空间”就像是花园里种的各种各样的观赏花。“相空间”可以发现很多不相同的位置种不同的花，这就好比给随机场的每一个位置，赋予了“相空间”中不同的值(不同的花)。所以随机场就是赋予不同的地方不同的值的问题。满足马尔可夫性的联合概率 $P(Y)$ 的随机场称为马尔可夫随机场(Markov Random Field)，或者乘坐概率无向图模型(Probability Undirected Graphical Model)。CRF 是最大熵模型的序列化扩展。CRF 在已知序列 Y 和观察序列 X 的情况中，Y 组成了一个马尔可夫随机场。已知在图(V,E)中，联合概率的公式：

$$P(\bar{v}) = \prod_{k} P(v_k \mid v_k^p) \tag{5-2}$$

其中，kv 是图(V,E)的一个节点，其父节点就是 pkv。最大熵模型和马尔可夫随机场的 Factor Graph 都满足如下因子分解：

$$P(\bar{v}) = \frac{\prod_{c} \Psi(\bar{v}_c)}{z} \tag{5-3}$$

因子可以表达为以自然常数 e 为底数形式：

$$\Psi_j(\bar{x},\bar{y}) = \exp\left(\sum_{i} \lambda_i f_i(y_{j-1}, y_j, \bar{x})\right) \tag{5-4}$$

上述公式中，使用特征函数的原因是此处对随机场做了马尔可夫假设。因此，CRF 建模公式就可以推导如下：

$$\begin{aligned} P(Y \mid X) &= \frac{\exp\left(\sum_{i,j} \lambda_i f_i(y_{i-1}, y_j, \bar{x})\right)}{Z(\bar{x})} \\ &= \frac{1}{Z(\bar{x})} \prod_{j} \exp\left(\sum_{i} \lambda_i f_i(y_{i-1}, y_j, \bar{x})\right) \end{aligned} \tag{5-5}$$

2. 隐马尔可夫模型

隐马尔可夫模型(Hidden Markov Model,HMM)是一种统计学的模型,其描述的是一种求一个含有隐含未知参数的计算过程。隐马尔可夫模型的难点主要是从已知的参数条件中,计算得出该过程的隐含参数结果。最后使用这些参数结果来做下一步的预测计算。

隐马尔可夫模型需要满足以下两个重要的假设:(1)齐次马尔可夫性假设。马尔可夫链中每一个人的状态都仅仅被其前一个状态所影响,不被其他位置的状态所决定。(2)观测结果独立性假设。观测点的结果,仅仅由当前时间点所在的马尔可夫链的结果所影响,不被其他位置的状态影响。符合马尔可夫假设的随机过程称为马尔可夫链。马尔可夫链所有节点对应的状态组成了状态系列(State Sequence)。马尔可夫链中生成的状态观察结果称为观测序列(Observationsequence)。隐马尔可夫链由 5 个部分组成,其分别是:状态序列集合(StatusSet,S)、观测序列集合(ObservationSet,O)、初始状态概率向量(InitStatus,π),用于描述状态之间变化关系的转移概率矩阵(TransProbMatrix,TP)和状态序列高观测序列的发射概率矩阵(EmitProbMatrix,E)。马尔可夫链的转移概率矩阵 TP 和初始状态概率向量 π 确定了状态序列集合 S,状态序列集合 S 和发射概率矩阵 E 共同决定了观测序列 O。HMM 有三大经典应用场景。

(1) 预测问题(Prediction)。已知该模型的参数,以及当前的输出序列,求出下面各个隐含状态的概率分布,也就是求 $P(x(t) \mid y(1),\cdots,y(t))$,通常使用前向(Forward)算法解决该问题。

(2) 平滑问题(Smoothing)。已知该模型的参数,以及当前的输出序列,求中间某一段时间的各自隐含状态的概率分布,也就是求 $P(x(t) \mid y(1),\cdots,y(t))$,通常采用前向(Forward)-后向(Backward)算法解决该问题。

(3) 解码问题(Most Likely Explanation)。已知该模型的参数,试图计算出最有可能产生某一特定目标序列的隐含状态序列,即 $P([x(1),\cdots,x(t)] \mid [y(1),\cdots,y(t)])$,一般经常使用维特比算法解决这一问题。

维特比算法的步骤如下。

步骤一,初始化:

$$\delta_1(i)=\pi_i b_i(O_1), \quad 1\leqslant i\leqslant N$$

$$\psi_1(i)=0$$

步骤二,归纳计算:

$$\delta_t(i)=\max_{1\leqslant t\leqslant N}[\delta_{t-1}(i)\cdot a_{ij}]\cdot b_j(O_t), \quad 2\leqslant t\leqslant T, 1\leqslant j\leqslant N$$

$$\delta_t(i)=\arg\max_{1\leqslant i\leqslant N}[\delta_{t-1}(i)\cdot a_{ij}]\cdot b_j(O_t), \quad 2\leqslant t\leqslant T, 1\leqslant j\leqslant N$$

步骤三,总结:

$$\hat{Q}=\arg\max_{1\leqslant i\leqslant N}[\delta_{t-1}(i)]$$

$$\hat{P}(\hat{Q}_T)=\max_{1\leqslant i\leqslant N}[\delta_T(i)]$$

步骤四，回溯：

$$\hat{q}_t=\psi_{t+1}(\hat{q}_{t+1}),\quad t=T-1,T-2,\cdots,1$$

5.3.3 关键词提取算法研究

关键词计算是本书的核心研究地段，会对推荐系统的推荐质量产生重大影响。关键词提取算法的选择，对提高特征词的识别率，从而提高推荐系统的推荐质量有着很重大的意义。如果要从文章中找到特征词来代表这件事，那么需要特征词能够有一定的区分度，能够明显区分出和其他事情的不同。关键词权重大小的计算，就是对关键词提取算法选出来的关键词，赋予不同的权重。这样就可以选出更高权重的更好的关键词来计算不同动作之间的相似性以达到提高推荐准确性的目的。

1. TF-IDF 方法

TF-IDF 方法是目前在关键词提取领域最常用的算法，也是相对而言效果最好、应用场景最多的算法之一。词频率权重方法计算的是关键词在该篇文章中出现的次数，反文档频率权重法计算的是特征词在不同文章中的分布。将这两者集合，则可以同时具有两个优点而且缓解了两个缺点：既能很好地代表文本的内容，又能区分开不同的文本信息。所以，结合词频率法和反文档频率法，可以较好地解决关键词提取的问题。其公式如下：

$$w_{ij}=\mathrm{tf}_{ik}(t_k)\times\mathrm{idf}(t_k) \tag{5-6}$$

2. 词频率法

词频率法(Term Frequency，TF)统计的是每个词在该文本中出现的次数，用 tf 来表示：

$$w_{ik}=\mathrm{tf}_{ik}(t_k) \tag{5-7}$$

在中文的关键词提取中，词频率法的优点是计算简单；缺点是会出现很多没有意义的词汇，比如“的”“啊”“我”等，同时也不能比较文章之间的差异。

5.3.4 性能评价方法

一般关键词提取算法评估都是通过相关的评价函数和人工提取的关键词进行对比。在此，本节利用准确率 P(Precision)、民航词汇识别率 R(Recognition)以及 F 值(F-measure)来检验关键词抽取性能，其中准确率反映了算法准确抽取关键词的能力，民航词汇识别率反映了算法对民航特殊词汇的识别能力，而 F 值则是对两者的综合考量，其评价函数及定义如下：

$$P=\frac{\text{rkwn}}{\text{kwn}} \tag{5-8}$$

$$R=\frac{\text{ckwn}}{\text{kwn}} \tag{5-9}$$

$$F=\frac{2PR}{P+R} \tag{5-10}$$

其中,rkwn 为提取关键词的正确数,ckwn 为所提取关键词为民航词汇的数量。由于手工标注关键词会使用一些同义词,这种情况认定为标注关键词与抽取的关键词相同。

5.3.5　BiLSTM-CRF 中文命名实体识别模型

如今,应用深度学习在中文命名实体识别较为主流且满意度高,方法流程主要分为以下三大步骤:①将中文语段中的词、字以分布式形式表示出来;②采用深度学习网络使模型能够有监督地进行训练;③对语段中的字、词进行标签标注,在标注过程中使用上下文信息。针对该流程步骤,BiLSTM-CRF 中文命名实体识别模型因为其建立模型的合理化、训练效果的有效化以及具有极大潜力的特点成为业内普遍使用的方法。该模型各模块的特点与实现情况如下。

1. 字符嵌入模块

2013 年 Mikolov 提出了 Word2Vec 模型,主要用于快速地提取词向量。这种方法紧密联系了分布式表示与字、词间的含义,使词语鸿沟的现象得以解决。Word2Vec 模型针对较小数据量的情况,在精确度以及召回率上都表现优秀。

中文词语结构较英文不同,它的切割主要是基于词典的。这种分词的方法一旦出错就很难修改。训练情况如图 5-3 所示。

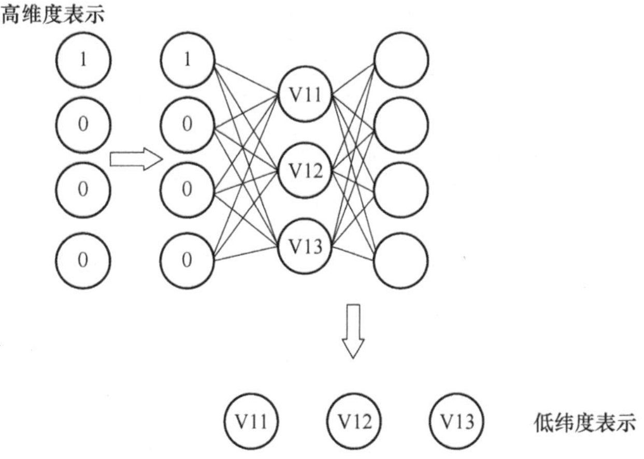

图 5-3　Word2Vec 训练中文字符向量示意图

Word2Vec 在结构上具有输入层 Input、隐藏层 Hidden 和输出层 Output，其目标是在海量的数据文档中学习出高质量的词向量。Word2Vec 包含 CBOW（又称连续词袋模型）和 Skip-gram 两种训练模型，如图 5-4 所示。其中，$w(t)$为目标词，其余均为目标词的上下文。图中两模型的差异在于，CBOW 模型是根据上下文来预测目标词，而 Skip-gram 是根据目标词来预测上下文。通过 Word2Vec 这种模型其优点不仅可以以设定的维度分布式表达字符，还可以保证语义的关联性，是十分优质的一种模型。

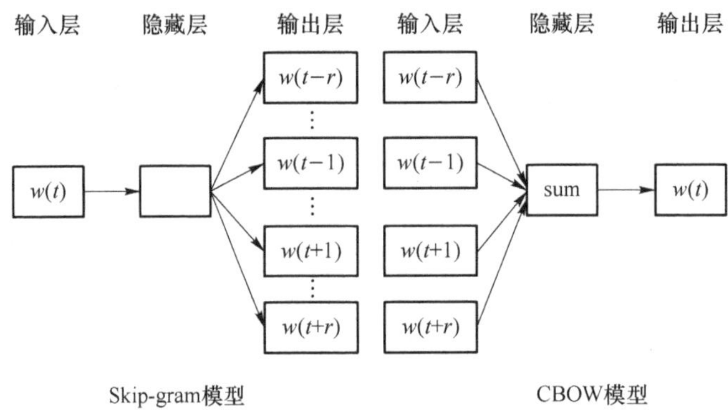

图 5-4　CBOW 模型和 Skip-gram 模型

2. 神经网络模块

作为 RNN 的一个变种，LSTM 能够清楚地捕获到远程的上下文关系并防止其发生梯度消失或梯度爆炸，但由于 LSTM 中的 $h(t)$只能够接收过去的内容，于是既可接收未来又可接收过去的 BiLSTM（长短期记忆网络）更为人们欢迎。以“某某大学太美了”为例，该 BiLSTM 示意图如图 5-5 所示。

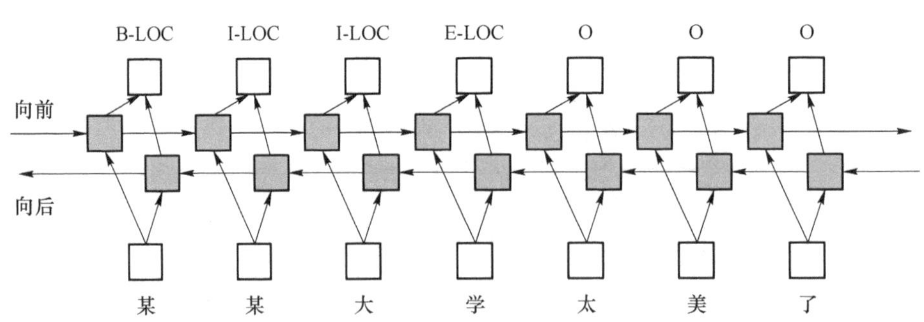

图 5-5　BiLSTM 示意图

3. 序列标注模块

CRF 模型和使用全连接层 Softmax 函数来激活从而直接分类是最常见的序列标注方法。通过引入 CRF 层作为隐藏向量的后续处理，由于不能确保标签每次都能够预测正确无误出现标记偏置的问题。CRF则可以解决这个问题，使得预测标签时充分联系上下文段，并利用动态的方式求出概率的最大路径，因而前者使用得更多。同时，CRF层也可以从训练数据集中自动学习基于全局的约束信息。例如，语句中的识别出的单词首字母应该为“B”而不是“I”。

假设输入的序列为$Y=(y_1,y_2,\cdots,y_m)$。$P_{i,j}$表示y_i被标记的第j个标签的概率，概率转移矩阵中第i个标签转移到第j个标签的概率用$C_{i,j}$来表示。在CRF层的损失函数中，有两种类型的分数：Transition得分和Emission得分，计算情况如下：

$$S(X,y)=\sum_{i=0}^{n}A_{y_i,y_{i+1}}+\sum_{i=1}^{n}P_{i,y_i} \tag{5-11}$$

其中，$A_{y_i,y_{i+1}}$示Transition得分，P_{i,y_i}表示Emission得分。如图5-6所示，结合了CRF后的BiLSTM-CRF算法可有效地结合关键词的上下文信息，使识别效果更好。

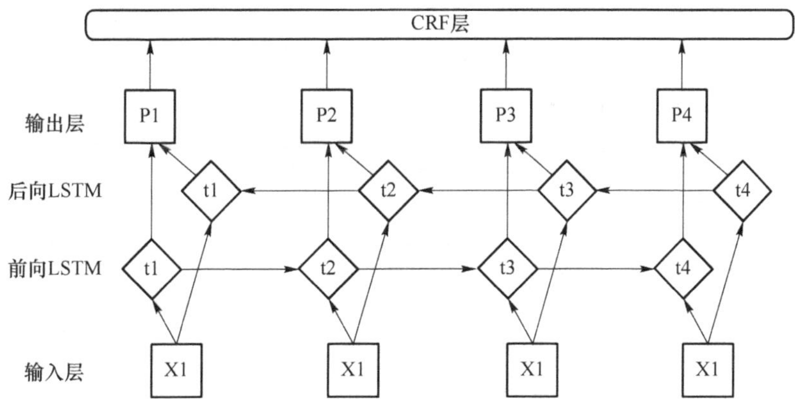

图5-6　BiLSTM-CRF算法流程图

5.4　云网融合下针对意图关键词的转译方法

5.4.1　命名实体识别模型——基于BiLSTM-CRF模型的设计

BiLSTM-CRF模型结构主要分为四层：词嵌入层(Embedding Layer)、BiLSTM层、全连接层(Hidden2tag Layer)、CRF层，结构如图5-7所示。

其中模型参数的设计如下。

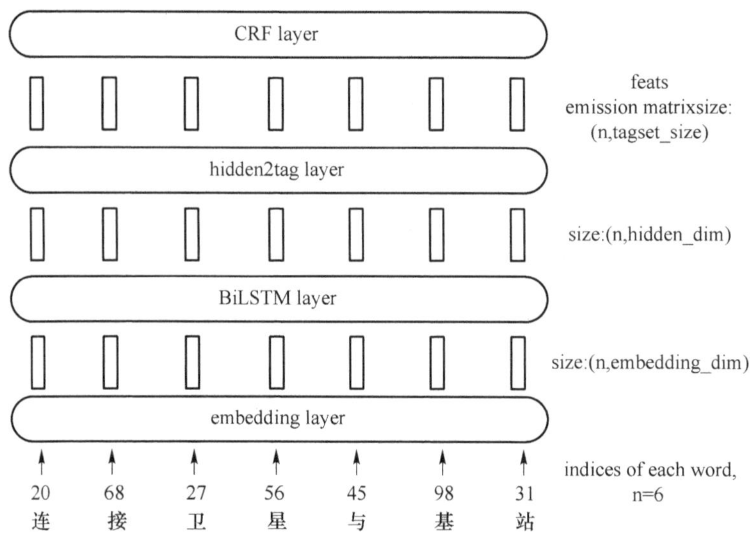

图 5-7 BiLSTM-CRF 算法流程图

(1) BiLSTM-CRF 模型参数设计

表 5-1 BiLSTM-CRF 参数表

参数	解释
input_size	输入数据的特征维数
hidden_size	LSTM 中隐层的维度,即从 LSTM 输出的向量维度
num_layers	隐藏层的层数
bias	用不用偏置,default=True
batch_first	batch_first 默认是 False,需要将其和 seq_length 的维度调换
dropout	默认是 0,代表不用 dropout
bidirectional	默认是 False,代表不用双向 LSTM

除 BIO 三种基本标签外,START_TAG 代表一个句子的开始(不是句子的第一个单词),STOP_TAG 代表一个句子的结束,因此集合大小为 5。假设输入的语句为 n 个字,经过字典的翻译,得到每一个字在字典里的标号,并把这一组标号变成一个长度为 n 的张量(tensor)。

再将该张量输入到词嵌入层,实现高维稀疏特征向量到低维稠密特征向量的转换,将正整数(下标)转换为具有固定大小的向量,把一个 one-hot 向量变为一个稠密向量。该层可以得到 n 个词向量,每一个向量表示一个词。n 个词向量的维度为 $n\times$embedding_dim,其中 embedding_dim 是输出的词向量的维度。

然后经过 BiLSTM 层,得到发射矩阵(Emission Matrix),维度为 $n\times$hidden_dim。该层计算发射概率,发射概率是指已知当前标签的情况下,对应所出现字符的概率,通俗理解就是当前标签比较可能出现的文字有哪些，及其对应出现的概率。由于使用的是双向 LSTM，模型程序中的 BiLSTM 的层数是 1，所以使用 pytorch 设置隐藏层维度时，需要将 hidden_size 除以 2，并将 nn. LSTM()中的参数 bidirectional 设置为 True。

接着将 n 个向量出入到全连接层(hidden2tag layer)，该层的作用是将 LSTM 层输出的维度映射到标签集的大小(tagset_size)，此时矩阵维度为 $n\times$ tagset_size，程序中用 feats 表示这样一个矩阵。

最后将矩阵输入到 CRF 层。CRF 使用随机初始化的方法初始化，在训练过程中更新迭代，其参数是一个维度为 tagset_size×tagset_size 的矩阵，称为转移矩阵，如下所示：

$$\text{transitions}=\begin{pmatrix} t_{1,1} & \cdots & t_{1,\text{tagset\_size}} \\ \vdots & & \vdots \\ t_{\text{tagset\_size},1} & \cdots & t_{\text{tagset\_size},\text{tagset\_size}} \end{pmatrix} \tag{5-12}$$

(2)模型的迭代训练

假设输入为 $x=(x_1,x_2,\cdots,x_n)$，输出为 $y=(y_1,y_2,\cdots,y_n)$，且 $y_0=\text{START\_TAG}$、$y_{n+1}=\text{STOP\_TAG}$。

CRF 考虑前后标记依赖约束，综合使用标记状态转移概率作为评分，定义路径分数为：

$$\text{score}(x,y)=\sum_{i=0}^{n}\text{transitions}_{y_{i+1}y_i}+\sum_{i=1}^{n}\text{feats}_{i,y_i} \tag{5-13}$$

该公式中求和前项为转移矩阵 transitions 中的元素累次相加，其中$\text{transitions}_{y_{i+1}y_i}$表示从第 y_{i+1}个标签到第 y_i 个标签的转移得分，求和后项来源于全连接层输出的发射矩阵。通过该公式，借助损失函数和维特比算法，从所有可能的标签路径中选一个作为最优路径。

加入 CRF 层后的损失函数，就不再是交叉熵损失，而是由路径分数 score(x,y)和所有可能路径的总得分组成。在所有可能的路径中，真实路径的得分应该是最高的。那么，损失函数应如下所示：

$$P(y|x)=\frac{\exp(\text{score}(x,y))}{\sum_{\text{allpossible }\tilde{y}}\exp(\text{score}(x,\tilde{y}))} \tag{5-14}$$

此时，训练的过程就是最大化真实路径与所有可能路径的比值，一般实践中习惯将最大化问题转换成最小化问题，于是将公式变换为：

$$\begin{aligned}-\lg P(y|x)&=-\lg\frac{\exp(\text{score}(x,y))}{\sum_{\text{allpossible }\tilde{y}}\exp(\text{score}(x,\tilde{y}))}\\&=-\text{score}(x,y)+\lg\sum_{\text{allpossible }\tilde{y}}\exp(\text{score}(x,\tilde{y}))\end{aligned} \tag{5-15}$$

其中，$\lg\sum_{\text{allpossible }\tilde{y}}\exp(\text{score}(x,\tilde{y}))$ 通过前向传播来求解。采用维特比算法(Viterbi)来求解出使上式最优的的标签，维特比公式为：

$$y^{*}=\arg\max_{\text{allpossible }\tilde{y}}\text{core}(x,\tilde{y}) \tag{5-16}$$

5.4.2 意图转译

由于不同用户对于网络专业知识的认识程度不同，与网络领域专家相比普通用户无法精确描述意图。故将用户意图分为精确型意图、模糊型意图两类。精确型意图为网络管控人员等具有编程能力的人所输入的意图，其中包含准确的带宽、时延等 QoS 数值。精确型意图由于可以直接获取 QoS 数值，将对应数据采用 JSON（JavaScript Object Notation）的格式进行传输，它独立于编程语言之外且具有简洁、清晰的层次结构，人类和机器也很容易对其进行读写、解析；而针对模糊型意图中包含描绘等级的模糊词语（如重要、普通、非常重要等），需要根据模糊词汇映射 QoS 数值，以下介绍本书所采用的关键词映射方法。

由于云网环境中所涉及的用户以及不同用户的 QoS 需求种类繁多，考虑到普通用户相比于网络领域的专家而言，缺乏计算机底层网络知识基础，无法精确描述 QoS 意图。针对上述问题，需要将意图进行分类，按意图中所包含的意图精确程度划分为精确型意图、模糊型意图两类。精确型意图，指具有较高编程能力的用户所输入的包含准确的带宽、时延、可靠性等各项 QoS 需求数值的意图。由于该类意图直接获取各项标准的 QoS 数值，对应数据将采用 JSON 的格式进行直接传输。而模糊型意图，指意图中包含描绘所需服务等级的模糊词语（如重要、普通、非常重要等），由于该类词语无法直接获取数值，需要结合不同场景中用户的网络状态根据模糊词汇映射 QoS 数值，以下将详细介绍本书采用针对含有模糊关键词映射方法，即云网环境下模糊意图所需 QoS 预测方法。

（1）获取位置信息并进行处理

现阶段，很多在线服务或者工具（如 IP Locator 等）都具有通过已知用户 IP 地址获取相应空间物理位置的能力。同时，由于 IP 地址分配存在特殊性，地理上相邻的两个用户其 IP 地址也可能并不相同。在云网融合的环境中，不同用户的发出服务请求的地理位置差距更加显著。基于此，通过获取用户端的空间物理位置(x,y)，其中 x 表示经度，y 表示维度，该信息包含在 x_{ijt} 之中。

（2）利用 LSTM 学习隐变量

LSTM 作为 RNN 的一种变体，其中加入了时序因素，从而增强了记忆能力，可有效地学习长周期。4.2 节已对 LSTM 进行了介绍，这里不再详细叙述其原理。针对 LSTM 模型的具体学习方法，则是后向传播误差学习权重的一个过程，即期待使得损耗函数 L 达到最小值：

$$l_t = f(y_t, y_t^*) = \| y_t - y_t^* \| \tag{5-17}$$

$$L = \sum_{1}^{T} l_t \tag{5-18}$$

为了更进一步的计算，需要计算参数迭代公式：

$$\frac{\mathrm{d}L}{\mathrm{d}w}=\sum_{t=1}^{T}\sum_{j=1}^{M}\frac{\mathrm{d}L}{\mathrm{d}h_t(j)}\frac{\mathrm{d}h_t(j)}{\mathrm{d}w} \tag{5-19}$$

并定义

$$L_t=\sum_{a=t}^{T}l_a \tag{5-20}$$

故可以得到

$$\frac{\mathrm{d}L}{\mathrm{d}w}=\sum_{t=1}^{T}\sum_{j=1}^{M}\frac{\mathrm{d}L_t}{\mathrm{d}h_t(j)}\frac{\mathrm{d}h_t(j)}{\mathrm{d}w} \tag{5-21}$$

再使用已知的$\{(x_{ijt},\mathrm{QoS}_{ijt})/(i,j,t)\in\Lambda\}$时间序列来训练 LSTM 模型，将 x_{ijt} 作为输入，QoS_{ijt} 作为输出，最终可以获得学习好的隐变量 $h_{ij}(u)$。

(3) 相似度计算

经过学习好的隐变量 $h_{ij}(u)$可以用来计算相似度，本方法需要进行两种相似度计算。

① $\mathrm{Sim}(u,v)$表示用户间的相似度，实质上是对用户间距离进行正则化，具体计算如下：

$$\mathrm{Sim}(u,v)-\frac{h_{ij}(u)\cdot h_{ij}(v)}{\|h_{ij}(u)\|\|h_{ij}(v)\|} \tag{5-22}$$

② $\mathrm{Sim}(i,j)$用来表示服务间的相似度，实质上表示对服务间的距离进行正则化，具体计算如下：

$$\mathrm{Sim}(u,v)=\frac{h_{ij}(i)\cdot h_{ij}(j)}{\|h_{ij}(i)\|\|h_{ij}(j)\|} \tag{5-23}$$

(4) 选择相邻邻居

为了保证预测的精度，需要对相似邻居进行选取，我们采用如下公式提取用户间与服务间的 top-k 个相似邻居：

$$S(u)=\{v\mid v\in T(u),\mathrm{sim}(u,v)>0,u\neq v\} \tag{5-24}$$

$$S(i)=\{j\mid j\in T(i),\mathrm{sim}(i,j)>0,i\neq j\} \tag{5-25}$$

其中，$S(u)$代表基于用户相似邻居的集合，$S(i)$表示基于服务相似邻居的集合，$T(u)$表示基于用户的 top-k 个代表性样本，$T(i)$表示基于服务的 top-k 个代表性样本。

(5) 对 QoS 值进行预测

本方法中采用上述计算的 top-k 个相似邻居，并分别基于经典的 UPCC 方法与 IPCC 方法进行预测：

$$\hat{r}_{u,t_{\mathrm{current}}}(u,i)=\bar{r}(u)+\frac{\sum_{v\in S(u)}\mathrm{sim}(u,v)(r_{t_{\mathrm{current}}}(v,i)-\bar{r}(v))}{\sum_{v\in S(u)}\mathrm{sim}(u,v)} \tag{5-26}$$

$$\hat{r}_{u,t_{\mathrm{current}}}(u,i)=\bar{r}(i)+\frac{\sum_{j\in S(i)}\mathrm{sim}(i,j)(r_{t_{\mathrm{current}}}(i,j)-\bar{r}(j))}{\sum_{j\in S(i)}\mathrm{sim}(i,j)} \tag{5-27}$$

再将两种方法进行预测的值综合起来，利用参数λ进行平衡，从而得到最终的预测公式：

$$\bar{r}_{u,t_{\text{current}}}(u,i)=\lambda\,\bar{r}_{u,t_{\text{current}}}(u,i)+(1-\lambda)\,\bar{r}_{u,t_{\text{current}}}(u,i) \tag{5-28}$$

5.4.3 网络策略生成

Nile 语言用一个名称和一组标记来标识意图。定义了意图范围，可能包括特定的 QoS 指标、操作(允许/阻止)、端点规范和意图的生命周期。Nile 是为特定的意图场景而实现的，但是它可以通过添加其他用例所需的必要关键字进行扩展，便于作为学习算法的目标，并允许翻译到不同的目标网络。用扩展的巴科斯范式(EBNF)描述 Nile 语言，其语法如表 5-2 所示。

表 5-2 EBNF 符号表

符号	意义
<…>	必选内容
::=	表示定义
|	替换，即“或”的意思
,	串接
[...]	可选，可有可无
{...}	重复，0 或 任意次重复
(...)	分组，用来控制表达式的优先级
‘...’	终结符，即引号中的字符序列本身

其中使用 EBNF 范式来描述 EBNF 的语法：

生成式 = 生成式名‘=’[表达式][‘;’];

表达式 = 选择项 {‘|’选择项 } ;

选择项 = 条目 { 条目 } ;

条目 = 生成式名 | 标记 [‘…’标记]| 分组 | 可选项 | 重复项 ;

分组 = ‘(’表达式‘)’ ;

可选项 = ‘[’表达式‘]’ ;

重复项 = ‘{’ 表达式‘}’;

生成式由表达式构造，表达式通过术语及以下操作符构造，自上而下优先级递增(低⇒高)：“|” “(…)”“[…]”“{…}”。

根据 Nile 语言的语法，建立网络策略常用词的搜索列表，将模型识别出的命名实体在命名列表中搜索和判断匹配，然后根据字典搜索结果，安插在 Nile 语言模板的固定位置中，生成网络策略。

5.5 实验及结果分析

5.5.1 数据集描述

考虑到云网融合环境中用户对于服务的 QoS 需求较为复杂，目前关于命名实体识别的开源数据集并不适用于此场景。本实验所采用人工数据集 Dataset Yun，其中主要包含四种 QoS 属性值：响应时间、带宽、抖动以及丢包率。Dataset Yun 中包含了 1 000 条对于 Web 服务的意图记录情况。其中精确型意图与模糊型意图比例为 4∶6。在完成数据标注之后，按照 8∶2的比例划分训练集、测试集。

本实验结合 IOB 与 IOBES 两种标记方法，将标记方案设计如下："B-Label""M-Label""E-Label"分别代表命名实体的第一个字符、中间字符和结尾字符，"O"代表无关字符。其中，标签 PER 表示用户，LOC 表示地点约束，ATT 表示性能指标，SER 表示业务类型，TIME 表示时间约束，对于模糊型意图的等级词"非常重要""重要"以及"普通"分别用 A、B、C 表示。按照如上所述的标注处理的方法对训练集、测试集数据进行标注，精确型意图与模糊型意图标注示例分别如图 5-8、图 5-9 所示。

Intent:

Source node: A; Target node: B; Bandwidth: 97Mbps; Jitter: 5ms; RT: 20ms; PLR: 0.01%; Required Service: Data Service.

Source node：A;	LOC1
Target node：B;	LOC2
Bandwidth：97Mbps;	ATT, NUM
Response time：20ms;	ATT, NUM
Jitter：5ms;	ATT, NUM
Packet Loss Ratio：0.01%;	ATT, NUM
Required Service: Data Service;	SER

图 5-8　精确型意图标注示例

User D	in	Nanjing	requests	a	normal	level	of	traffic	service.
PER	O	LOC	ACT	O	A	A	O	SER	SER

图 5-9　模糊型意图标注示例

5.5.2 评估参数

为了准确验证中文命名实体模型的实验结果，以及对于模型的不同性能进行全面解析，本书将使用准确率 P(Precision)、F_1 值(F-Score)以及召回率 R(Recall)进行评估。具体计算公式如下：

$$准确率(P)=\frac{A}{A+B}\times 100\% \tag{5-29}$$

$$召回率(R)=\frac{A}{A+C}\times 100\% \tag{5-30}$$

$$F_1 值(F)=\frac{2\times P\times R}{P+R}\times 100\% \tag{5-31}$$

其中，A 表示正确标记的个数，B 表示错误标注的个数，C 表示未标注的个数。

5.5.3 实验结果

为了评估所提方法的性能，首先展示了用户意图的关键词提取和关键词映射结果，以验证所提方法能否准确捕捉云网融合环境下用户提出的复杂意图，接下来，我们评估该方法中使用的模型的性能。

(1) 意图关键词提取和关键词映射示例结果展示

由于精确型意图可以直接获取的服务特征、参数和质量，以下仅展示模糊意图的获取和翻译的结果。给定一个模糊意图例子“用户 A 在上海市树林大道 3609 号请求重要级别数据服务，时间要求：2022-3-5 14：00 至 2022-3-5 14：10.”，关键词提取和转译结果分别如图 5-10 和图 5-11 所示。

User A requests an important level data service at No. 3609 Shulin Avenue, Shanghai, time requirement: 2022-3-5 14:00 to 2022-3-5 14:10.

[('No. 3609 Shulin Avenue, Shanghai','LOC1'), ('User A','PER'), ('request','ACT'), ('important level','B'), ('data service','SER'), ('2022-3-5 14:00','TIME1'), ('2022-3-5 14:10','TIME2')]

图 5-10 关键词提取结果

图 5-11 显示了映射的 QoS 属性(包括响应时间、带宽等)和该服务请求的值。QoS 属性的映射基于模糊意图中的模糊关键词“重要”，结合用户的地理位置、服务请求时间和所需服务类型。可见，该方法能较好地解决云网融合环境下意图不明确的问题。

(2) BiLSTM-CRF 模型得到实验结果

对 BiLSTM-CRF 模型进行实验，我们评估用于模糊意图获取和翻译的 BiLSTM-CRF 模型的性能。他们的表现是用精确度(P)、召回率(R)和 F_1 来评估的，实验结果如表 5-3 所示。

```
{
  "intentDescription":"User A requests an important level data service at No. 3609 Shulin Avenue, Shanghai, time requirement: 2022-3-5 14:00 to 2022-3-5 14:10. ",
  "serLoc":"No. 3609 Shulin Avenue, Shanghai",
  "serStartTime":"2022-3-5 14:00",
  "serStopTime":"2022-3-5 14:00",
  "responseTime":"20ms",
  "bandwidth":"142Mbps",
  "jitter":"5ms",
  "packet loss rate":"0.3%",
  "intentPriority":"B",
  "serviceType":"data service",
}
```


图 5-11　关键词转译结果

表 5-3　实验结果

实体标签	精确率(P)	召回率(R)	F_1 值
ATT	0.968 3	0.875 3	0.942 1
ACT	0.748 8	0.490 0	0.753 1
LOC	0.857 1	0.857 1	0.857 1
NAME	0.964 3	0.972 4	0.967 6
O	0.750 0	1.000 0	0.857 1

从中可以看出，该模型在大多数标签上都具有较高的预测性能。然而，在这个人工数据集中，“ACT”和“O”标签收集的数据量相对较小，导致模型拟合不足，导致无法很好地学习这两个标签标注的数据的内在结构和特征。总的来说，通过实验，初步证明了所提模型在相对复杂的云网融合环境中的可行性。

第6章

云网融合环境下的策略编排方法研究

6.1 概　　述

随着云网融合的发展以及面向服务架构的广泛采用，近年来各种服务数量呈指数级增加，同时服务之间的同质化现象也越来越严重，越来越多的提供商提供具有相似功能但多样化的非功能(服务质量)特性的服务。此外，云网融合环境包含丰富的算网资源，不同的服务对算网资源的需求不同，服务编排策略需要考虑如何有效地管理和协调这些多样性的资源以满足应用的需求。服务显著提高了可互操作的机器之间的交互效率，极大地促进了服务发现、优化选择、自动组合和推荐的发展。通过接口将它们与不同功能的应用相结合，实现了服务的复用和功能的扩展。随着新技术(如物联网、5G网络)的发展，大量的资源可以被封装到服务中，许多领域(如云制造、智能交通、移动医疗)的组合优化问题、智慧城市等可以转化为服务策略编排问题。

由于单一服务不一定能满足用户的需求，因此将现有服务组合起来创建增值复合服务形成满足用户的服务策略。云网融合是一个复杂、动态的网络环境，存在诸多类型不同的服务，如传统Web服务、云服务、边缘服务和通信服务等，且分布在空天地海等不同场景中，它们功能相同或相似但服务质量(Quality of Service，QoS)不同。用户的意图需求是多样复杂的，面对海量、动态的服务，很难快速定位满足用户需求的候选服务。

除此之外，QoS通常被用作描述服务的非功能性特征的关键因素，以区分具有相同功能的那些服务。考虑到云网融合环境的动态性和复杂性，服务与资源处于高度动态变化中，网络环境和地理位置的差异也会影响服务的QoS值。因此，如何在感知环境变化的情况下进行服务编排，为服务策略选择满足用户QoS需求的服务以获得整体QoS最佳的组合服务也是服务策略编排中的一个关键问题。

6.2 基于神经网络的移动用户轨迹预测

6.2.1 用户类型

在空天地海场景中，通常会涉及不同类型的用户。虽然地面用户可能是最常见的服务请求方，但在空天地海场景下还可能存在其他类型的用户。

(1) 地面用户

地面用户是指在地面上生活、工作或使用服务的人群。他们可能通过各种方式（如Web应用、移动应用等）向云网服务提供者提出服务请求，以获取所需的服务。

(2) 空中用户

空中用户是指在空中使用服务的用户，如飞行员、航空公司、无人机操作员等。他们可能通过空中通信设备（如卫星通信）向云网服务提供者发送服务请求，以获得飞行管理、导航、通信等相关服务。

(3) 天空用户

天空用户是指利用卫星、航天器等天空资源进行科学研究、遥感监测等活动的用户。他们可能需要使用云网服务来处理和分析天空数据，以获取所需的信息和结果。

(4) 海洋用户

海洋用户是指在海洋环境中从事海洋勘探、渔业、海洋资源开发等活动的用户。他们可能需要利用云网服务来处理和管理海洋数据、进行海洋模拟等，以支持其相关的海洋活动。

这些不同类型的用户在空天地海场景下，根据自身需求和环境，可能通过不同的方式与云网服务进行交互和请求。因此，云网服务需要考虑不同用户类型的需求和特点，提供相应的服务接口和功能，以满足用户的多样化需求。

6.2.2 DLSTM 模型构建

针对不同用户根据用户接入同一场景下的边缘服务器的时序信息构建用户的历史运动轨迹（如一个用户上一时刻接入天服务器，但是下一时刻接入地服务器），将用户的历史轨迹数据输入到构建的轨迹预测模型中获得预测的用户的轨迹。用户在下一刻可能访问的边缘服务器由用户的未来位置和边缘服务器的信号覆盖范围决定。如果预测的用户位置在多个边缘服务器的覆盖信号中，那么将选择更接近该用户的边缘服务器为用户提供服务。该轨迹预测模型在输出模块中配置了 2 层 LSTM 和 1 层全连接层，其中 LSTM 的隐含层节点个数分别为 2 和 3。如图 6-1 所示为该移动轨迹预测模型的结构。

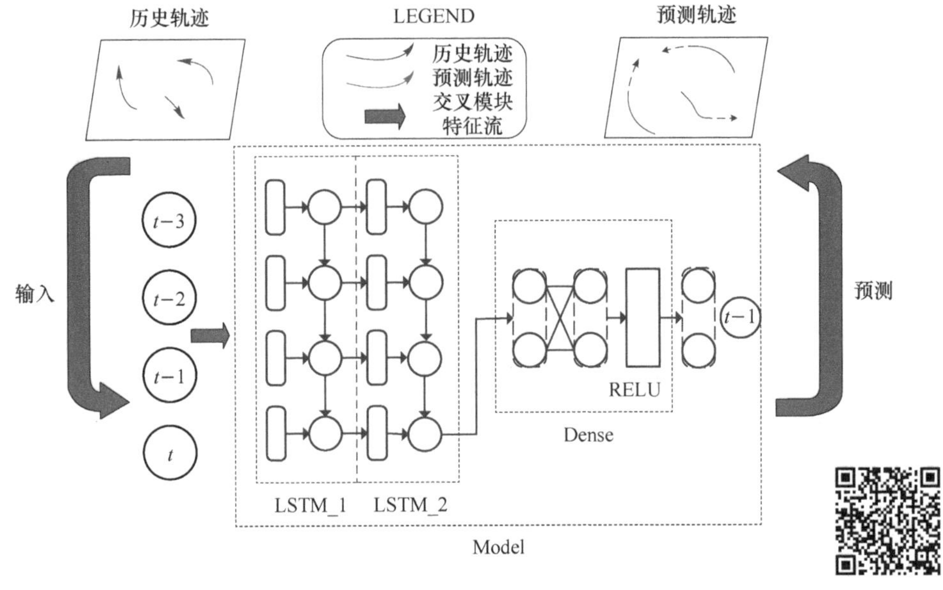

图 6-1　DLSTM 模型体系结构

图 6-1 彩图

构建的 DLSTM 模型通过训练建立了用户的历史轨迹和未来轨迹之间的映射，将用户按照时间序列访问的边缘服务器的地理位置变化序列视为用户的历史移动轨迹。用户的运行轨迹定义如下：

将移动用户的原始轨迹数据转换为 $H_i=\{Y_1,Y_2,\cdots,Y_h\}$ 的位置序列，其中 H_i 表示 user_i 的运动轨迹，$Y_i=\{\text{lng}_m,\text{lat}_m\}$ 表示基于时间序列的 user_i 的第 m 个位置坐标，其中，lng 和 lat 分别表示经度和纬度，用户 user_i 当前的位置表示为 $Y_i'=\{\text{lng}_t,\text{lat}_t\}$。我们通过 DLSTM 模型预测了用户的第 $t+1$ 时刻的位置 Y_{t+1}。在实际应用中，可以结合用户当前位置不断更新轨迹进行轨迹预测。DLSTM 模型高层次的定义可以表示为：

$$Y_{t+1}=f(\{Y_1,Y_2,\cdots,Y_h,Y_t\}) \tag{6-1}$$

边缘服务器不同覆盖区域的网络条件是不同的。在这方面，不同位置的网络负载是不同的，这将导致在边缘服务器的不同覆盖区域之间的数据传输速率不同进而导致服务的响应时间不同。在现实生活中边缘服务器的信号通常是以圆形的形式来发射，因此，将服务器的信号覆盖区域划分为几个圆形区域，并根据网络质量设置数据传输速率。图 6-2 显示了某用户在不同区域调用相同服务时，服务的响应时间均呈现出不确定的趋势，在用户流量过多或者网络负载较大时，会出现服务下发失败的情况。当用户在同一边缘服务器的不同覆盖区域和不同时刻调用同一服务时，通过观察到的响应时间值可以看出，同一服务在不同时间和空间的 QoS 值是不相等的。因此，在服务组合的过程中考虑 QoS 的时空特性是合理的。

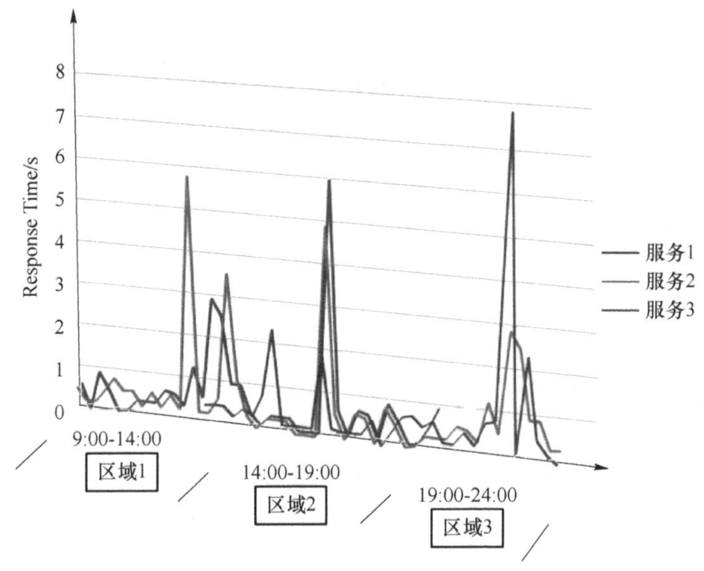

图 6-2　用户在不同区域不同时刻的响应时间

图 6-2 彩图

通过分析用户在每个服务器的覆盖范围下的位置，将每个边缘服务器的覆盖范围设置为 2 km。通过对用户分布情况的分析，将每个边缘服务器的覆盖范围分为 5 个圆形区域。根据它们与边缘服务器的距离，圆形区域分别为(0,400)、[400,800)、[800,1 200)、[1 200,1 600)和[1 600,2 000)。本节选择最接近用户的服务器作为用户最有可能访问的边缘服务器。然后，通过计算预测用户位置和边缘服务器之间的距离 D 来确定用户将所在的服务器的确切信号区域，计算公式为：

$$D=2\arcsin d\times 6\ 378.137 \tag{6-2}$$

其中，

$$d=\sqrt{\sin^2\frac{a}{2}+\cos(\mathrm{lat}_{t+1})\times\cos(\mathrm{lat}_{bs})\times\sin^2\frac{b}{2}} \tag{6-3}$$

$$a=\mathrm{lat}_{t+1}-\mathrm{lat}_{bs} \tag{6-4}$$

$$b=\mathrm{lng}_{t+1}-\mathrm{lng}_{bs} \tag{6-5}$$

其中，lat_{bs}、lng_{bs} 表示的是边缘服务器的纬度和经度。

然后根据用户所在的最近边缘服务器的确切信号区域，计算数据传输速率，同理，也根据最近的边缘服务器所在的其他服务器的确切信号区域，得到服务器之间的数据传输速率。

首先，结合用户移动轨迹的相似性，将用户个性化位置预测转换为面向所有用户的位置预测，以此来降低用户位置预测的计算成本；其次，对移动用户的历史移动轨迹进行网格化预处理，以降低 LSTM 位置预测难度并提高预测准确度；最后，使用训练好的 LSTM 模型在线预测用户的下一时刻位置。

6.3 面向移动用户的服务组合方法

6.3.1 问题描述

用户意图往往复杂，单一服务不能够满足其需求，需要针对转译得到的功能需求和QoS需求，选择合适的服务，按照一定的业务逻辑进行服务编排，向用户提供满足其需求的服务组合。接下来以云网环境下的用户调用服务的场景为例，详细阐述了云网环境下的服务组合所关注的重点问题：用户的频繁移动和多边缘服务器协作环境下的服务选择问题导致服务组合效果差。接着提出了一种基于深度强化学习的服务组合方法，并详细介绍该方法的具体步骤。

在云网融合环境中，用户在空天地海场景中调用服务的体验可能受到用户移动轨迹的影响，图 6-3 描述了一个移动用户在某一场景中的边缘计算环境下调用服务的场景图，在用户 Lisa 从边缘服务器 S1 移动到 S2 的过程中需要调用车票预订服务，由于不同位置的信号强度不同，Lisa 与不同的边缘服务器之间的数据传输速率也不同，这将会影响服务调用的响应时间。本书所提出的服务组合策略会根据用户的移动轨迹数据预测即将接入边缘服务器 S2 来接收服务，接着对边缘服务器的信号范围进行划分，这些圆形区域表示服务器不同的信号强度，信号强度对边缘服务的数据传输速率有一定影响。所提出的解决方案预测用户将在下一时刻进入 S2 的第 3 个区域 Area3，根据用户服务请求以及接收服务时的位置来计算响应时间，然后采用深度强化学习算法进行服务组合，以提供给用户最优的组合服务。

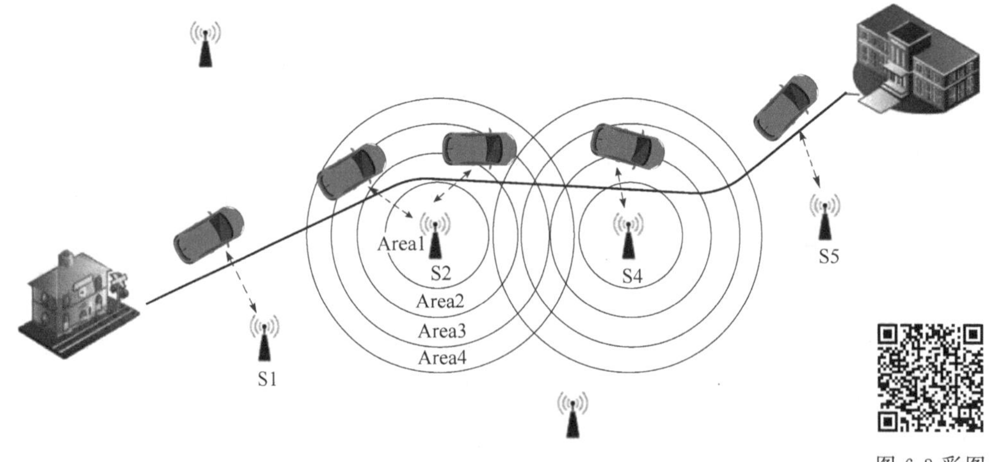

图 6-3 移动边缘服务场景图

图 6-3 彩图

6.3.2　用户移动感知模型和 QoS 模型

由于用户移动性和网络质量的动态变化，用户在不同位置调用服务的性能不同，在众多 QoS 属性中，响应时间是比较重要的一种属性，并且对用户体验影响较大。为了在移动环境中找到响应时间最短的组合服务，本节给出用户移动轨迹、移动网络质量以及服务组合等相关定义，以构建移动网络环境下的可计算的移动模型，提出了移动组合服务中组件服务的选择方法。

移动环境中，用户在调用服务时位置可能会变化。用户在移动时，移动网络中的数据传输率会根据用户的位置而动态变化。

定义 1　用户的移动轨迹。一个用户的移动轨迹用一个三元组 $L=$（Location，Time，M）表示，Location 表示用户调用服务时的位置点集合，且每一个位置点 $\text{Location}_i=$（Longitude，Latitude），其中 Longitude 表示经度，Latitude 表示纬度。Time 表示用户移动的时间点集合，M 表示时间点与位置点的映射函数，一般假设用户是匀速运动。

定义 2　组件服务。$s_{t_i}=$＜ID，Input，Output，Location，QoS＞，其中 ID 为 Web 服务在互联网上的唯一标识；Input，Output 分别表示服务的输入规范和输出结果；Location 表示服务所在服务器经纬度位置；QoS＝＜RT，RL，T，P，AV＞为一个五元组，其中 RT（Response Time）为响应时间，表示用户发出调用请求至收到服务响应所消耗的时间，单位为“s”；RL（Reliability）表示服务可靠性，可以将可靠性定义为{“1”，“2”，“3”，“4”}，分别对应{“好”，“较好”，“一般”，“差”}四个级别。T（Throughout）表示服务吞吐量，单位为“MB”。P（Price）表示服务调用的价格，单位为“元”。AV（Availability）＝{“0”，“1”}，表示服务可用性，“1”表示服务可用，“0”表示不可用。

定义 3　组合服务。通过将已有的功能不同的组件服务按照一定的逻辑进行集成，形成可扩展的增值服务，从而满足用户的功能需求。这样，序列 $S=(s_{t_1},s_{t_2},\cdots,s_{t_n})$ 就可以形式化地表示为一个组合服务，其中 $s_{t_i}(i=1,2,\cdots,n)$ 为依次组成组合服务的组件服务，n 为组合服务中组件服务的个数。

当接收到服务请求任务 T 时，首先将复杂的请求任务 T 划分为多个子任务。在服务组合中，各个任务有明确的先后执行顺序，可用来表示每个任务之间的依赖关系。任务 T 可划分为多个功能不同的子任务 $\{t_1,t_2,\cdots,t_n\}$，若子任务 t_i 中有 m 个服务可为其提供候选服务，则这些候选服务集合为 $s_{t_i}=\{s_{t_i}^1,s_{t_i}^2,\cdots,s_{t_i}^m\}$，具体的服务组合流程如图 6-4 所示。

定义 4　响应时间。组件服务的响应时间定义为参数输入时间、服务执行时间以及结果输出时间之和。组合服务响应时间定义为组合服务中所有组件服务的响应时间之和。

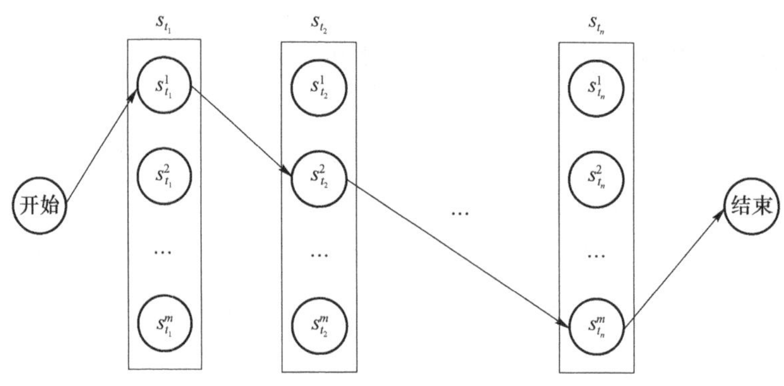

图 6-4 服务组合流程

定义 5 移动网络质量。移动网络质量(Quality of the Mobile Network,QoMN)通常指一个特定位置的移动信号强度,且数据传输速率正比于 QoMN,根据位置坐标到移动网络质量的映射函数 M,可以得到任意时间点对应的用户地理位置的数据传输速率。

定义 6 服务质量体验。移动环境中服务质量描述了移动环境中组件服务的性能。由于不同轨迹的网络质量有所差异,导致用户在不同位置调用组件服务时影响了服务的输入输出数据量的传输时间。所以组件服务 s 的响应时间计算如下:

$$\mathrm{rt}_s = t_i + t_e + t_o \tag{6-6}$$

其中,$t_i = \dfrac{U_{ei}}{\alpha_i}$代表组件服务 s 传输输入数据所需的时间,U_{ei} 表示输入参数/数据量大小,t_e 代表组件服务 s 的执行时间,$t_o = \dfrac{U_{eo}}{\alpha_o}$代表组件服务 s 传输输出数据所需的时间,U_{eo} 表示输出参数/数据量大小。

定义 7 服务组合 QoS 体验。服务组合是根据用户的业务需求,选择合适的服务进行组合进而完成请求任务。在不同的应用场景下,服务组合存在多种结构,以下为服务组合的四种基本结构类型,包括顺序结构、并行结构、循环结构和选择结构,具体如图 6-5 所示。

从图 6-5 可以看出,选择结构表示 n 个服务中选择其中的一个服务执行,具体如图 6-5(c)所示;并行结构表示 n 个服务同时并发执行,具体如图 6-5(d)所示。由于具有循环、分支和并行结构的服务组合都能转化为一种顺序结构,所以本章主要解决业务逻辑的过程模型为顺序结构的服务组合问题。服务组合的 QoS 表示整个组合服务的性能,响应时间可由式(6-7)得到:

$$\mathrm{CS}_{T_i} = \sum_{i=1}^{m} \mathrm{rt}_s \tag{6-7}$$

其中,rt_s 表示组合服务 $S = \{s_{t_1}, s_{t_2}, \cdots, s_{t_n}\}$ 中子服务的响应时间。

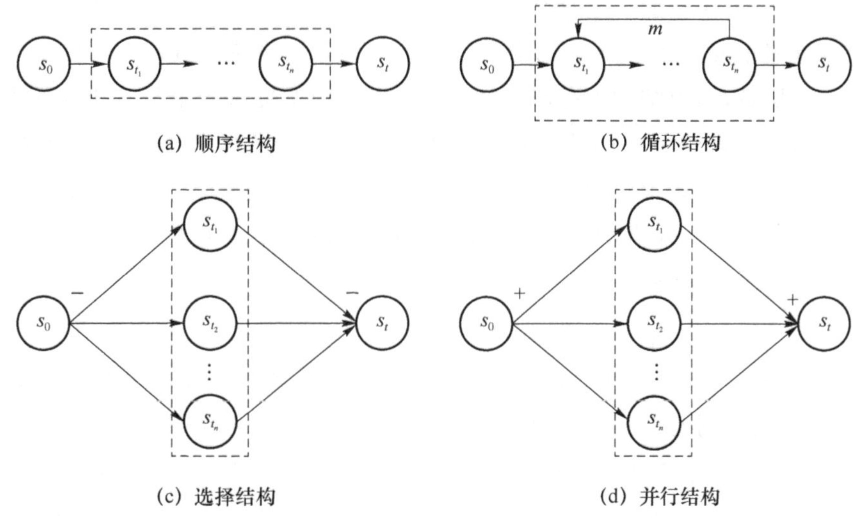

(a) 顺序结构　(b) 循环结构　(c) 选择结构　(d) 并行结构

图 6-5　服务组合的四种基本结构

6.3.3　基于深度强化学习的服务组合方法

在空天地海场景中，主要通信网络可以分为：空基网络、海基网络、无人机网络和移动通信网络。

空基网络通信主要靠卫星与地面站之间进行信号传输，根据卫星传输距离与轨道高度等因素，卫星通信网络的延时通常可以达到 500 ms 到 1 s 之间。

海基网络由于其具体应用场景和系统设计不同，海洋监测网络的实验通常在几十 ms 到数百 ms 之间，海事卫星通信网络的实验与卫星通信网络的时延相似，在 500 ms 到 1 s 之间。针对服务组合应用场景，本书中涉及的海基服务节点被设定为使用卫星通信网络。

无人机网络的时延由无人机的传输距离、传输速率和通信协议等原因而产生，时延通常在几十 ms 到数百 ms 之间。

5G 移动通信网络的时延可以达到几 ms 到十 ms 之间，针对本书中的服务组合场景，可以以移动通信网络中的设备作为服务组合请求方，来减少移动通信网络中的时延影响。

对于服务组合场景，本节可以认为组合服务的请求方处于移动通信网络或海基网络中，而服务却可能来自于移动网络、空基网络、海基网络与无人机网络中，因此在云网融合环境下，需要考虑通信质量对于服务 QoS 的影响。

在进行服务组合之前，本节首先将地理空间划分为规则的网格单元，每个网格单元都具有固定的大小。划分网格时要考虑到不同场景下的空间范围，如空中、地面、海洋等，接着根据用户的位置信息(如经纬度或空间坐标)确定用户所处的网格单元并将其映射到对应的网格单元。在用户所处的网格单元中，通过网格索引查询该网格单元中部署的服务器以及服务，索引结构中存储了每个网格单元中所提供的服务器和服务信息。这种基于网格索引技术的服务筛选方法可以提高服务的查找效率，减少不必要的查询操作，提供符合用户位置要求的服务选择。在空天地海不同场景下，可以根据相应的网格划分和用户位置确定的网格单元来进行服务筛选和调用，以满足用户的服务需求。根据以上信息可进行服务组合。

在空天地海场景下，对于需要一定计算、存储能力和响应时间的用户请求，通过将请求任务转发至覆盖用户且离用户最近的边缘服务器执行，可以有效地缓解云服务器的负载，降低服务的传输时延，提高服务组合效率。因此在不同的网络边缘为用户提供合理的服务组合方案至关重要。所以在已知用户的移动轨迹及覆盖该轨迹位置的移动网络质量的前提下，选择若干个部署在边缘服务器上的原子服务完成用户的服务组合请求，以实现最优的组合服务质量体验，该问题其实是一个 NP 问题，尤其是在云网融合环境下会有海量的服务可供选择，导致传统服务组合方法效率不高。因此，本节介绍一种基于深度强化学习的服务选择和组合算法来得到近似最优解，总体方法如图 6-6 所示。

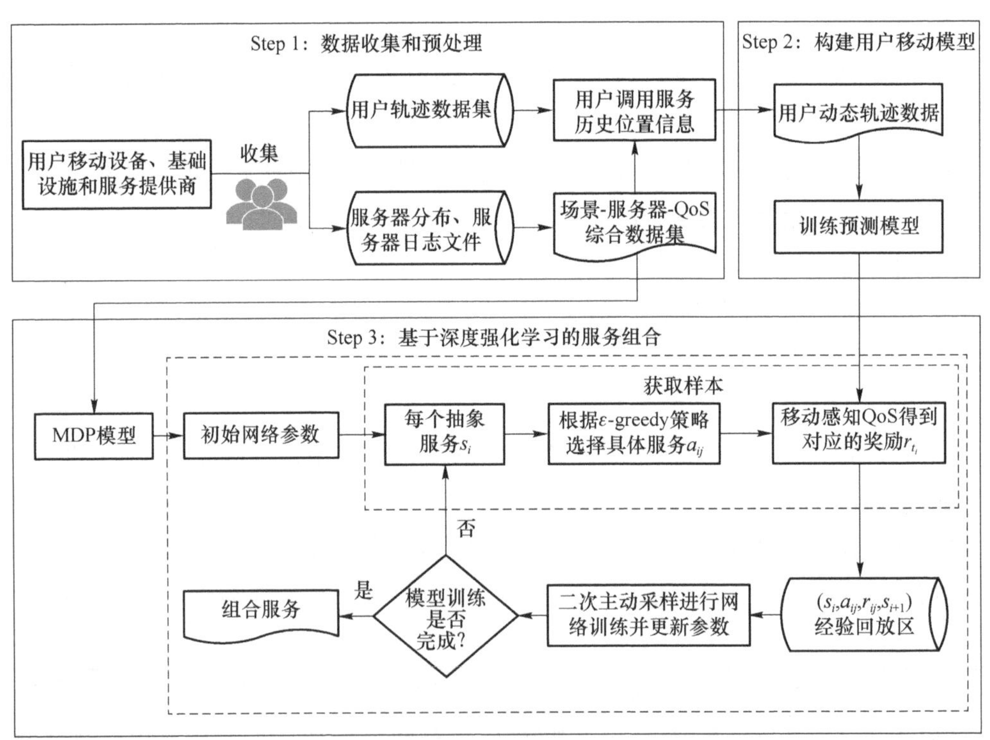

图 6-6　总体方法图

首先分别定义了 DQN 的四要素：环境、状态、动作和奖励。

(1) 环境(Environment)

环境是指智能体所处的外部环境,它是智能体与外部世界的交互界面。环境可以是现实世界中的实际场景,也可以是虚拟仿真环境。环境提供了智能体感知和执行动作的接口,并根据智能体的动作产生相应的状态和奖励信号。

(2) 状态(State)

状态是环境的一种表示形式,它包含了环境当前的关键信息,以描述环境的特定特征和状态。状态可以是完整的环境观测信息,也可以是经过处理和抽象的部分信息,智能体根据当前的状态来做出决策选择合适的动作。

(3) 动作(Action)

动作是智能体在环境中执行的操作或决策。在每个时间步,智能体根据当前的状态选择一个动作进行执行。动作可以是离散的,例如向左转、向右转,也可以是连续的,例如速度的调整或连续的控制信号。

(4) 奖励(Reward)

奖励是环境提供给智能体的信号,用于评估智能体的行为和决策的好坏。奖励可以是正数、负数或零,表示智能体在执行某个动作后所获得的反馈。智能体的目标是通过选择动作来最大化累积的奖励值。

这些要素相互作用,构成了 DQN 算法的基本框架。智能体通过与环境的交互,通过学习将状态映射到最优动作,并通过奖励信号来调整策略,逐步优化其决策能力。当用户服务需求复杂时,可能需要多个子服务集成才能满足用户需求,离用户最近的服务器 E 不能完全满足其需求,因此需要多个服务器相互协作进行服务组合,这种策略可以在满足用户需求的同时减少服务响应时间和网络延迟,提高服务响应速度。以下是方法实现的具体过程。

(1) 获取样本:采用深度强化学习算法对构建好的 MDP 模型进行求解,首先初始化一个状态 S(抽象服务)根据 ε-greedy 策略在每一个抽象服务 S_i 中的候选服务集中选取相应的服务 a,随后环境会返回下一个抽象服务 $S_$和根据用户位置计算响应时间得到奖励 R,此时需要将四元组($S,A,R,S\_$)作为样本存入经验回放区(经验池)中,重复以上步骤,直至将经验池存满后开始进行步骤(2)。

(2) 二次主动采样:当经验池存满后,根据样本累积回报的分布构造优先级对经验池中的样本进行采样,然后在已采样的样本中根据 TD-Error (Temporal-Difference Error) 分布构造优先级对样本采样。

(3) 训练 DQN:用两次采样得到的样本训练 DQN,即将采样得到的奖励 R 和下一抽象服务 $S_$送入目标 Q 网络中计算 Q 值。将 Q 值送入 Q 网络中计算 loss,利用梯度下降法更新 Q 网络中的所有参数,一定步长后将 Q 网络中的参数复制到目标 Q 网络中。重复(1)、(2)、(3)直到网络收敛。

基于深度强化学习的服务选择和组合算法见算法 6-1。

算法 6-1 PSCDRL Algorithm

初始化经验回放区 D 的容量为 N
初始化“动作-值”函数 Q 的参数 θ
初始化目标“动作-值”函数 Q' 参数 θ'
for each episode in Max_ episode：
  for t_i in T：
    在工作流 t_i 对应的可用服务集 $A\{t_i\}$ 中根据 ε 随机选择一个动作 a_t
    否则选择最优动作 $a_t = \arg\max_{a} Q(s,a;\theta)$
    执行动作 a_t，观察奖励 r_t 并且获得下一个状态 s_{t+1}
    $s_{t+1} = s_t$
    将(s_t, a_t, r_t, s_{t+1})存储到经验回放区 D 中
    判断经验回放区容量是否达到 BATCH_BIZEZ，若达到，则进行二次采样的数据喂入网络训练。
    if t_i 是终止流程
      $\boldsymbol{y}_j = \boldsymbol{r}_j$
    else
      $y_j = r_j + \gamma \max_{a'} \hat{Q}(s_{j+1}, a'; \theta^-)$
    end if
    利用梯度下降算法$(y_j - Q(s_t, a_t;\theta))^2$ 更新网络参数 θ
    每 C 步时 $\hat{Q} = Q$
  end for
end for

针对已构建好了的 MDP 模型，需要定义一个能够适用于服务组合场景的奖励函数，其中奖励的设计如下。

(1) 如果在服务器 E 上：

$$r = \frac{U_{\mathrm{ei}}}{\alpha_{\mathrm{i}}} + E_{\mathrm{e}} + \frac{U_{\mathrm{eo}}}{\alpha_{\mathrm{o}}} \tag{6-8}$$

其中，U_{ei} 和 U_{eo} 为服务 s 需要输入和输出的数据量大小，α_{i} 和 α_{o} 是用户到本地服务器 E 的上行传输速率和下行传输速率，E_{e} 为服务 s 的执行时间。

(2) 如果不在服务在 E 上：

$$r=\frac{U_{ei}}{\alpha_i}+\frac{U_{en}}{\beta_{en}}+E_{ns}+\frac{U_{ne}}{\beta_{ne}}+\frac{U_{eo}}{\alpha_o} \tag{6-9}$$

其中，β_{en}和 β_{en}表示从本地服务器 e 和邻居服务器 n 的平均传输速率，U_{en}和 U_{ne}为服务 s 需要传输的数据量大小。由于服务组合的响应时间越小越好，则需要对上述奖励进行归一化处理：

$$r'=\frac{\max-r}{\max-\min} \tag{6-10}$$

总奖励为：

$$R=\sum_{i=1}^{m}r'_k \tag{6-11}$$

其中，r'_k 表示组合服务 $S=\{s_{t_1},s_{t_2},\cdots,s_{t_n}\}$ 中子服务的响应时间。

因此，基于 DQN 的服务组合方法通过定义状态空间、动作空间和奖励函数，构建 DQN 模型并训练模型，最终通过模型选择最优的服务组合。这种方法能够根据不同的状态和需求，自动学习和调整最佳的服务组合策略，提供满足用户需求的服务组合。它可以在复杂的服务环境中进行灵活的组合选择，并通过不断的学习和优化，逐渐提高服务组合的质量和性能。

6.4　实验及结果分析

6.4.1　数据集描述

本节使用的数据集 1 为上海电信数据集，该数据集包含了 3 233 个基站的地理位置信息、接入用户 ID 以及接入时间。

数据集 2 是阿里巴巴与浙江大学研究团队搜集的数据集，该数据集包含了部分服务器日志文件，该数据集包含部署在 10 台服务器上的 500 个服务，每台服务器平均 50 个服务，每一个服务包含 6 条信息，即服务所在的服务器、服务运行开始时间、服务输入数据量、服务输出数据量、服务运行结束时间、下一个子任务所部署的服务器。

在实验中，我们主要考虑其中的响应时间这一 QoS 属性，同时，由于研究的是在云网融合环境下的服务组合，结合云网融合特点，在数据集 2 中增加了服务所属服务器的位置属性，为其随机分配所属位置。例如，服务 A 部署于空基网络中的卫星服务器。

此外，本节所提出的是大规模场景下的服务组合方法，而数据集 2 经过处理后仅有

3 200多条数据,仅限于中小规模场景,因此,需要将数据集 2 进行扩充。本节采用了全局质量约束设定随机值的方法以生成服务属性,具体扩充方法为:首先获得数据集中所有属性的最大值和最小值,对于每一个扩充的服务属性信息,随机生成一个属性值,使其受一个约束条件(最大和最小值)约束,且这些最大值和最小值在作为约束时在其 0.7～1.1 倍之间取随机值。

6.4.2 结果分析

1. 模型结构对比

为了验证构建的用户轨迹预测模型结构的合理性,本小节建立了一个实验来验证具有当前结构的 DLSTM 模型的预测性能是否优于具有其他结构的模型。通常来说,神经网络模型的结构会对模型的性能产生重大影响。因此,采用实验设计(Design of Experiment,DoE)方法来确定所提模型的最佳结构。在相同的超参数设置下验证不同结构的模型的精度,并基于该实验结果调整结构。本实验对所提出的 DLSTM 模型和与其他几种结构的模型进行了性能比较。

按照标准的 8∶2的比例来分配训练和测试集。其中,将 128 个移动用户的历史轨迹数据作为训练集来训练该模型,选取 32 个用户的移动轨迹数据进行验证。本实验选择平均绝对误差(Mean Absolute Error,MAE)、均方误差(Mean Squared Error,MSE)和决定系数(R-Square,R^2)等指标来评价模型的预测精度。其数学公式表示如下:

$$\mathrm{MAE} = \frac{\sum |u_i - u'_i|}{N} \tag{6-12}$$

$$\mathrm{MSE} = \frac{\sum (u_i - u'_i)^2}{N} \tag{6-13}$$

$$R^2 = 1 - \frac{\sum_i (u_i - u'_i)^2}{(u_i - \bar{u})^2} \tag{6-14}$$

其中,u_i 是用户 i 的真实坐标值,u'_i 是用户 i 的预测坐标值,$\bar{u}$是真实坐标值的平均值,N 是预测的用户总数。MSE 和 MAE 值越低,模型的预测精度就越高。R^2 值越高,模型与实际需求的拟合程度就越高。

实验结果如表 6-1 所示。其中,L_i 指的是 LSTM 层配置 i 个单元,D_i 表示一个全连接层在输出模式下配置 i 层隐藏输出,例如:L_2+D_2 指的是一个配置两个单元的 LSTM 层和一个在输出模式下有两层隐藏输出的全连接层。实验结果表明,随着网络层数的增加,模型的性能变低。因此,可以得出结论,基于 $L_3+L_2+D_2$ 结构的 DLSTM 模型更适合于该实验环境下的用户轨迹预测。

表 6-1　各模型预测精度对比表

Model	MSE	MAE	R^2
L_2	$1.1e^{-3}$	$7.949e^{-3}$	$8.466e^{-1}$
L_3+L_2	$1.0e^{-3}$	$6.797e^{-3}$	$9.081e^{-1}$
L_3+D_2	$1.4e^{-3}$	$7.706e^{-3}$	$8.91e^{-1}$
$\mathbf{L_3+L_2+D_2}$	$\mathbf{8.3e^{-3}}$	$\mathbf{3.769e^{-3}}$	$\mathbf{9.79521e^{-1}}$
$L_3+L_2+L_2+L_2$	$8.4e^{-3}$	$3.838e^{-3}$	$9.74129e^{-1}$

2. 轨迹预测准确性

为了验证提出来的轨迹预测模型的准确性，本小节设计了一个实验来验证 DLSTM 模型是否能够准确地预测用户的运动轨迹。本实验使用上海电信数据集来进行模型测试，该测试集包含 160 个用户的轨迹信息。通过比较实际的用户地理位置和预测的用户地理位置来验证预测精度。

表 6-2 展示了 5 个随机选择的用户和测试集中的所有用户的平均绝对误差。可以看出，随机所选用户的预测位置的平均绝对误差与实际位置之间的差距都小于 0.02，此外，总体误差也相对较低(小于 0.05)。从实验结果可以看出，该轨迹预测模型可以根据用户的历史轨迹信息，较准确地预测用户在下一刻的位置。因此，可以得出结论，DLSTM 模型的预测结果可以描述用户的未来轨迹信息。

表 6-2　用户的平均绝对错误率

用户	经纬度	真实坐标	预测坐标	绝对误差
U1	纬度	31.161 6	31.162 5	0.000 9
	经度	121.527 3	121.526 6	0.000 7
U2	纬度	31.106 7	31.109 6	0.002 9
	经度	121.333 8	121.387 6	0.0113
U3	纬度	30.954 6	30.943 9	0.010 7
	经度	121.333 8	121.324 5	0.009 92
U4	纬度	31.131 4	31.151 2	0.019 8
	经度	121.429 7	121.420	0.009 7
U5	纬度	31.314 0	31.323 0	0.009 0
	经度	121.509 8	121.491 2	0.018 6
所有用户	纬度			0.008 66
	经度			0.049 6

3. 服务组合参数实验

(1) 探索率对总收益的影响

由于 DQN 是在线训练的，经验池大小 pool、随机探索率 ε、批处理大小 b 等参数会很大程度上影响实验的结果，因此，本实验先验证了在不进行服务筛选的情况下初始探索率 ε 对于总收益的影响。图 6-7 显示的是有 10 个抽象服务，每个抽象服务有 50 个候选服务时探索率为 0.3、0.5、0.7、0.9 时算法收敛时的最大收益。

图 6-7 彩图

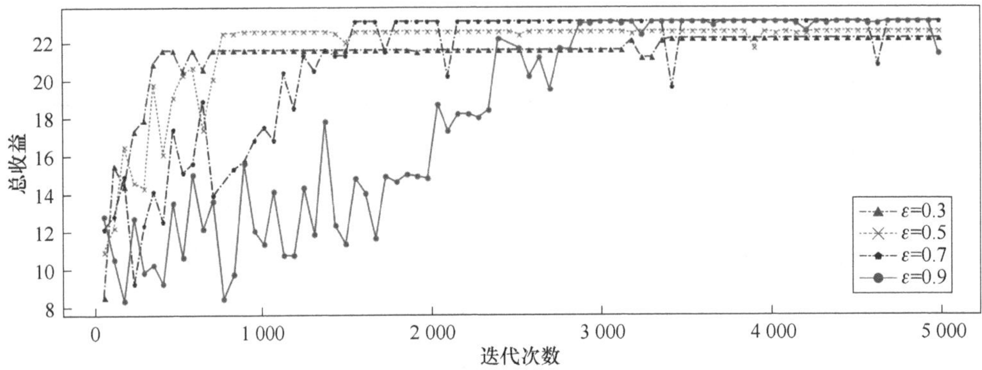

图 6-7　初始探索率对总收益的影响

实验中学习率为 0.9，经验池容量为 300。为了使模型快速收敛，实验使用了探索率递减的方法。在算法迭代的过程中，探索率会逐渐降低至 0.01。实验结果表明，在探索率为 0.3 和 0.5 时，模型收敛时智能体获得的总收益在 22 左右，而探索率为 0.7 和 0.9 时，智能体获得的总收益在 23 左右。本节认为，应当让智能体在学习的前期尽量多地去探索环境知识，以积攒更多的训练数据来提高模型准确性，因此后续实验将使探索率固定为 0.9。

(2) 批处理大小对总收益的影响

批处理大小 b 是并行处理多个样本，加快模型的训练速度。图 6-8 显示的是 b 分别为 32、64、128、256 时的总收益。

图 6-8 彩图

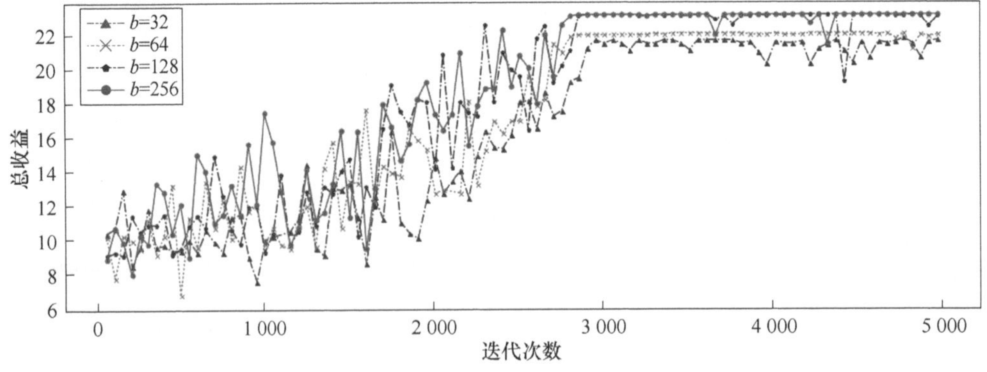

图 6-8　批处理大小对总收益的影响

实验中探索率为 0.9。实验结果表明：当 b 为 32 时，收敛结果不稳定；当 b 为 64，模型收敛时总收益为 21.9；当 b 为 128 和 256 时，总收益为 23，但是 b 为 256 时收敛速度更快。因此，后续实验将 b 设为 256。

（3）经验池容量对总收益的影响

图 6-9 彩图

经验池容量决定了每次喂入网络训练的数据量，它对模型收敛起到了重要的作用。图 6-9 所示的是经验池容量分别为 300、400、500 时的总收益。

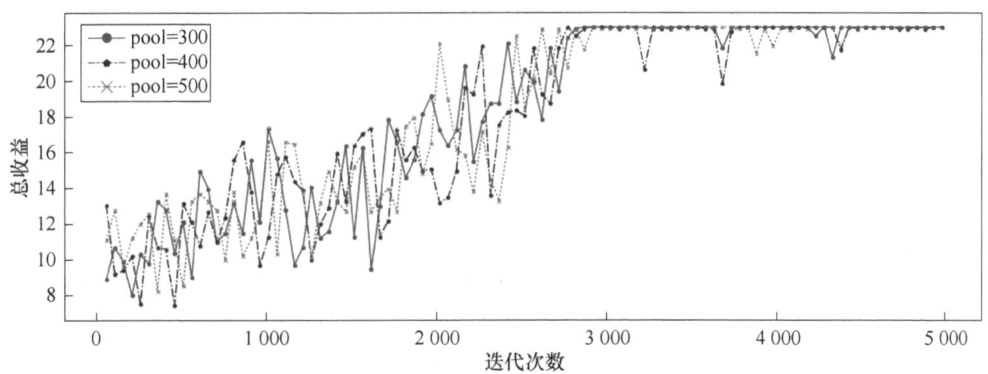

图 6-9　经验池容量对总收益的影响

实验中探索率为 0.9，b 为 256。实验结果表明，当经验池大小为 400 时，模型收敛结果不稳定，当经验池大小为 300 和 500 时，收敛时的总收益均为 23。但是为了节省资源，本书认为后续实验的经验池大小应该设为 300。

4. 组合方法对比

为了证明所提出的基于深度强化学习的服务组合算法有效，我们将其与传统强化学习算法（RL）、粒子群优化算法（PSO）和随机选择服务器的深度强化学习算法（Random）进行对比。上述算法采用不同的服务组合场景，场景中有 10、20、30 和 40 个状态节点，每个节点有 50 个候选服务。学习策略一直采用 ε-greedy 策略，初始探索率设定为 0.9。得到的结果如图 6-10 所示。

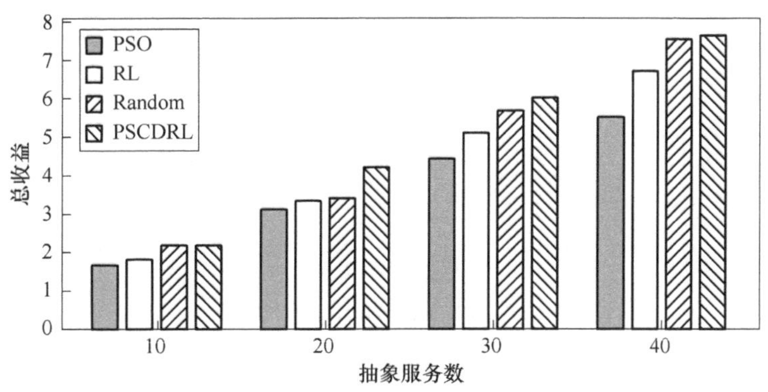

图 6-10　不同规模服务场景中的不同算法总收益对比

根据实验图，可以看出主动服务组合的总收益最大，基于粒子群算法的服务组合总收益最小，其次分别是基于强化学习的服务组合和随机选择服务器的深度强化学习算法的总收益。随着抽象服务数的增加，PSO 和 PSCDRL 总收益的差值越来越大。因为当抽象服务数不断增加时，总服务组合方案呈指数式增长，PSO 在服务多的场景下，效率不高。

第7章 基于回声状态网络的边缘服务质量快速预测

7.1 概　述

终端设备(如智能手机、智能可穿戴设备等)在日常使用过程中会产生大量流数据，如果将所有流数据传输至远程云执行分析，那么实现实时决策几乎变得不可能。为了补充云上的计算，利用靠近终端用户的边缘节点来减少网络延迟。云网融合环境下，通过核心网中UPF采用的上行分类器(ULCL)机制，可以过滤上行链路中满足特殊条件的数据包，并将数据包发送到本地边缘节点处理。云网融合通过将边缘资源与云资源整合实现资源的统一管理和协同使用，但是，边缘计算的低延迟特征对边缘服务(由边缘节点交付的服务，如微服务、Web服务等)质量预测提出了更高的要求，在预测过程中主要面临两方面的挑战：①用户移动感知的必要性；②对快速准确QoS预测的高需求。以下场景描绘了这两大挑战。

图7-1显示了城市道路及其周围边缘服务器分布的场景。一辆出租车在上午9:00—9:10以相对固定的速度从西南方向往东北方向行驶，此时出租车乘客Allen正在旅途中观看Twitch游戏直播视频，该视频质量需要持续被预测，以便在预测到视频质量变差时，Twitch服务提供商可以在保证视频清晰度的前提下压缩视频数据从而减少带宽消耗以避免出现卡顿现象。在这段旅途中，出租车移动快速，Allen在不同边缘服务器之间快速切换。因此，实现快速准确视频质量预测显得尤为重要。从上午9:00—9:10，Allen连续访问边缘服务器S_1、S_2、S_3、S_4和S_5，在此过程中，服务质量预测通常基于Allen之前生成的服务数据(从上午9:00开始)，但由于Allen的位置在不断变化，他所处的网络环境状态(如带宽、通信速率等)也在动态变化。因此，Allen之前生成的QoS数据并不都适用于后续的预测。此外，Allen在上午9:05—9:10使用WhatsApp进行了语音通话。同样，通话质量也需要持续被预测，以便当预测的通话质量下降时，WhatsApp服

务提供商可以压缩音频来保证通话质量。在旅途的后半程，Twitch 和 WhatsApp 的质量都需要被预测。

图 7-1　城市道路上服务调用场景

一方面，用户在边缘环境下具有活跃性和移动性等特征，而现有的服务质量预测方法中的移动感知方案只关注于用户在不同边缘区域间的移动，不适用于边缘环境下用户的实时动态移动。另一方面，实现快速 QoS 预测是提升用户服务体验的必要条件。因此，在边缘环境下实时感知用户移动，实现快速准确服务质量预测具有重要研究意义。

为了解决上述分析的问题，本章提出一种面向移动感知的服务质量预测方法，简称为 MEC-RDESN（MEC QoS Forecasting Based on Region Recognition and Dynamic Echo State Network）。该方法在用户移动过程中首先不断识别以用户为中心的边缘区域以获取有效历史时间序列数据，然后基于改进的回声状态网络实现快速准确 QoS 预测。

本章提出的面向移动感知的服务质量预测方法 MEC-RDESN 同样分为 4 个步骤，分别为数据收集和处理、模型预训练、以用户为中心的边缘区域感知和 QoS 快速预测，方法流程如图 7-2 所示。

（1）数据收集和处理。首先，从服务提供商、网络基础设施提供商和移动设备处收集时间序列 QoS 数据、边缘节点信息和用户移动信息，形成时-空-移动感知边缘 QoS 数据集。边缘节点信息包括边缘服务器的地理分布和信号覆盖范围，由于边缘服务器通常部署在移动用户访问的基站中，因此将边缘服务器和基站视为一一对应关系。此外，用户的移动设备记录了用户的移动距离和平均速度。以图 7-1 中 Allen 的场景为例，首先

Allen 的 iPhone 记录了他的移动信息，然后从基础设施提供商处获取 Allen 沿途访问的边缘服务器信息，最后基于服务提供商收集的时间序列 QoS 数据得到时-空-移动感知边缘 QoS 数据集(Allen 沿途观看 Twitch 游戏直播视频的时间序列 QoS 数据)。

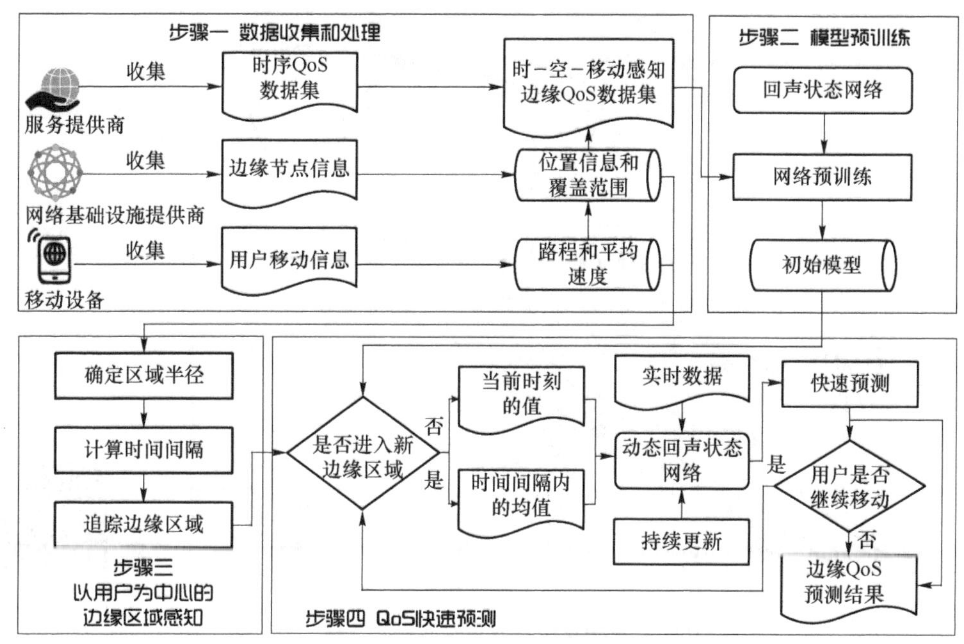

图 7-2　MEC-RDESN 总体框架图

(2) 模型预训练。用户出发后生成的即时数据用于激活模型，此处基于 ESN 为用户训练初始模型并为后续预测提供最优超参数。在 Allen 的场景中，Allen 出发后单击 Twitch 的几秒内生成的 QoS 数据用于模型预训练。当得到最优超参数时，预训练结束。

(3) 以用户为中心的边缘区域感知。用户的整条移动路径被多个边缘服务器的信号所覆盖。当模型预训练结束时，以用户当前位置为中心，500 m 为半径绘制圆形边缘区域，此时该边缘区域至少包含一个边缘服务器(存储用户历史 QoS 数据和用户接下来可能访问)。接着，当用户实际移动距离与当前边缘区域中心达到 500 m 时，用户便切换至新的边缘区域中。图 7-3 显示了 Allen 场景中所有以用户为中心的边缘区域。

(4) QoS 快速预测。用户首先使用步骤(2)中预训练的模型作为初始 QoS 预测模型，然后通过实时追踪以用户为中心的边缘区域决定 ESN 的输入，即：用户是否切换到新的边缘区域。如果未切换到新的边缘区域，则使用当前时刻的 QoS 值作为输入，否则输入前一个 500 m 内的平均 QoS 值。接着通过一个动态 ESN 模型进行 QoS 预测，该模型存储了用户之前调用的服务的信息(存储分配给已调用服务的神经元之间的连接权值)。然后一旦产生新服务的 QoS 数据，模型便在每个 500 m 距离处基于用户实时生成的 QoS 数据为新服务分配神经元间的连接权值，从而保证预测结果的准确性。当用户停止移动时，网络训练和预测便终止。在 Allen 的例子中，iPhone 基于服务提供商提供的

Twitch 游戏直播视频即时 QoS 数据进行预测，或基于服务提供商以数据日志形式提供的最近 500 m 内的平均 QoS 数据进行预测。同时，每个 500 m 处基于新数据通过模型训练对参数进行周期性更新。

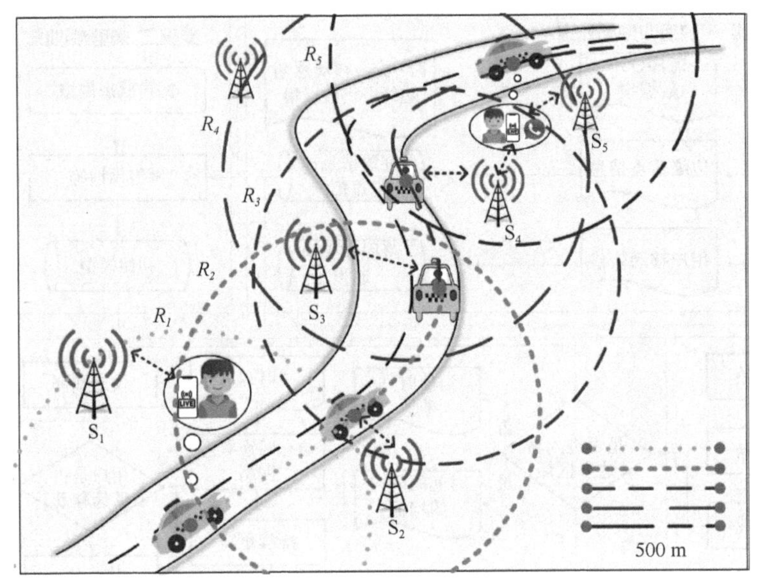

图 7-3 彩图

图 7-3　Allen 场景中以用户为中心的边缘区域

7.2　数据收集和处理

首先，用户的移动设备记录了他的移动信息，将移动信息记为 $\mathrm{UM}_{\mathrm{info}}=\{(D_{t_1},D_{t_2},\cdots,D_{t_k}),\bar{V}_u\}$，其中 D_{t_k} 是用户在时刻 t_k 时的实时移动距离（例如，上午 9∶01 时移动了 0.5 km），$\bar{V}_u$ 是用户在最近的 500 m 内的平均速度。然后，从网络基础设施提供商处收集边缘服务器信息，记为$\mathrm{EN}_{\mathrm{info}}=\{(L_{t_1},L_{t_2},\cdots,L_{t_k}),S\}$，其中 L_{t_k} 是用户实时访问的边缘服务器的位置（即：经度和纬度），S 为基站信号覆盖半径（即：300～500 m）。接着，从服务提供商处收集用户的时间序列 QoS 数据，记作 $\mathrm{QoS}=\{Q_{t_1},Q_{t_2},\cdots,Q_{t_k}\}$，其中 Q_{t_k} 为用户在时刻 t_k 生成的 QoS 数据。最后，将移动信息、边缘服务器信息和 QoS 数据三个数据集聚合形成时-空-移动感知边缘 QoS 数据集，表示为 $[\mathrm{UM\_EN\_QoS}]_{\mathrm{info}}=\{(D_{t_k},\bar{V}_u),(L_{t_k},S),Q_{t_k}\}$。数据集形成过程如图 7-4 所示，其中$\mathrm{UM}_{\mathrm{info}}$，$\mathrm{EN}_{\mathrm{info}}$和 QoS 均为一维数据，最终形成三维空间数据集。

以出租车乘客 Allen 的场景来解释数据集形成过程。在 Allen 的旅途中，他的 iPhone 记录了实时移动距离，例如：在上午 9 点 10 分时行驶了 10 km，记为（10 km，9∶10 am）。同样，他的 iPhone 记录了出租车在最近的 500 m 内的平均速度，如 50 km/h。边缘服务器 S_1、S_2、S_3、S_4 和 S_5 分别存储了 Twitch 游戏直播视频的质量数据，如帧率和比特率等。服务提供商和网络基础设施提供商分别记录了 QoS 数据和沿途访问的边缘服务器信息，并与 Allen 的 iPhone 共享。将以上三组数据聚合得到时-空-移动感知边缘 QoS 数据集，如：$[\text{UM\_EN\_QoS}]_{\text{info}}=\{(10\ \text{km},9:10\ \text{am},50\ \text{km/h}),((118.797\,8,31.922\,6),500\ \text{m}),(25\ \text{f/s},1\,800\ \text{kbit/s})\}$。在完成数据聚合后，采用地图软件[①]绘制用户的移动路径并定位沿途访问的边缘服务器位置。

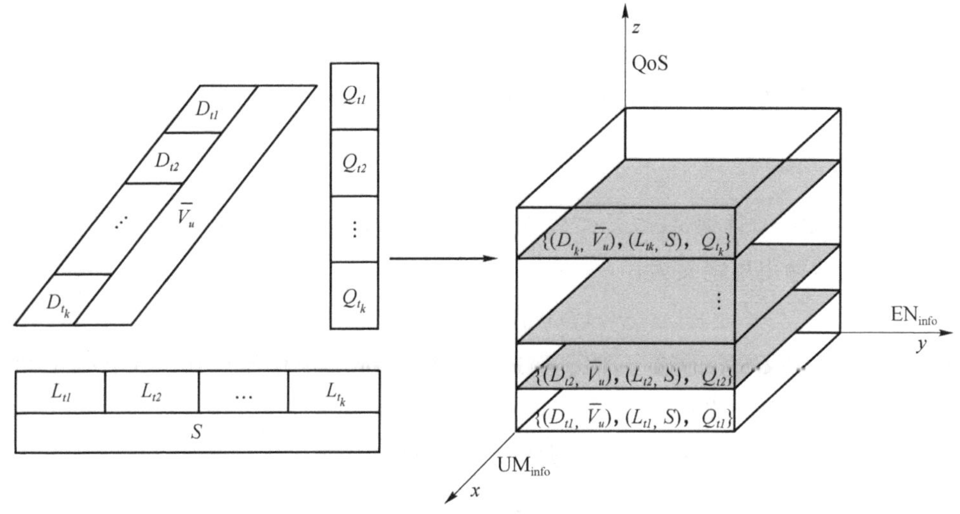

图 7-4　时-空-移动感知边缘 QoS 数据集形成过程

7.3　预测模型预训练

将用户出发阶段产生的 QoS 数据作为初始数据，基于初始数据得到预训练的 ESN 模型。由于 ESN 的结构特点，其主要训练过程集中在储备池和输出单元之间，且储备池中神经元间的连接权值是随机生成的，无须训练。因此，ESN 模型的训练过程简单高效。对于 Allen 来说，他在出发后一旦产生数据，ESN 便可以快速完成预训练。模型预训练的目的是为 Allen 提供一个用于预测 Twitch 游戏直播视频 QoS 数据的初始模型。

当回声状态网络被用于时间序列预测时，其输入和输出均为时间序列数据。此时，ESN 可以看作一个非线性滤波器，实现输入至输出的转换。ESN 的更新过程如下：

$$\tilde{x}(t)=f(\mathbf{W}_{\text{in}}[1;u(t)]+\mathbf{W}x(t-1)) \tag{7-1}$$

$$x(t)=(1-\alpha)x(t-1)+\alpha\tilde{x}(t) \tag{7-2}$$

① https://www.ldmap.net/

其中，$f(\cdot)$为储备池神经元的激活函数，常见的激活函数有：sigmoid，tanh 和 relu。$u(t)\in\mathbb{R}^{N_u}$是输入，$x(t)\in\mathbb{R}^{N_x}$是储备池的状态，$\tilde{x}(t)\in\mathbb{R}^{N_x}$是储备池的更新状态，$\alpha\in(0,1]$为泄露率。在时刻 t 时，$f(\cdot)$按元素顺序应用，$[\cdot;\cdot]$表示垂直向量（或矩阵）连接。$\boldsymbol{W}_{\text{in}}\in\mathbb{R}^{N_x\times(1+N_u)}$和$\boldsymbol{W}\in\mathbb{R}^{N_x\times N_x}$分别为输入权值矩阵和循环权值矩阵，它们均无须训练，并在初始生成后保持不变。接着，基于一种改进的 ESN 进行训练和预测，该改进的模型可以存储用户已调用的服务信息，而无须在后续的每轮训练和预测中重新生成所有神经元之间的权值连接。换句话说，MEC-RDESN 存储了 s_{old}（即：旧的服务）的 $\boldsymbol{W}_{\text{in}}$和储备池中的权值矩阵 $\boldsymbol{W}$，只需要为 s_{new}（即：新的服务）分配 $\boldsymbol{W}_{\text{in}}$。

一般地，为保证 ESN 具有回声状态特性，需要生成一个满足必要条件的储备池，即储备池中的连接权值矩阵 $\boldsymbol{W}$ 的谱半径 $\rho(W)<1$，W 的计算过程如下：

$$\boldsymbol{W}=\alpha_w\frac{\boldsymbol{W}^r}{|\lambda_{\max}|}\tag{7-3}$$

其中，α_w 是缩放因子，且满足$0<\alpha_w<1$。$\boldsymbol{W}^r$ 是随机生成的稀疏矩阵，$\lambda_{\max}$是矩阵 $\boldsymbol{W}^r$ 的最大特征值。线性输出层定义为：

$$y(t)=\boldsymbol{W}_{\text{out}}[1;u(t);x(t)]\tag{7-4}$$

其中，$y(t)\in\mathbb{R}^{N_y}$是 ESN 的输出，$\boldsymbol{W}_{\text{out}}\in\mathbb{R}^{N_y\times(1+N_u+N_x)}$是输出权值矩阵，$[\cdot;\cdot;\cdot]$再次表示垂直向量（或矩阵）连接。

岭回归法是用于权值学习过程的方法之一，计算公式为：

$$\boldsymbol{W}_{\text{out}}=Y_{\text{target}}\boldsymbol{X}^{\text{T}}\,(\boldsymbol{X}\boldsymbol{X}^{\text{T}}+\lambda_r\boldsymbol{I})^{-1}\tag{7-5}$$

其中，$X=[x_{(1)}\cdots x_{(t)}]$是储备池状态，$Y_{\text{target}}=[y_{(1)}\cdots y_{(t)}]$是目标值，$\lambda_r$ 是岭参数，且 $\lambda_r>0$，$\boldsymbol{I}$ 是单位矩阵。

对于给定的输入信号 $u(t)\in\mathbb{R}^{N_u}$，期望的目标输出信号 $y_{\text{target}}(t)\in\mathbb{R}^{N_y}$是已知的。目标是学习一个输出为 $y(t)\in\mathbb{R}^{N_y}$的模型，使得 y_{target}和 $y(t)$的误差 E 尽可能小，且能运用于更多的数据，使用均方根误差（RMSE）来衡量 E：

$$E(y,y_{\text{target}})=\frac{1}{N_y}\sum_{i=1}^{N_y}\sqrt{\frac{1}{T}\sum_{t=1}^{T}\,(y_i(t)-y_{i\,\text{target}}(t))^2}\tag{7-6}$$

它也是输出 N_y 的 i 维的平均数，其中 i 是 N_y 的总维数，T 为训练数据集中离散时间点的总数。

7.4 以用户为中心的边缘区域感知

在现实场景中，边缘服务器的信号强度可覆盖一定的圆形区域，区域内的移动用户可以访问边缘服务器。相应地，如果用户所在的整个区域被边缘服务器的信号所覆盖，那么对于用户来说，他可以访问的所有边缘服务器也均在一个圆形区域内。首先将此区域命名为以用户为中心的边缘区域，然后将城市基站的最大信号覆盖半径(500 m)记为SC，接着以 SC 为半径 R 绘制以用户为中心的边缘区域($R_{u\in ER}$=SC，ER 为“边缘区域”简称)，最后计算当用户移动距离达到 R 时所花费的时间 T_u($T_u=R/\bar{V}_u$)，其中 $\bar{V}_u$ 是用户在 R 上的平均速度。每当用户的移动距离达到 $D'=D+R$ 时，便创建下一个以用户为中心的新的边缘区域。

记直线行驶(Straight Line)为 SL，弯线行驶(Detour Line)为 DL，那么两个时间间隔的移动路径有四种情况，分别为：SL+SL，SL+DL，DL+SL 和 DL+DL。图 7-5 抽象了真实场景中用户在 T_u-1 和 T_u 两个相邻时间间隔内的移动路径，它涵盖了所有可能性，图右侧解释了各图例的含义。其中区域半径(直线距离)为 R，因此当行驶路程为 R 且为弯线时，均不会驶出当前所在边缘区域，从图中可以清晰看出，所有移动路径均在绘制的边缘区域内(用户在 T_u-1 和 T_u 的时间间隔内在该边缘区域内移动)。因此，用于预测的历史数据均在相同的边缘区域环境中生成。边缘区域感知模式为 QoS 预测提供了有效的时间序列历史数据，同时边缘区域实时追踪用户的移动，进一步保证了历史数据的新鲜度。

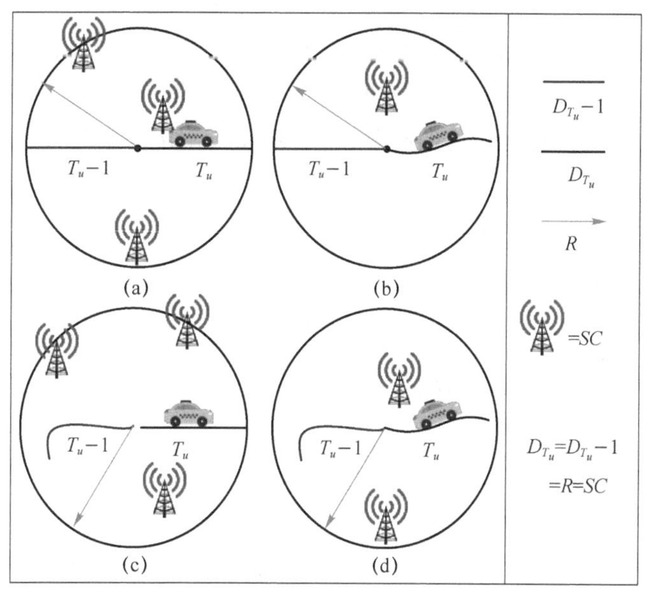

图 7-5　用户移动路径的 4 种类型

图 7-5 彩图

7.5　服务质量快速预测

对于边缘服务，可以通过动态 ESN 实现 QoS 快速预测。基于以用户为中心的边缘区域感知方案，首先判断用户是否进入了新的边缘区域，若未进入，则将当前的 QoS 值作为模型输入进行预测，否则将最近一个时间间隔 T_u 内的 QoS 平均值作为输入，预测过程如式(7-1)～式(7-4)所示。在用户的移动过程中，当以用户为中心的边缘区域发生变化时，便基于最近一个时间间隔 T_u（前一边缘区域最近 500 m 移动距离内产生的 QoS 数据）内的历史数据更新动态 ESN 以保证预测精度。其中动态 ESN 存储已调用服务的信息，即：模型存储已调用服务的 $\boldsymbol{W}_{in}$ 和储备池中的权值矩阵 $\boldsymbol{W}$，仅为新服务生成随机连接权值，从而有效节约了训练和预测成本。在 Allen 的例子中，模型存储了 Twitch 游戏直播视频的权值，当他使用新的应用程序服务（如 WhatsApp 等）时，该模型将为新的应用程序服务分配权值。

基于算法 7-1 和式(7-5)～式(7-6)，在预测过程中，每当用户进入一个新的边缘区域时，动态 ESN 便基于最近一个时间间隔内产生的历史 QoS 数据进行更新以输出 QoS 预测结果。当用户停止移动或不再产生新的 QoS 数据（如 Allen 到达目的地或停止观看视频）时，训练和预测便终止。

算法 7-1 移动感知边缘 QoS 预测方法

input：移动用户 u 在时刻 t_k 的移动距离为 D_{t_k}，u 的平均速度是 $\bar{V}_u$。SC 为基站最大信号覆盖半径，$\{Q_{t_1},Q_{t_2},\cdots,Q_{t_k}\}$ 为 u 沿途访问边缘服务器产生的实时数据。A 是以用户为中心的边缘区域，s 是 u 调用的服务，s_{old} 表示 u 已调用的服务，s_{new} 表示 u 调用的新服务。

output：用户 u 的边缘 QoS 预测结果 A。

1. 记录 D_{t_k} 和 u 的 $\bar{V}_u$；
2. 收集 Q_{t_k}；
3. 基于 $\{Q_{t_1},Q_{t_2},\cdots\}$ 预训练网络；
4. 以 u 的位置为中心，SC 值为半径 R 绘制边缘区域；
5. 计算时间间隔 $T_u=R/\bar{V}_u$；
6. for D_{t_k} ++ do
7.   if $D_{t_k}<D_{T_{u-n}}+R(n=1,2,\cdots)$，即：用户 u 的位置 $\in$ 边缘区域 A_n then
8.   将当前时刻值 Q_{t_k} 作为网络输入执行预测得到预测结果 q'；
9. $q'\rightarrow A$；//把预测结果 q' 放入集合 A 中；
10.   else
11. T_{u-n} ++，A_n ++；
12.   if $s\cap s_{old}\neq\phi$ then
13.   为 s_{new} 分配新的连接权值并使用当前所有连接权值；
14.   else

　　　使用存储的连接权值；
　　end if
　　基于最新时间间隔内的值 Q_{T_u-n} 不断训练网络；
　　将最新时间间隔内 Q_{T_u-n} 的均值作为网络输入执行预测得到预测结果 q'；
　　$q' \rightarrow A$；//把预测结果 q' 放入集合 A 中；
　end if
　return A
end for

7.6　实验及结果分析

7.6.1　数据集描述

本节实验包含两个数据集，一个 GPS 轨迹数据集和一个时间序列 QoS 数据集。其中 GPS 轨迹数据集①由 Geolife 项目提供，包含 17 621 条轨迹，总距离为 1 292 951 km，总持续时间为 50 176 h。数据集采用时间戳点序列的形式，其信息如表 7-1 所示，每条轨迹中记录了用户的实时位置，包括经度、纬度和海拔高度等信息。基于经度和纬度信息便可描述用户移动路径。第二个数据集为时间片 QoS 数据集②，该数据集描述了 142 个用户（ID：0-141）在连续 64 个时间片内（每两个时间片之间间隔 15 分钟）访问 4 500 个服务的真实 QoS 评估结果，QoS 属性主要包括 RT 和 TP。此外，使用基站分布服务③来获取基站的地理位置。

表 7-1　GPS 轨迹数据集信息

开始时间	结束时间	交通方式
2008/04/02 11:24:21	2008/04/02 11:50:45	公交车
2008/04/03 01:07:03	2008/04/03 11:31:55	火车
2008/04/03 11:32:24	2008/04/03 11:46:14	步行
2008/04/03 11:47:14	2008/04/03 11:55:07	汽车

① https://www.microsoft.com/en-us/download/details.aspx?id=52367

② https://wsdream.github.io/dataset/wsdream_dataset2.html

③ https://www.opengps.cn/Data/Cell/Region.aspx

在轨迹数据集中，有 73 个用户标记了移动轨迹的交通方式，从中选择 4 条不同模式的轨迹（自行车、出租车、地铁和火车）。然后，基于基站分布数据对 4 条路径周围的基站进行定位，并将其标记为 ID 0-141。接着，使用 ID 与 QoS 数据集中的数据一一对应从而得到每条路径的时-空-移动感知边缘 QoS 数据集。最后，设置以用户为中心的边缘区域的半径为 R（R=500 m）。图 7-6 为 4 条路径及其周围边缘服务器的分布，轨迹和基站信息如表 7-2 所示。

图 7-6 彩图

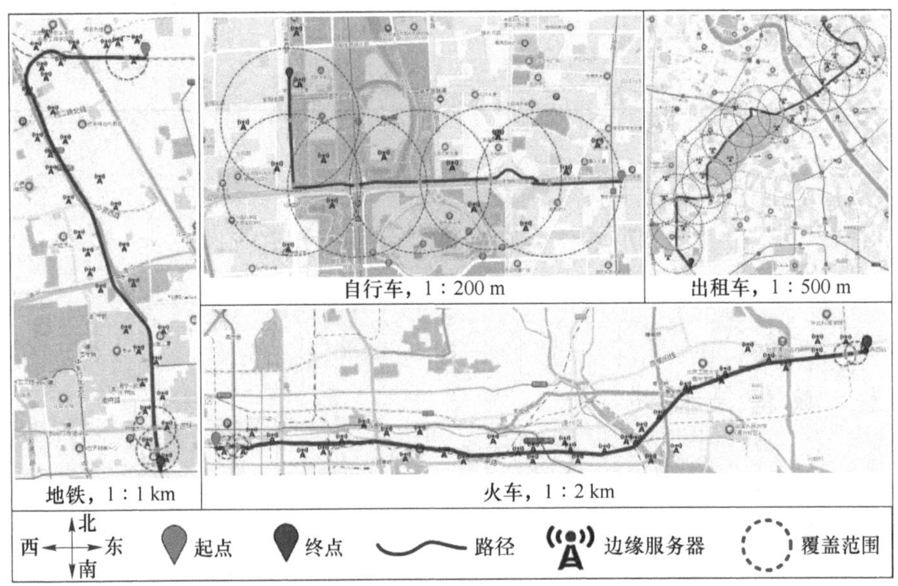

图 7-6　不同交通方式的路径和边缘服务器分布

表 7-2　轨迹和基站信息

轨迹	时间	长度/km	基站数量
自行车	2008/7/22	3.55	17
出租车	2008/6/28	8.59	26
地铁	2008/5/14	14.37	43
火车	2008/8/7	35.63	56

下面，根据用户的平均速度确定每个用户的时间间隔 T_u（如：若 $T_{u_1}=R/\bar{V}_{u_1}=T$，则当 $\bar{V}_{u_2}=2\bar{V}_{u_1}$，$T_{u_2}=R/\bar{V}_{u_2}=T/2$）。在第一部分实验中，设置 4 种交通方式的平均速度如下：$\bar{V}_{自行车}=20$ km/h，$\bar{V}_{出租车}=50$ km/h，$\bar{V}_{地铁}=100$ km/h 和 $\bar{V}_{火车}=200$ km/h。因此，相应的时间间隔为：$T_{自行车}=R/20$，$T_{出租车}=R/50$，$T_{地铁}=R/100$ 和 $T_{火车}=R/200$。由于 $T_{火车}$ 是最小的时间间隔，便将它与 QoS 数据集中的一个时间片进行对应，从而得到 4 条路径

中每个时间间隔所包含的时间片个数，对应过程如图 7-7 所示。

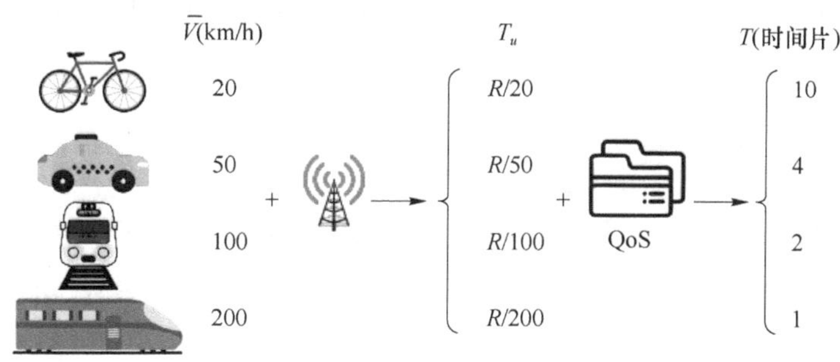

图 7-7　4 条路径的时间间隔和时间片的对应关系

7.6.2　实验步骤

希望通过实验证明提出的移动感知边缘 QoS 预测方法能够实现准确快速预测，具体步骤如下。

(1) 首先激活 ESN 生成初始 W_{out}。理论上，前两个时间片的数据便可以激活模型(得到 W_{out} 值)。在实验中计算不同时间片下的预测误差值(3T-6T，其中最后一个时间片为预测结果)。

(2) 通过预训练调整 ESN 的超参数，并尝试为后续用户移动感知模型训练找到最佳值。

(3) 将 MEC-RDESN 与几种主流时间序列方法相比较，包括 1 种基线方法、1 种时间序列模型、2 种经典的神经网络、1 种普通 ESN 模型和 1 种基于边缘区域感知的普通 ESN 模型。6 种对比方法如下。

① Average：一种简单的时间序列预测模型，使用时间序列的平均值作为下一时段的预测值，无须训练。

② SARIMA：SARIMA 是 ARIMA 模型的扩展，用于对周期时间序列数据建模并预测未来值。

③ RNN：一种以序列数据为输入，所有节点按链式连接的递归神经网络。

④ LSTM：一种能够在时间序列数据结构中学习长期依赖的 RNN，它包含 3 个控制门和 1 个单元结构，使得网络具有记忆能力。

⑤ ESN：一种基于原始 ESN 的预测模型。

⑥ RESN：一种基于区域感知和 ESN 的预测模型，该模型在用户移动过程中不存储

已调用服务的神经元间的权值连接。

(4) 计算在不同信号覆盖值和不同平均速度下,边缘 QoS 预测的提前时间。

7.6.3 结果分析

为了验证 MEC-RDESN 方法的可行性和有效性,本节设计了一系列实验,并对实验结果进行了分析,包括模型激活的数据量、模型预训练的最优超参数、MEC-RDESN 的性能以及边缘预测的提前时间。

1. 模型激活的数据量

理论上,两个时间片的数据可以激活模型以得到 $\boldsymbol{W}_{out}$ 值从而进行预测。表 7-3 显示了 RT 和 TP 数据集在不同时间片下的预测误差,分别采用误差最小情况下的时间片激活模型。

表 7-3 不同时间片下的误差值

数据集	路径/时间片	3	4	5	6
RT	自行车	0.802 5	0.715 3	1.049 9	1.029 6
	出租车	1.053 4	0.972 3	0.85	1.160 5
	地铁	2.460 1	1.535 3	1.576 8	1.682 6
	火车	0.611 4	1.320 5	2.061 4	0.790 8
TP	自行车	35.813 3	25.766 5	17.244 3	49.552 5
	出租车	30.418 6	24.130 8	1.734 4	12.635 1
	地铁	5.048 2	6.508	36.232 3	44.575 6
	火车	20.692 7	58.027 5	14.661 9	1.635

2. 模型预训练的最优超参数

(1) 泄露率

公式(7-2)中储备池的泄露率 α 可以看作储层动态更新的速度。对于随时间变化的数据,α 是重要的参数之一,它决定了 ESN 中短期记忆的持续时间。图 7-8 和图 7-9 为 4 条路径在 RT 和 TP 数据集上不同泄露率下的预测误差值。可以看出,随着泄露率值的增加,所有的预测误差整体均呈 U 型曲线特征,分别取误差最小时各条路径对应的泄露率值。

(2) 储备池规模

公式(7-2)中另一个重要参数是储备池规模 N_x,它是指储备池包含的神经元个数,储备池规模的选择与训练样本数量有关,一般最大不超过训练样本数的一半。一般地,N 取值越大,网络的描述能力越强,但过大容易发生过拟合。图 7-10 和图 7-11 分别显示了 4 条路径在 RT 和 TP 数据集上预测误差随储备池规模增加的变化情况，分别取误差最小时对应的储备池规模大小。

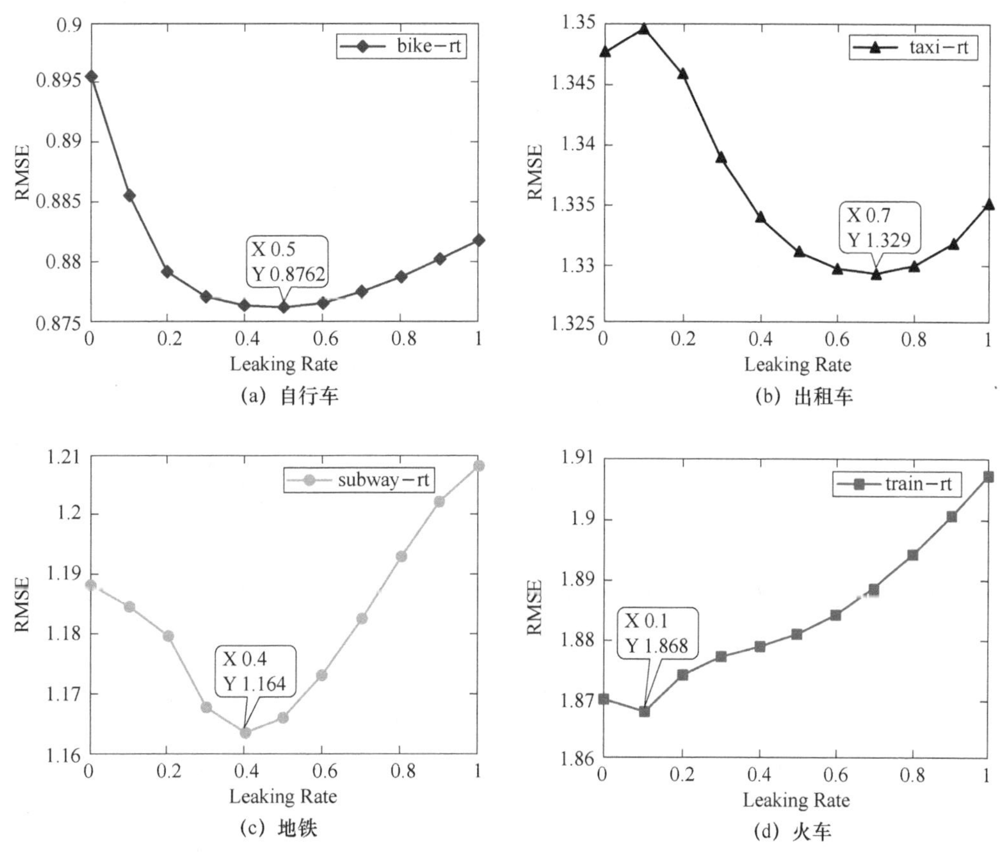

(a) 自行车　(b) 出租车　(c) 地铁　(d) 火车

图 7-8　4 条路径在 RT 数据集上随泄露率增加的预测误差

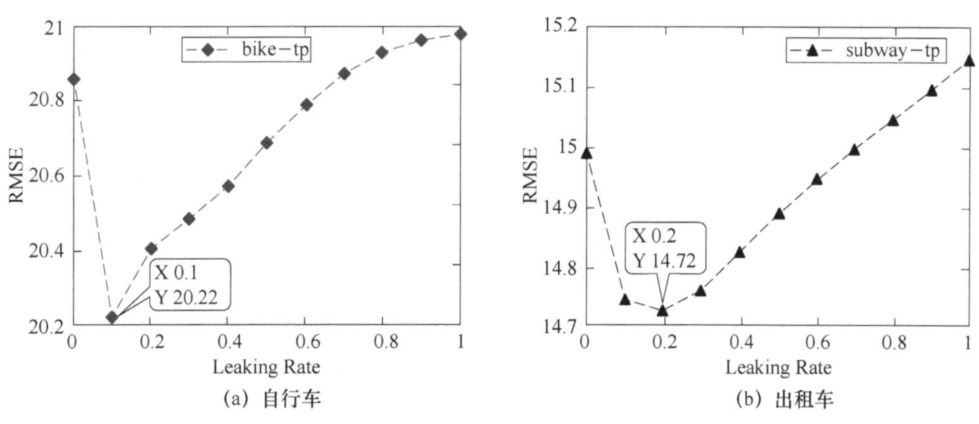

(a) 自行车　(b) 出租车

图 7-9　4 条路径在 TP 数据集上随泄露率增加的预测误差

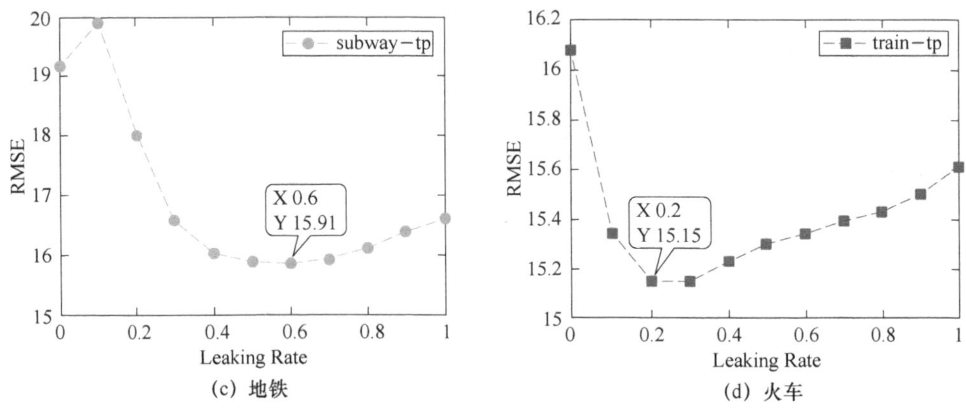

(c) 地铁 (d) 火车

图 7-9 4 条路径在 TP 数据集上随泄露率增加的预测误差(续)

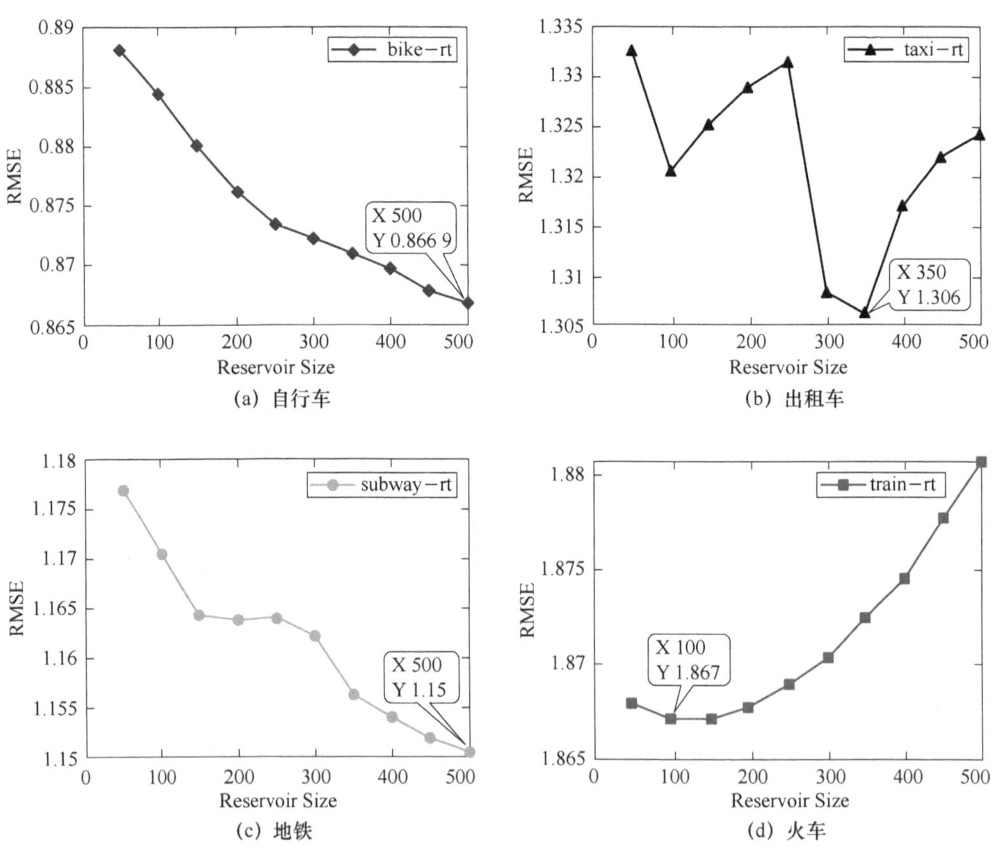

(a) 自行车 (b) 出租车

(c) 地铁 (d) 火车

图 7-10 4 条路径在 RT 数据集上随储备池规模增加的预测误差

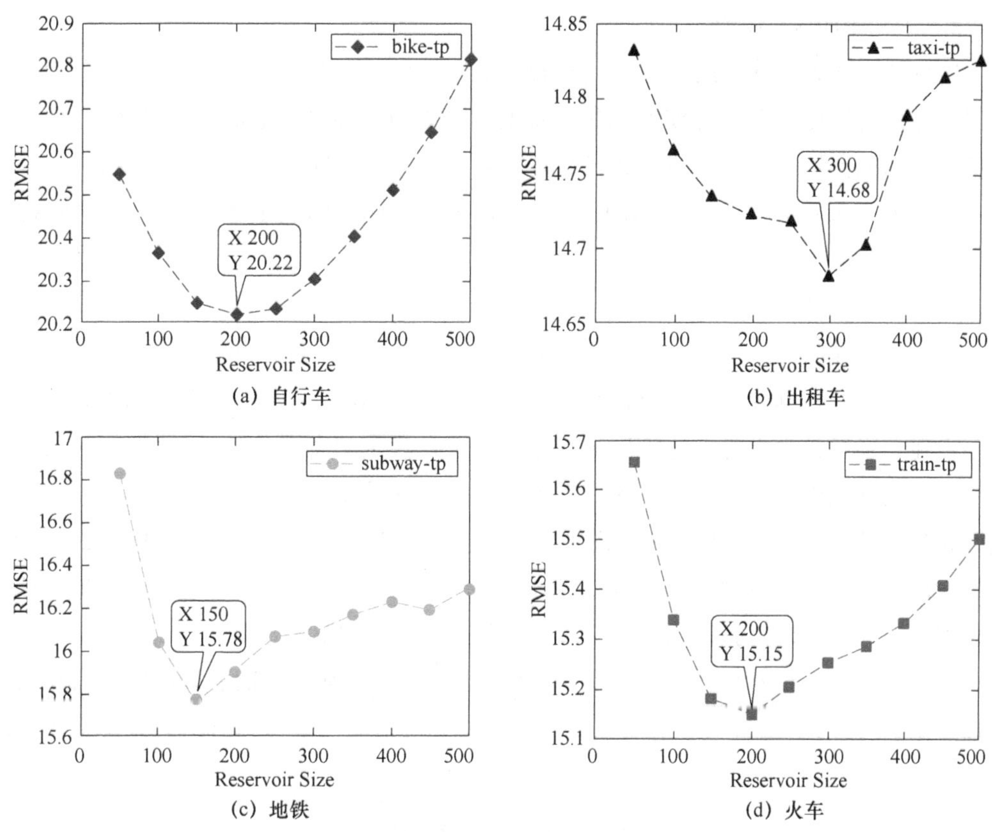

图 7-11　4 条路径在 TP 数据集上随储备池规模增加的预测误差

(3) 激活函数

表 7-4 为不同激活函数下，4 条路径在 RT 和 TP 数据集上的预测误差值。从表中可以看出，大多数情况下 tanh 函数取得了最佳的预测效果。在 RT 数据集上，自行车路径和火车路径的预测结果差异较小。在 TP 数据集中，tanh 函数具有明显的优势。因此，选取 tanh 作为统一的模型激活函数。此外，在 RT 和 TP 数据集上模型预训练的平均时间分别为 1.59 s 和 1.46 s，这表明用户在出发后只需不到 2 s 的时间就可以得到预训练好的模型。

表 7-4　不同激活函数下的误差值

数据集	函数/路径	自行车	出租车	地铁	火车
RT	sigmoid	0.873 8	1.309 3	1.177 7	1.867
	tanh	0.866 9	1.306 3	1.150 5	1.867 1
	relu	0.862 8	1.309 8	1.156 5	1.993 1
TP	sigmoid	20.298 3	14.8	17.677 2	15.156 5
	tanh	20.222 5	14.680 5	15.780 6	15.149
	relu	30.739 6	16.345 5	17.619	20.605 1

3. MEC-RDESN 性能

用户基于预先训练好的模型进行预测，每当进入新的边缘区域时，便基于最近一段时间间隔内的历史数据进行模型训练以提高实时性能。此外，随着用户的移动，训练频率呈现出周期性特征。基于每条路径的时间间隔包含的时间片数进行周期性训练，并预测下一个时间间隔的 QoS 值。在用户移动过程中，从训练时间、预测时间和预测精度 3 个方面来衡量性能。

(1) 训练时间

图 7-12 为在移动过程中，4 条路径在 RT 数据集上在每个边缘区域的训练时间，图 7-13 为在 TP 数据集上在每个边缘区域的训练时间，其中 Average 方法无须训练。由于用户在移动过程中在每个边缘区域调用的服务数量是动态变化的，因此训练时间随着服务数量的变化而变化。从 RT 和 TP 两个数据集的结果可以看出，6 种方法的训练时间存在显著差异。RNN 和 LSTM 的训练时间波动较大，尤其是 LSTM。相比之下，ESN 系列方法的训练时间非常短，最长的训练时间在 1 s 左右。同时，MEC-RDESN 的训练时间是 ESN 系列中最短的，因为它进一步节省了生成连接权值的时间。

表 7-5 显示了 6 种方法在 RT 和 TP 数据集上在每条路径上的总训练时间。从表中可以看出，MEC-RDESN 方法在每条路径上的总训练时间均最低，因此，大大降低了训练成本。

表 7-5　4 条路径的总训练时间

(a) RT 数据集

RT/s	自行车	出租车	地铁	火车
SARIMA	33.155	60.986	121.047	205.344
RNN	7.094	8.187	38.618	70.448
LSTM	30.443	39.172	393.608	645.1
ESN	1.287	1.669	14.971	16.478
RESN	1.285	1.768	14.508	14.646
MEC-RDESN	1.039	1.084	12.055	13.724

(b) TP 数据集

TP/s	自行车	出租车	地铁	火车
SARIMA	34.475	64.846	128.964	226.441
RNN	6.681	7.82	32.679	67.015
LSTM	26.558	46.048	321.82	548.967
ESN	0.787	1.328	9.242	17.529
RESN	0.755	1.535	8.518	14.379
MEC-RDESN	0.61	1.07	7.581	12.764

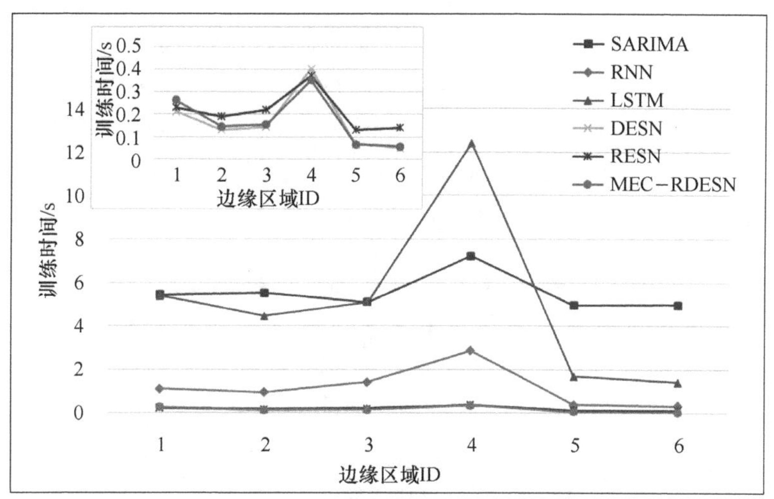

(a) 自行车

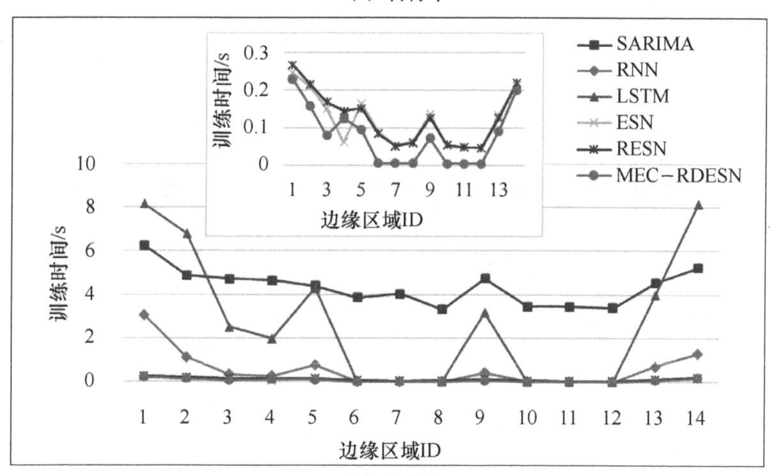

(b) 出租车

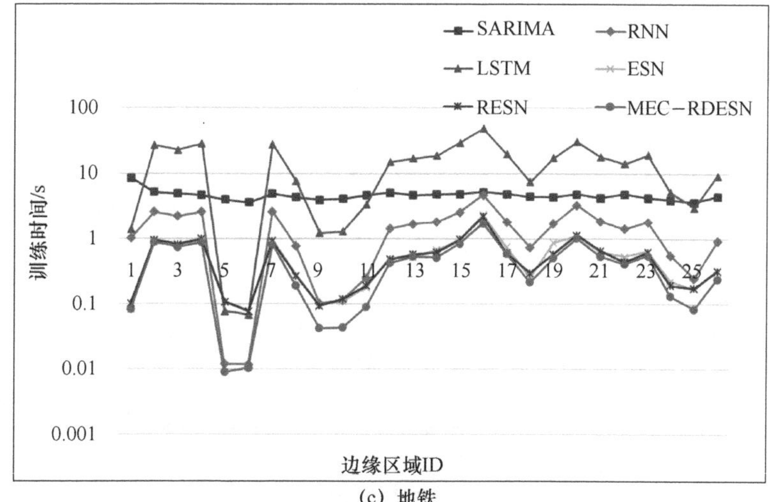

(c) 地铁

图 7-12　4 条路径在 RT 数据集上的训练时间

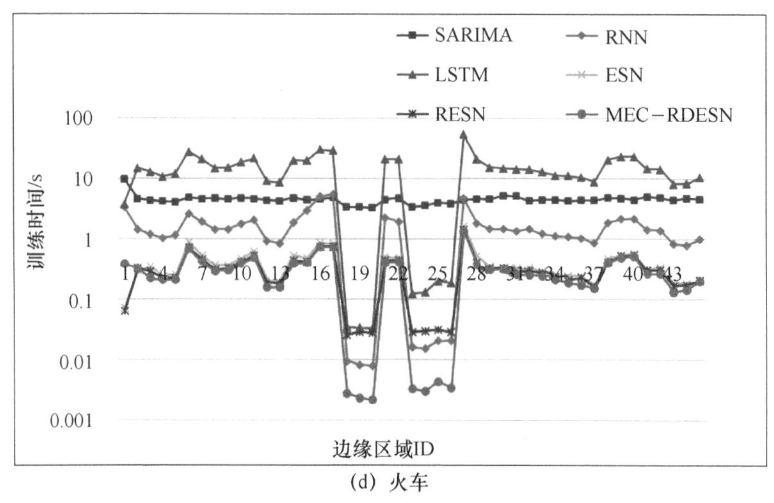

(d) 火车

图 7-12　4 条路径在 RT 数据集上的训练时间(续)

图 7-12 彩图

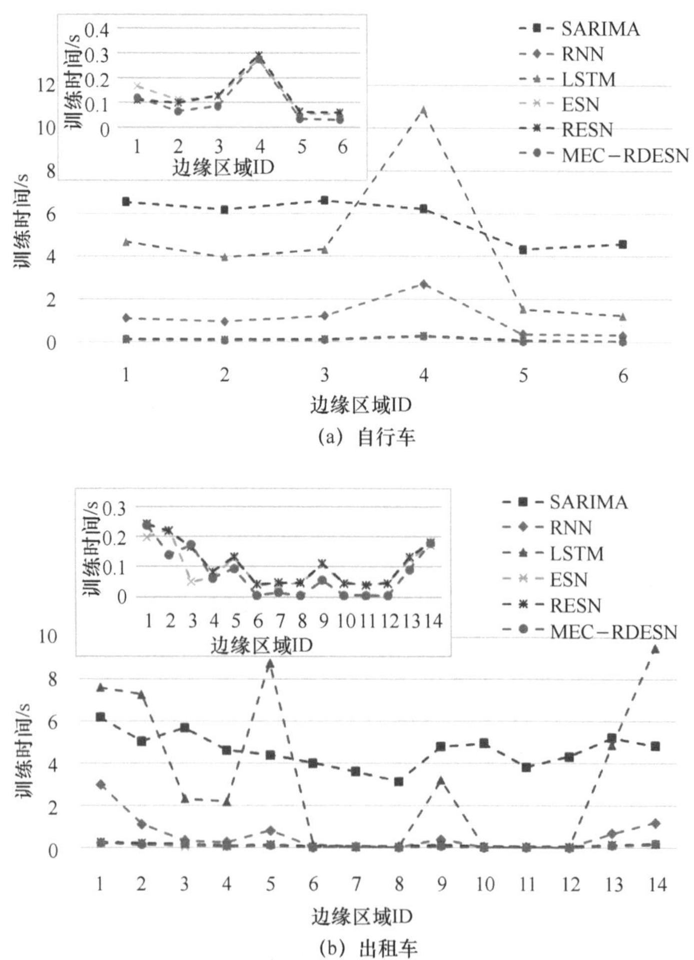

(a) 自行车

(b) 出租车

图 7-13　4 条路径在 TP 数据集上的训练时间

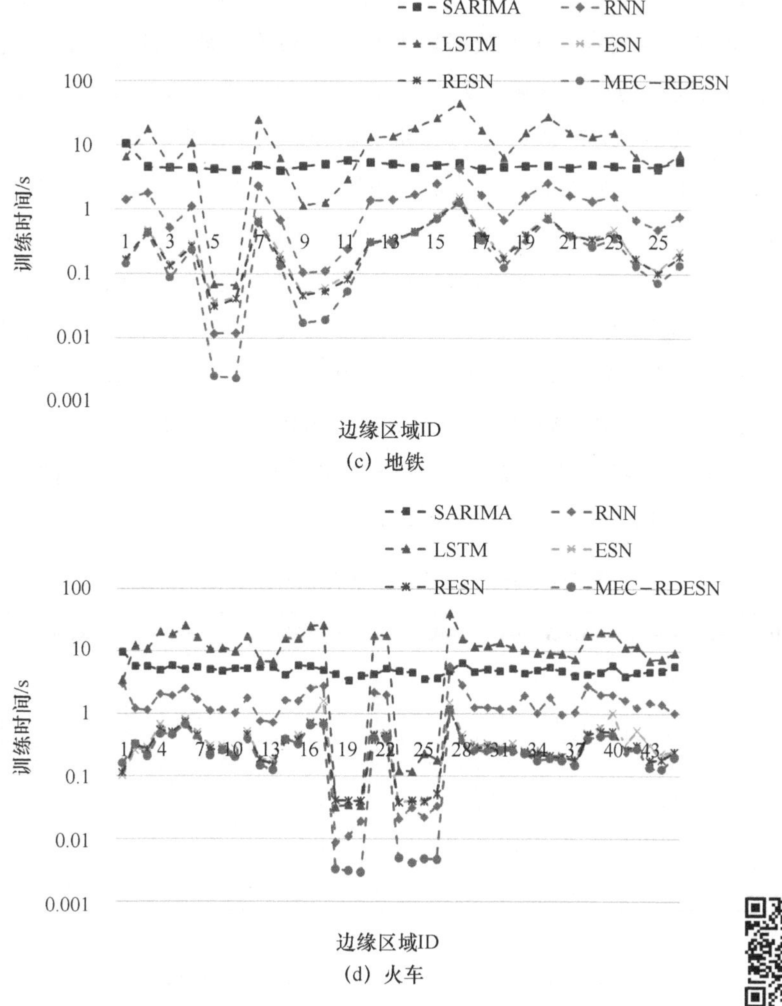

图 7-13　4 条路径在 TP 数据集上的训练时间(续)　　图 7-13 彩图

（2）预测时间

与训练时间相比，预测时间非常短，表 7-6 显示了每种方法在 RT 和 TP 数据集上的平均预测时间。从表中可以看出，Average 方法的预测时间最短，因为它只需进行一些简单的计算。MEC-RDESN 的预测时间约为 0.005 s，完全满足快速预测的需求。

表 7-6　RT 和 TP 数据集上的平均预测时间

数据集	Average	SARIMA	RNN	LSTM	ESN	RESN	MEC-RDESN
RT/ms	0.15	229.94	2.51	4.58	5.89	5.64	5.63
TP/ms	0.15	233.67	2.67	4.93	4.04	4.26	4.43

(3) 预测精度

每当用户进入一个新的边缘区域便执行一次最新的预测。表 7-7 和表 7-8,图 7-14 和图 7-15 给出了 4 条路径在 RT 数据集上在每个边缘区域的预测误差值(注:由于地铁路径和火车路径途径的边缘区域总数较多,故以图的形式表示结果,下同),共记录了7 种方法的误差值。其中表 7-7 和表 7-8 中最准确的预测结果用粗体标出,图 7-14 和图 7-15 中各区域的最低点表示最精确的预测结果。同样,表 7-9 和表 7-10,图 7-16 和图 7-17 给出了在 TP 数据集上的预测误差,进一步分析可知,MEC-RDESN 在 80%的 RT 数据集和 78%的 TP 数据集上取得了最准确的预测结果。当相邻边缘区域的数据波动相对稳定时(如:图 7-16 的边缘区域 9 和 10,图 7-17 的边缘区域 15 和 16),Average 方法取得较低的预测误差。RNN 相关方法只在少数边缘区域中(如:表 7-8 中的边缘区域 3 和 10)表现良好,因为这些区域的训练数据收敛速度更快。通过对比 RESN 和 ESN 可知,基于边缘区域感知获取有效区域历史数据对于提高预测精度具有重要作用,此外,由于 MEC-RDESN 比 RESN 具有更稳定的权值连接,因此具有更好的预测性能。

表 7-7 自行车路径在 RT 数据集上的预测误差

边缘区域_ID	Average	SARIMA	RNN	LSTM	ESN	RESN	MEC-RDESN
a-1	0.875 3	1.235 1	0.953 7	1.145 1	0.866 9	0.869 9	0.866 9
a-2	0.934 3	1.265	1.016 2	1.306 6	0.971 9	0.930 5	0.927 6
a-3	0.820 9	0.906 3	0.848 3	1.192 7	0.785 3	0.776 8	0.775 8
a-4	0.679 6	0.918	0.720 6	1.178 8	0.693	0.662 4	0.661 7
a-5	0.899	1.134 4	0.992 1	1.423 8	0.930 1	0.898 9	0.894 9
a-6	0.886 4	1.258 3	1.075 7	1.589 7	0.997 8	0.881 8	0.875 4

表 7-8 出租车路径在 RT 数据集上的预测误差

边缘区域_ID	Average	SARIMA	RNN	LSTM	ESN	RESN	MEC-RDESN
b-1	1.444 5	2.367 3	1.364 5	1.512 3	1.356 1	1.357 2	1.356 1
b-2	1.336 1	1.625 5	1.390 3	1.706 7	1.386 4	1.304 2	1.303 9
b-3	2.729 8	2.807 9	2.402 7	2.492 5	2.794 8	2.757 6	2.767 1
b-4	2.525 7	2.707 2	2.088 7	2.587 7	2.111 7	2.068 1	2.067 1
b-5	1.568 3	1.611 1	1.324 2	2.029 2	1.591 9	1.250 8	1.250 4
b-6	1.901	2.753 1	1.827 3	2.258 6	1.856 7	1.824 7	1.802 5
b-7	2.188 8	3.549 7	2.192 2	2.665 4	2.211	2.191 8	2.142 8
b-8	1.986 9	1.949 5	1.807 9	2.810 2	1.87	1.687 1	1.678 1
b-9	1.149	1.374 1	1.271	1.621 9	1.663 8	1.148 2	1.145 8
b-10	1.087 1	1.447 6	0.955 7	1.230 1	1.330 6	1.135 1	1.139 8
b-11	1.665 3	1.705 2	1.688 5	2.353 7	1.892	1.834	1.819 2

续 表

边缘区域_ID	Average	SARIMA	RNN	LSTM	ESN	RESN	MEC-RDESN
b-12	1.504 8	3.204 6	1.416	1.718	1.409 4	1.421 6	1.403 2
b-13	1.502 1	1.819 1	1.498 3	2.031 7	1.614 6	1.598 5	1.469 8
b-14	1.587 5	1.621 3	1.498	1.612	1.4847	1.479 1	1.478 1

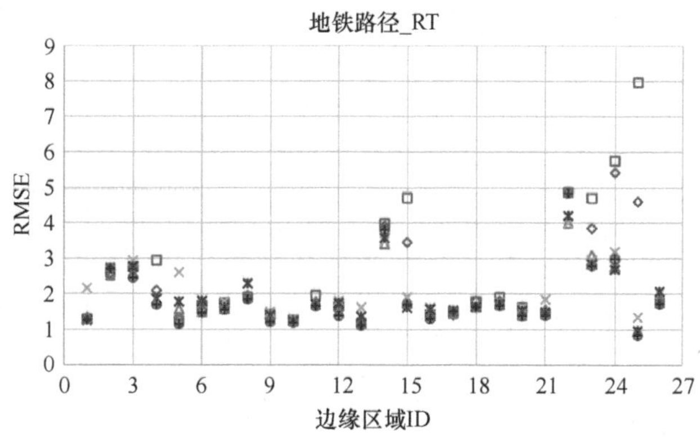

图 7-14　地铁路径在 RT 数据集上的预测误差

图 7-14 彩图

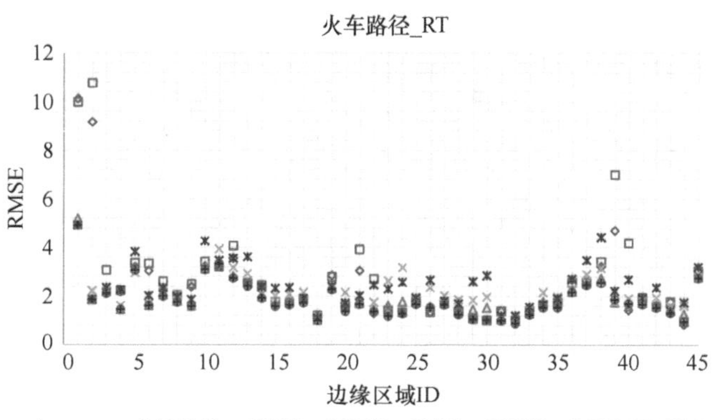

图 7-15　火车路径在 RT 数据集上的预测误差

图 7-15 彩图

表 7-9　自行车路径在 TP 数据集上的预测误差

边缘区域_ID	Average	SARIMA	RNN	LSTM	ESN	RESN	MEC-RDESN
a-1	28.107 2	21.456 8	35.632 4	54.266 5	20.222 5	20.222 7	20.222 5
a-2	53.018 6	54.016 1	59.428 1	84.519	53.486 8	52.389 6	52.378 7
a-3	32.837 9	34.886 3	34.654 4	45.219 2	36.130 1	32.186 6	31.757 7
a-4	18.173 3	25.664 8	19.738 1	31.725 6	19.068 6	17.199 2	17.131 1
a-5	30.048 6	30.033	34.862 6	48.455	43.266 5	35.893 6	35.856 9
a-6	15.980 5	17.544 2	16.907	27.095 6	27.119 7	14.444 8	14.379 6

表 7-10　出租车路径在 TP 数据集上的预测误差

边缘区域_ID	Average	SARIMA	RNN	LSTM	ESN	RESN	MEC-RDESN
b-1	43.316 1	115.087 5	22.427 3	32.224 3	21.771 6	21.771 9	21.771 6
b-2	27.020 5	57.721 1	13.804 1	17.718 2	14.918 2	9.006 2	8.996 5
b-3	13.678 3	12.241 2	9.762 1	12.752 3	9.648 3	9.098 7	9.095 7
b-4	5.776 7	9.979 6	2.053 5	2.727 8	2.649 3	1.650 3	1.650 3
b-5	1.880 7	1.206 5	1.016 9	1.255	1.117 5	0.984 4	0.984 2
b-6	18.249 8	16.839 6	14.840 8	24.179 9	14.558	13.352	13.306 2
b-7	4.393	4.394 3	9.096 5	13.904 9	6.698 8	3.900 4	3.846 2
b-8	8.486 5	7.931 7	9.776 9	15.805 8	11.954 1	10.020 7	10.011 6
b-9	14.521 7	14.523 4	15.896	23.759 9	15.330 3	12.236 9	12.214 2
b-10	9.902	8.613 8	10.481 1	17.16	8.164 5	6.400 6	6.386 3
b-11	15.369 2	21.023 2	15.471 5	23.783 3	17.802 1	12.088 5	11.982 8
b-12	33.753	38.728 2	39.319	51.875 6	37.675 3	25.962 6	25.844 4
b-13	19.913 8	22.810 3	22.627 1	31.103	20.844	19.921 9	19.913 2
b-14	22.799 9	23.885 2	27.424 9	38.870 4	25.317 6	22.164 7	22.274 6

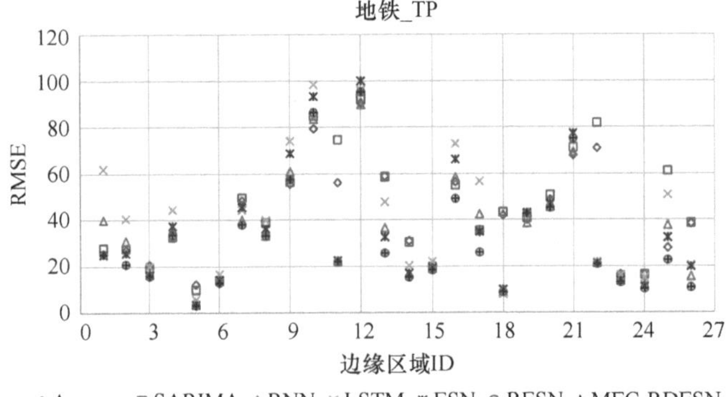

图 7-16　地铁路径在 TP 数据集上的预测误差

图 7-16 彩图

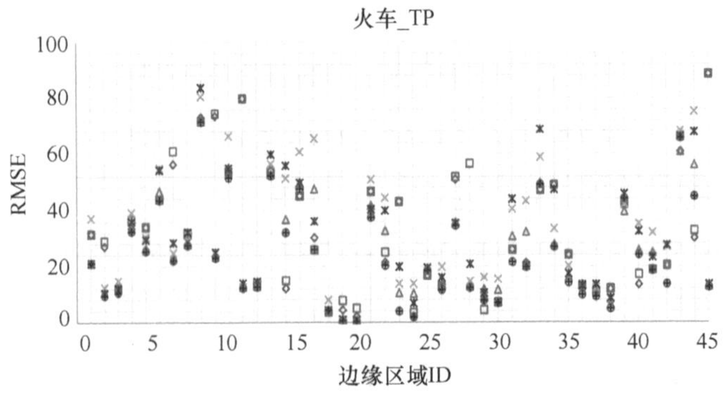

图 7-17　火车路径在 TP 数据集上的预测误差

图 7-17 彩图

此外，采用 Harvey Leybourne and Newbold（HLN）检验来确定 MEC-RDESN 与其他方法的差异是否显著。零假设 H0 表示两个时间序列预测模型具有相同的预测精度，备择假设 H1 表示模型预测精度不同。将"在 0.05 水平上显著"（$p<0.05$）记为▲，"在 0.01 水平上显著"（$p<0.01$）记为★。所有基线方法与 MEC-RDESN 比较的 HLN 结果如表 7-11 所示，从表中可以看出基线方法与 MEC-RDESN 存在显著差异。

表 7-11　RT 和 TP 数据集上的 HLN 检验

数据集	Average	SARIMA	RNN	LSTM	ESN	RESN
RT	★	★	★	★	★	▲
TP	★	★	★	★	★	★

4. 边缘预测的提前时间

提前时间是指在当前时间间隔内，用户能够使用预测的 QoS 的时间。在快速移动场景中，提前时间是一个重要的指标，因为它衡量了预测的有效时间长度，其计算方式如下：

$$t_L=(R-(t_T+t_F)\times\bar{V}_u)/\bar{V}_u \tag{7-7}$$

其中，R 为当前时间间隔内要到达的距离，t_T 为模型训练时间，t_F 为服务预测时间，$\bar{V}_u$ 为用户的平均移动速度。计算过程的说明如图 7-18 所示，其中 D_{T-1} 和 D_T 为相邻两个时间间隔内要行驶的距离，它们等同于 R 值。

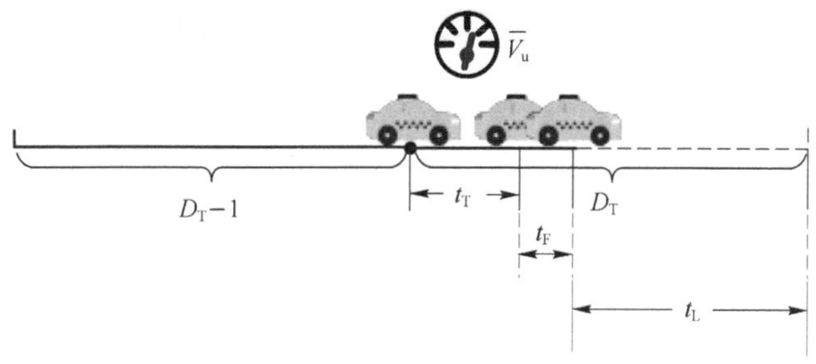

图 7-18　提前时间的计算过程

接着探究 7 种方法在不同基站信号覆盖半径和不同速度下的预测提前时间。这里采用 3 个半径值，即：300 m、400 m 和 500 m。以 RT 数据集为例，图 7-19 给出了 4 条路径（即：4 种不同交通方式）在不同信号覆盖半径下的预测提前时间。其中 RESN 和 MEC-RDESN 属于 ESN 系列方法，两者的结果接近。从单个子图可以看出，在同一种交通方式下，当 R 值减小时，预测的提前时间也减小，并且 MEC-RDESN 方法仅次于无须训练的 Average 方法。此外，从图 7-19(a)～图 7-19(d)可以看出，在相同 R 值下，速度越快，预测的提前时间越短，图 7-19(c)和图 7-19(d)中出现了负数，即：LSTM 方法的结果为负数，说明该方法不能及时预测。相比之下，MEC-RDESN 至少可以实现 10 s 和 5 s 的提前时间，明显领先于 SARIMA 方法和 RNN 方法。因此，MEC-RDESN 适用于不同的交通方式，其优势在快速移动场景中更加明显。

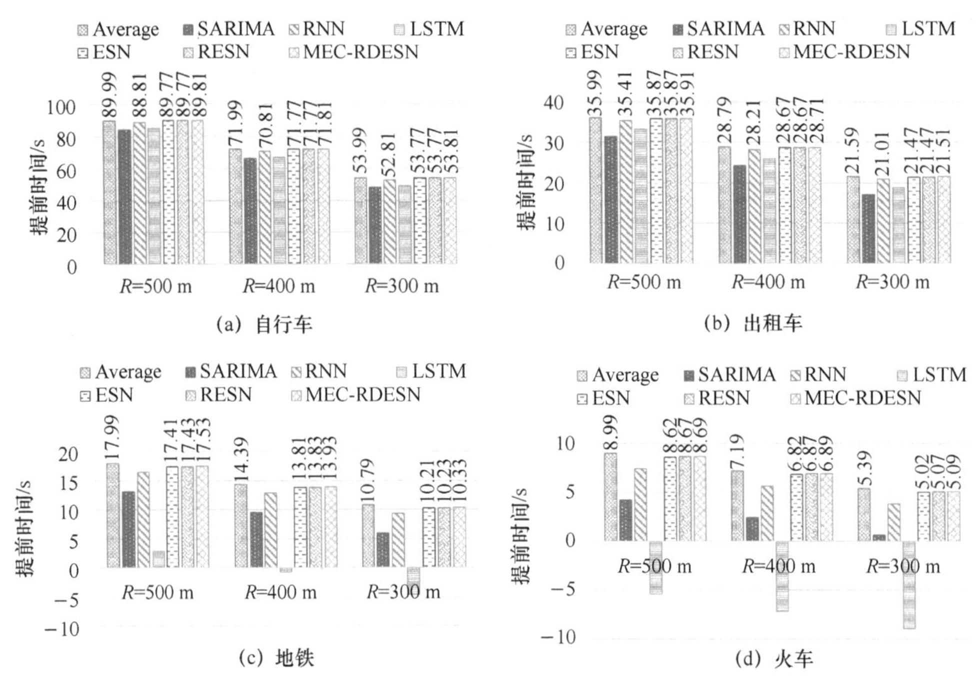

图 7-19　4 条路径在不同信号覆盖半径下的预测提前时间

综上，实验结果初步验证了 MEC-RDESN 方法能够在保证预测精度的前提下达到快速预测的目的。

第8章

面向移动感知和隐私保护的边缘服务质量优化

8.1 概　　述

在云网融合环境中，用户请求与业务需求在全球范围广泛分布，迫使原有的以云计算为代表的集中式算力开始向边缘扩散。云网融合支持云边结合的新型计算范式，其中边缘计算是一个具备高性能、低延迟与高带宽的服务环境，它使得边缘服务的部署从云端下沉到了边缘端，在地理位置上拉进了与移动终端的距离。正是因为计算的下沉，大大提高了服务的效率，从而给用户带来了更加流畅的用户体验。边缘计算能使用户都在移动的过程中获得更优的服务体验，然而用户在边缘计算环境下的移动是实时的，边缘网络的状态每时每刻也都在发生变化。因此，静态服务质量优化不能很好地满足边缘计算对时间的要求。例如，训练用户调用模型时，开始时的历史数据量固定，但随着时间的推移，历史数据持续累积，难以满足训练速度要求，此时服务质量是否满足要求也未知。

不断增加的动态数据训练会引起训练成本爆炸性增长。移动用户持续调用边缘服务会快速增加调用数据的记录数，这可能会大大加重边缘区域缓存模型的训练成本。当训练时长超过处理一批数据优化模型的时间约束时，新数据到达后会触发死锁，在优化的后期容易导致优化算法瘫痪。因此，降低基于增量数据的模型训练的成本对于优化的有效性至关重要。如图 8-1 所示的场景，用户 Vae 和 Lee 通过移动边缘网络实时沟通，从区域 1 向区域 3 移动。在区域 1 中，Vae 和 Lee 分别访问边缘服务器 S_1 和 S_2 来维持通信；它们都通过区域 2 向西行进，同时分别通过边缘服务器 S_3 和 S_4 提供的通信服务。如何将边缘服务器分配给 Vae 和 Lee 以确保通信质量，并在区域 3 中获取更高的通信质量，并在分配的过程中保证用户模型的训练速度和用户隐私是亟待解决的问题。

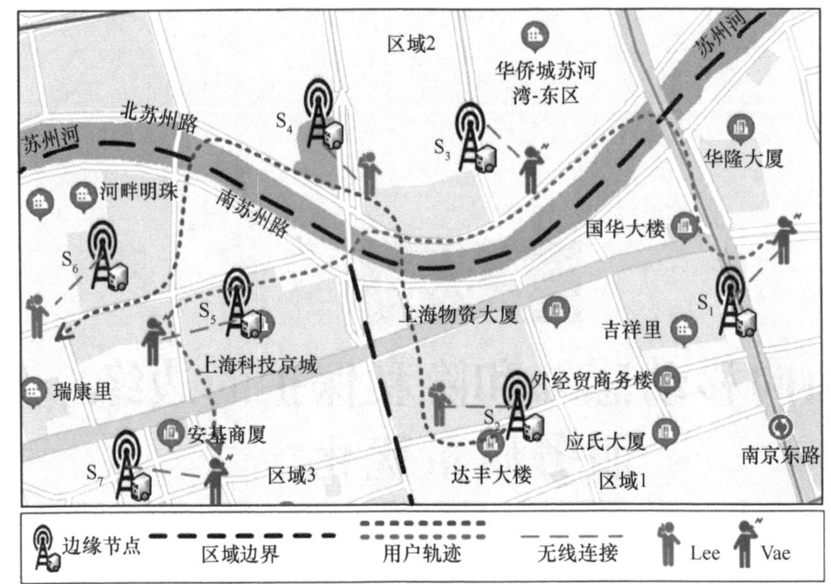

图 8-1 彩图

图 8-1　边缘计算下的服务调用动态场景

为了解决上述问题,本节提出了一种动态的服务缓存优化策略 MAPP_QoS,该策略基于增量学习的思想进行用户模型训练,形成边缘服务缓存策略,从而进行用户分配。

考虑边缘环境动态性的服务质量优化方案分为 3 个步骤:数据收集和预处理、面向隐私保护的动态模型训练和边缘用户分配,其主要框架如图 8-2 所示。动态优化方案基于增量学习的思想动态训练用户模型。

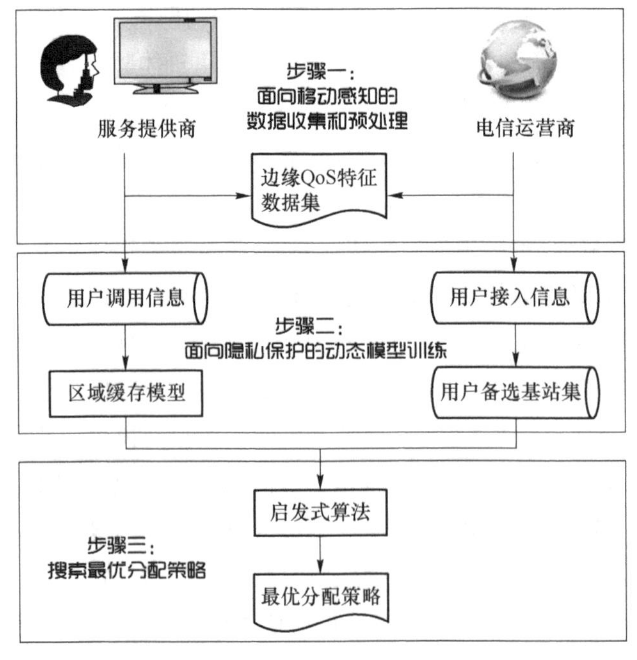

图 8-2　面向移动感知和隐私保护的边缘服务质量优化方法总体框架图

(1) 面向移动感知的数据收集和预处理。收集的数据包括电信运营商收集的边缘服务器的位置信息和服务提供商收集的历史 QoS 数据。同时也将动态的增量数据更新到边缘 QoS 数据集中。

(2) 面向隐私保护的动态模型训练。针对用户模型训练，基于增量学习的思想，利用增量学习无须重复处理历史数据、学习新知识的同时能保存以前学习到的大部分知识的良好特性，避免历史数据重复训练导致的训练成本暴增。

(3) 搜索最优分配策略。基于下一刻的区域缓存模型训练结果和备选基站集，边缘服务器被分配给用户。每个分配都被视为边缘用户分配的可行解决方案，然后计算每个可行解决方案的整体 QoS 值，最后使用人工蜂群算法用于迭代地生成和更新可行的解决方案以找到最佳解决方案。在场景中，假设当前时刻为用户 Vae 分配边缘服务器 S1，在动态移动过程中，用户的位置在不断更新，为其分配的边缘服务器也在发生变化，边缘用户分配策略也要动态更新。

8.2　面向移动感知的数据收集和预处理

边缘计算与传统的云计算相比，边缘服务器和基站部署在靠近用户的边缘计算层，提供了更好的移动感知情境。面向移动感知的数据收集和预处理在移动感知方面包括两个关键内容：一方面是在移动边缘计算环境中感知移动情景的动态变化以及多样的边缘数据，电信运营商和服务提供商收集的信息可以有效反映上述数据；另一方面是利用用户与基站之间的接入记录感知用户的移动性，可以通过电信运营商和收集的接入信息训练用户移动模型。面向移动感知的数据收集和预处理过程如图 8-3 所示。

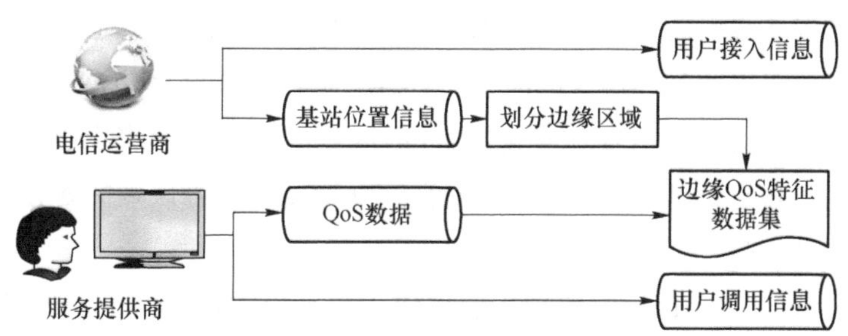

图 8-3　面向移动感知的数据收集和预处理

数据收集阶段主要是收集完整的服务接入信息、基站位置信息、QoS 数据以及用户调用信息。当进行服务质量优化工作时，服务调用信息用于确定服务缓存策略，用户接入信息和基站位置信息用于确定用户和边缘节点的分布从而进行边缘用户分配，服务质量数据用于计算边缘区域的整体 QoS 值。

数据预处理的具体过程主要分为以下 4 个方面的内容。

(1) 边缘区域划分

主要根据收集到的边缘节点的地理位置划分边缘区域，主要分为 3 个步骤。

步骤一：收集数据集中的各个边缘位置点，筛选有效位置点，这些位置点代表数据集中各个边缘节点的位置。

步骤二：利用横轴墨卡托投影(Universal Transverse Mercator Projection，UTM)将边缘节点的地理位置映射到平面坐标中，通过映射减少投影形变，更准确地反映出移动边缘网络中的边缘节点和用户的相对位置和距离。

步骤三：利用 AP 聚类算法推选聚类中心并划分边缘区域。将待聚类的各个边缘节点集合描述为 $N=\{n_i\}_{i=1}^{K}$，其中，K 表示边缘节点的个数。对于集合 N 中的任一节点 n_k，可以用吸引度 $r(i,k)$ 和归属度 $a(i,k)$ 来刻画该节点的聚类特征。

吸引度 $r(i,k)$ 描述节点 n_k 作为聚类中心对节点 n_i 的吸引程度，吸引度 $r_{t+1}(i,k)$ 迭代如下：

$$r_{t+1}(i,k)=s(i,k)-\max_{k\neq k'}\{a_t(i,k')+s(i,k')\} \tag{8-1}$$

其中，$\boldsymbol{S}$ 是一个刻画节点之间相似度的矩阵。$s(i,k)$ 代表矩阵 $\boldsymbol{S}$ 中的节点 n_i 和节点 n_k 之间的相似度。

归属度 $a(i,k)$ 描述节点 n_k 被节点 n_i 选为聚类中心的适应程度，归属度 $a_{t+1}(i,k)$ 迭代如下：

$$a_{t+1}(i,k)=\min\left\{0,r_t(i,k)+\sum\nolimits_{i'\notin\{i,k\}}\max\{0,r_t(i',k)\}\right\},i\neq k \tag{8-2}$$

$$a_{t+1}(i,k)=\sum\nolimits_{i'\neq k}\max\{0,r_t(i',k)\} \tag{8-3}$$

初始化吸引度和归属度后，当吸引度 $r(i,k)$ 增大时，归属度 $a(i,k)$ 减小；归属度 $a(i,k)$ 减小后反馈信息促使吸引度 $a(i,k)$ 继续增大，从而达到稳定值。

在经过若干轮吸引度和归属度的的计算、反馈、更新过程之后，若各个节点反馈信息后依然保持选择的聚类中心不发生变化、划分的区域中各节点的聚类决策也保持不变，或迭代次数超过了指定值，则结束本次聚类算法，从而得到边缘区域的划分结果。

(2) QoS 数据处理

传统的 QoS 数据集难以反映移动边缘网络去中心化的结构。云计算可以被视为集中的大数据处理范式，而移动边缘网络可以被视为分布式大数据处理范式。从云环境中收集的 QoS 数据集通常包含用户访问的用户的 IP 地址和 ID 和 QoS 值以及访问时间，无法反映边缘环境的分布式和动态特征。因此，需要将在网络云层收集的 QoS 数据根据用户的边缘服务器访问记录分配给边缘服务器。

假设在历史记录中，一组用户 U 于边缘服务器 ES 上访问边缘服务 WS。用户访问的服务的 QoS 值与访问时间一起存储在此过程中的云服务器中。首先，从电信运营商中提取用户接入边缘服务器的记录，该接入记录包含用户 ID、用户的 IP 地址以及用户访问的服务器的位置。从服务提供商处获得 Web 服务对应的 QoS 数据，并提取由每个用户的 ID 和访问的服务 QoS 数据。最后通过用户 IP 进行匹配，通过匹配访问所访问的服务的用户服务器访问记录和 QoS 数据。以这种方式，可以从边缘服务器（由边缘服务器位置识别）获得由用户访问的服务（由服务 ID 识别）的服务调用时间和此过程中服务的 QoS 值。在划分边缘区域之后，用户的服务访问信息和服务 QoS 值被分配给每个边缘服务器的相应边缘区域以形成基于边缘的 QoS 数据集。

（3）边缘 QoS 特征数据集

在划分完边缘区域后，根据用户 ID 和服务器访问时间分配服务质量数据，形成边缘 QoS 特征数据集。具体过程如图 8-4 所示。

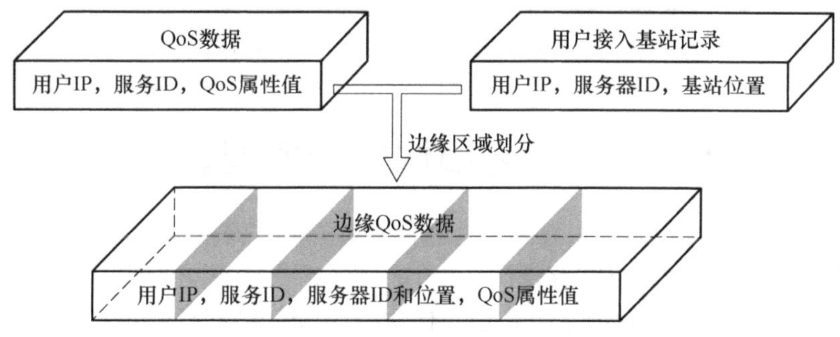

图 8-4　边缘 QoS 特征数据集形成过程

得到的边缘 QoS 特征数据集根据区域划分可以分为若干个边缘区域，用户的调用记录及其过程中产生的 QoS 数据也根据用户的移动性划分到不同被边缘节点中，形成边缘 QoS 记录。设一个边缘区域包含的边缘节点集 $ES=\{es_1,es_2,\cdots,es_n\}$，用户集 $U=\{u_1,u_2,\cdots,u_m\}$，所调用的边缘服务集 $WS=\{ws_1,ws_2,\cdots,ws_k\}$，其中 m、n、k 均为正整数。本方法通过预测用户移动和优化服务缓存进行区域 QoS 优化。因此对每个实验区域，需要提取区域内用户-服务调用信息训练用户偏好模型，提取用户-基站接入信息以训练用户移动模型。

（4）动态边缘服务质量特征数据集

如图 8-5 所示，在动态优化策略中，收集的边缘 QoS 特征数据集在初始时刻与静态策略一致。在移动边缘网络的动态变化中，假设在一系列时间段 $T_i(i=1,\cdots,t)$ 中，一组用户 U 访问一组边缘服务 WS 位于一组边缘服务器 ES。用户访问服务的服务质量与服务访问时间共同存储在此过程中的云服务器中。同样包含了用户与服务器之间的接入记录和 QoS 数据，并在下一个时间段的增量数据产生后提取下一时间段的相应记录。在划分边缘区域之后，用户的服务访问信息和服务 QoS 值被分配给每个边缘服务器，在相应边缘区域形成动态边缘 QoS 特征数据集。

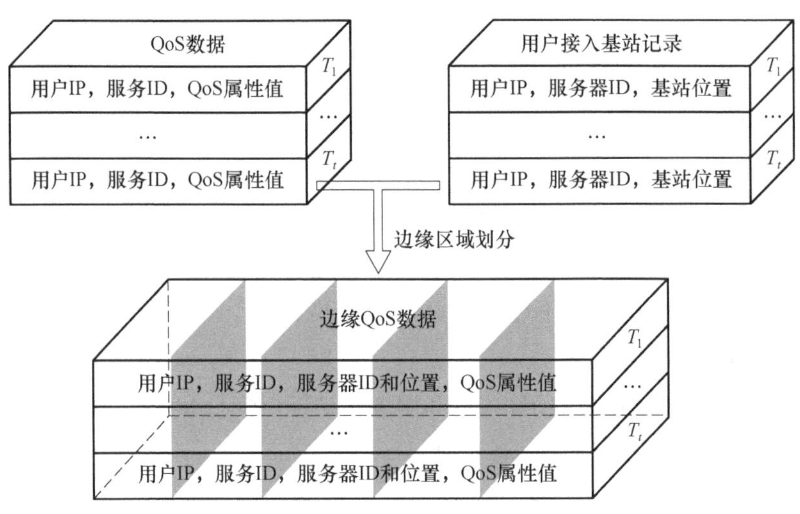

图 8-5　动态边缘 QoS 特征数据集的形成

8.3　面向隐私保护的模型训练

（1）威胁模型和隐私保护方案

边缘环境中的 QoS 优化通常由 3 个主体构成：移动边缘网络下的用户组、边缘服务器集群、电信运营商和服务提供商。如图 8-6 所示，Vae 和 Lee 在移动边缘网络中进行通信，当他们发送通信请求时，通信和服务提供商可以实时识别其地理位置、通信时间、服务调用行为等信息。随后服务提供商将信息包授权到边缘服务器集群，边缘服务器集群训练用户特征以完成服务缓存和优化。在此过程中，用户隐私可能如下威胁：①敏感的用户信息可能在信息授权过程中泄露或被恶意窃取；②在用户特征训练期间，可以识别和推断模型权重参数。

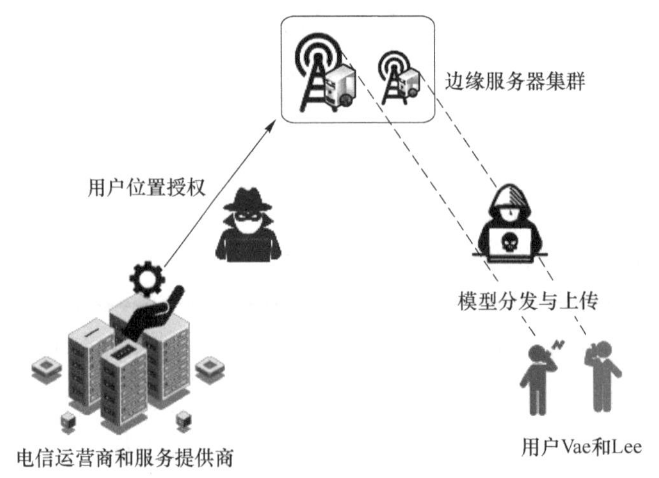

图 8-6　QoS 优化过程中的隐私威胁场景

图 8-6 彩图

现有的隐私保护 QoS 优化研究是在边缘计算之上，主要基于对用户位置信息和敏感特征信息的保护。它们通常使用加密协议或模糊函数来保护用户的特定位置，但大多数技术直接获取用户的实际位置，容易在用户信息授权期间受到攻击或盗窃。此外，一项基于联邦的学习的研究认为，子模型参数传递可以保护隐私。用户模型之间的差异会导致其在参数传递过程中存在被识别和推断的风险。因此保护用户隐私是处理边缘 QoS 优化的重要问题。

面向隐私保护的用户模型训练通过保护用户位置信息和统一模型实现边缘 QoS 优化的隐私保护。根据隐私威胁场景提出的边缘 QoS 优化隐私保护方案如图 8-7 所示。当电信运营商和服务提供商授权服务器群集时，提供用户的边缘服务器访问信息以置换用户的真正轨迹以保护位置隐私。当移动用户与边缘服务器交互时，下载统一的完整模型以使用它们的相关子模型，并在上传过程中提交一组参数覆盖整个模型，以保护自己的隐私特征。该方案有效解决了隐私威胁模型中现有方法所面临的问题。

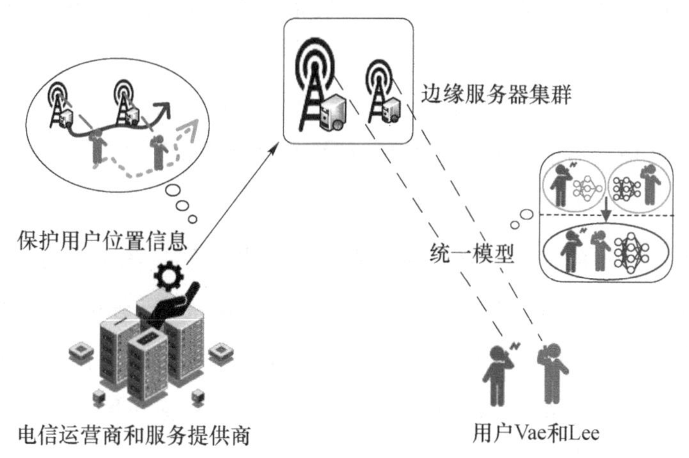

图 8-7　边缘 QoS 优化隐私保护方案

图 8-7 彩图

(2) 面向隐私保护的服务缓存方案

边缘计算层可以通过在网络边缘部署存储和计算资源来为用户提供延迟敏感型服务。考虑到边缘服务器资源有限，难以将所有服务都部署在边缘云上，故需要确定哪些服务可以部署到边缘服务器上以最大限度地满足用户的服务需求，收集用户调用服务的历史数据进行分析来生成服务缓存策略。然而，这些历史数据包含用户的特征隐私，属于用户的敏感信息，如果没有合适的隐私保护措施可能会影响传统服务缓存策略的实现。本书提出了一种面向隐私保护的服务放置方案来解决移动边缘网络中的隐私感知服务缓存问题，其目的是保护用户隐私，为用户在调用边缘服务时提供更好的服务质量。提出基于分布式联邦学习的服务缓存策略，本地训练用户调用模型以来保护移动用户的隐私。

首先，根据边缘 QoS 特征数据集中用户调用边缘服务的历史记录统计出用户调用各个边缘服务的次数。用户的调用次数与用户对服务的偏好相关。如果用户偏好某个服务，那么该用户通常会请求该服务。反之则不会请求调用该服务。因此需要根据调用次数来训练用户调用模型，以反映用户偏好，由此计算出不同用户调用各个边缘服务的概率。边缘服务器可以据此预测用户在下一个时刻的需求，并根据用户调用模型更新相应的服务缓存策略。

在训练用户调用模型之后，为了保护用户的隐私，利用分布式联邦学习来获取用户的调用请求偏好。因为在联邦学习中，用户私有的调用模型在用户移动设备上进行局部训练，只需反馈学习参数而不需要将用户的隐私数据提交到移动边缘计算层，从而在保护用户隐私的同时获得用户的偏好模型。在实际的模型训练中，移动用户根据自己的历史调用数据训练调用模型，将模型参数卸载到移动边缘计算层进行更新，移动边缘计算层在更新参数后向移动设备提供反馈。移动设备根据反馈的参数再次训练得到用户调用模型。

在上述过程中，用户只需要将训练结果发送给移动边缘计算层而不包括所有隐私数据。这样既可以保护用户的隐私，又可以训练区域缓存模型。

(3) 面向隐私保护的轨迹预测方案

预测用户移动轨迹的一般思路是通过用户的历史位置点来训练用户移动模型，借助用户具体的历史移动信息，即用户具体位置对用户的移动进行分析和预测。在这个过程中，用户的敏感位置信息未经修饰，容易被攻击者获取，从而面临位置隐私暴露的风险。本书从隐私保护的角度出发，根据用户接入的边缘节点来感知用户的移动，通过分析用户接入的边缘节点的位置训练用户移动模型，利用“K 匿名”的思想，用接入节点的位置隐匿了接入同一节点的用户具体位置信息，在拟合用户移动轨迹的同时有效保护了用户的位置隐私。

在边缘环境中，边缘用户的 IP 对应用户的具体位置，攻击者利用用户的位置信息识别出用户身份，获取用户更多的隐私数据。传统的方法通过匿名、数据扰乱以及数据加密进行隐私保护。匿名的方法需要在处理过程中删除用户的身份表示，以至于无法进一步处理边缘用户的移动信息；数据扰乱的方法会在处理过程中破坏数据的完整性和真实性；数据加密的方法则在处理过程中需要消耗更多的计算资源。因此，通过引入“K 匿名”的思想，对用户的真实地理位置进行抽象和隐匿，发布泛化的数据来隐藏敏感的具体位置信息。

本方法使用用户所接入的边缘节点的地理位置来模糊用户的真实位置，使得攻击者无法通过攻击模型来获得用户的具体位置这一敏感信息。

8.4 面向移动感知的用户轨迹预测

本章利用拉格朗日插值法来拟合用户的移动轨迹，训练用户移动模型。拉格朗日插值法通过函数来进行插值。函数实际是一个单值映射的关系，每一个自变量都对应着唯一的因变量。由于移动路径无法满足单值映射关系，因此一个完整的用户移动模型无法根据一个简单的函数关系来建立。为了拟合完整的用户轨迹，需要将历史轨迹分段，对每一段轨迹分别建模来建立完整的移动模型。由于在每一个分段轨迹中，用户的位置点稀疏且无法确定准确数量，故使用线性拉格朗日插值法对分段用户轨迹进行预测，最终整合出完整的用户移动模型，确定用户备选基站集，过程如图 8-8 所示。

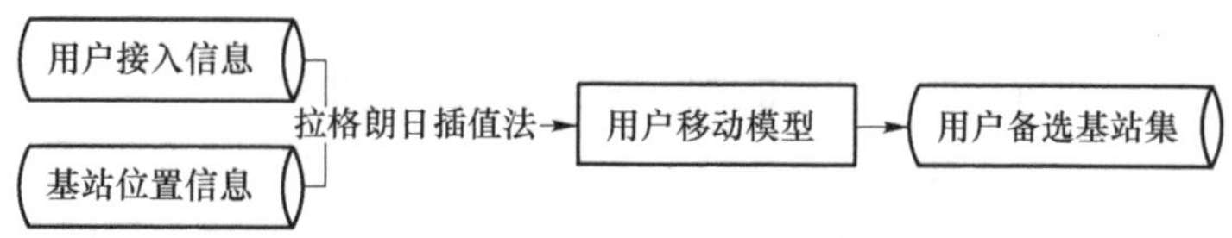

图 8-8　面向隐私保护的用户移动模型

数据预处理过程中提取的接入信息包含各个区域的用户集 $U=\{u_1,u_2,\cdots,u_m\}$ 和边缘节点集 $\mathrm{ES}=\{\mathrm{es}_1,\mathrm{es}_2,\cdots,\mathrm{es}_n\}$。由此通过用户与基站的接入矩阵 $\boldsymbol{K}=\{k_{it}\}(i\leqslant m,t\leqslant T)$ 表示接入情况，其中 k_{it} 是用户 u_i 在第 t 段时间接入的边缘基站的编号。本方法提取用户 u_i 的接入的基站集 $G_i=\{k_{i0},k_{i1},\cdots,k_{iT}\}$，根据 G_i 中的边缘节点的位置坐标得到一组观测值 $\{(x_{i0},y_{i0}),(x_{i1},y_{i1}),\cdots,(x_{iT},y_{iT})\}$，利用各个位置点的地理位置的横坐标的变化情况对观测值进行分组，令每一组观测值的横坐标都是在单调变化，以便建模拟合。针对每一组观测值 $\{(x_{i\mathrm{head}},y_{i\mathrm{head}}),\cdots,(x_{i\mathrm{foot}},y_{i\mathrm{foot}})\}$ 进行插值，插值区间 $\hat{x}_i=(\hat{x}_{i\mathrm{head}},\cdots,\hat{x}_{i\mathrm{foot}})$，其中参数 step 为插值步长，且共设置 k 个插值点，则插值区间的设置如下：

$$\hat{x}_{i\mathrm{head}}=\lfloor \min\{x_i\}/\mathrm{step} \rfloor * \mathrm{step} \tag{8-4}$$

$$\hat{x}_{i\mathrm{foot}}=\lceil \max\{x_i\}/\mathrm{step} \rceil * \mathrm{step} \tag{8-5}$$

确定插值区间后，可以计算插值点的预测值：

$$\hat{y}_i=\sum_{p=0}^{k}\left(y_p * \prod_{q=0,q\neq p}^{k}\frac{\hat{x}_i-x_q}{x_p-x_q}\right) \tag{8-6}$$

在此之后，将各组的观测值和预测值进行拼接，得到完整的用户移动模型。再根据预测的用户位置确定用户的备选边缘节点集合 A，其中的元素 es_i 满足：

$$(\hat{x}_{\mathrm{foot}},\hat{y}_{\mathrm{foot}})\in\mathrm{cov}(\mathrm{es}_i) \tag{8-7}$$

其中，cov(es_i)表示边缘节点 es_i 的覆盖范围。整体过程的算法如算法 8-1。

算法 8-1 基于拉格朗日插值法的移动感知过程

---

input：用户集 U，历史接入基站集 G_i 及其观测值$\{(x_{i0},y_{i0}),(x_{i1},y_{i1}),\cdots,(x_{iT},y_{iT})\}$，插值步长 step，基站集 ES 及其分布$ES_{LOC}$

output：用户备选基站集 A_i；

对用户集 U 中的每个用户 u_i：

　　提取历史接入基站集 G_i 及其观测值$\{(x_{i0},y_{i0}),(x_{i1},y_{i1}),\cdots,(x_{iT},y_{iT})\}$；

　　根据位置变化情况为观测值进行分组；

　　对每一个分组区间：

　　　　通过公式(8-4)和公式(8-5)确定差值区间；

　　　　通过公式(8-6)计算插值点的预测值 $\hat{y}_i$；

　拼接各组的观测值和预测值，得到用户 u_i 的预测位置$(\hat{x}_i,\hat{y}_i)$；

　对基站集 ES 中的每个基站es_j：

　　　　从ES_{LOC}中读取基站es_j 的位置信息；

　　　若$(\hat{x}_i,\hat{y}_i)\in$ cov(es_j) ：

　　　　　$es_j \rightarrow A_i$；；

　　返回用户 u_i 的备选基站集 A_i；

8.5 服务质量动态优化策略

8.5.1 基于二维解的人工蜂群算法

为优化区域的整体服务质量，本方法根据用户备选基站集进行边缘用户分配。由于边缘用户分配问题是一个多峰值多变量的优化问题，研究表明，边缘用户分配策略和边缘服务质量之间存在多峰值的函数映射关系，人工蜂群算法可以有效地避免陷入局部最优，从而可以找到最优的分配策略。蜂群觅食模型与 QoS 优化问题的对应关系如表 8-1 所示。

传统的人工蜂群算法以一维向量为解向量搜索、迭代。本方法设计以边缘用户分配矩阵为解向量的人工蜂群算法，寻找最优分配策略。过程如图 8-9 所示。

表 8-1　蜂群觅食模型与 QoS 优化问题对应关系

蜂群觅食模型	QoS 优化问题
蜜源	用户-基站分配策略
雇佣蜂	初始化分配进程
观察蜂	策略选择进程
侦查蜂	领域搜索进程
花蜜量	分配策略的 QoS 值

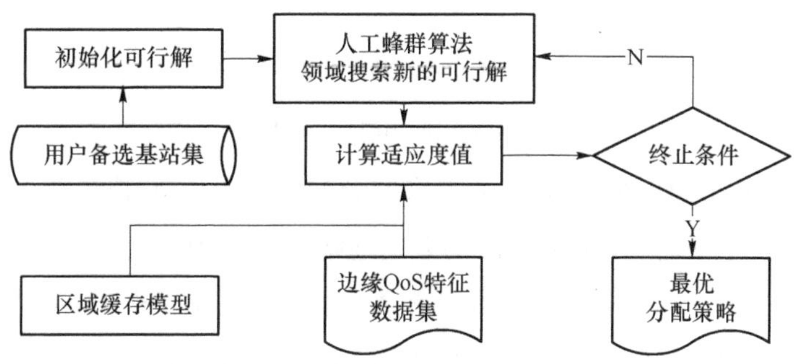

图 8-9　搜索最优分配策略

本章提出的服务质量优化问题的变量是边缘用户分配矩阵，现有的人工蜂群算法难以直接针对二维解向量进行搜索和迭代更新。为此，本章提出改进的人工蜂群算法，针对二维的解向量重新制定蜜源的二维搜索策略和迭代更新策略，从而找到最优分配策略。考虑边缘用户分配的 QoS 优化问题可以形式化如下：

$$\text{maximize}\left(Q = \sum_{i=1}^{m}\sum_{j=1}^{n}\sum_{l=1}^{k}(s_{ij} * q_{ijl})\right) \tag{8-8}$$

$$\text{s. t. } (\hat{x}_{u_i}, \hat{y}_{u_i}) \in \text{cov}(\text{es}_j) \tag{8-9}$$

$$s_{ij} = \begin{cases} 1, & u_i \text{ 分配到 } \text{es}_j \\ 0, & \text{其他} \end{cases} \tag{8-10}$$

其中，服务质量 q_{ijl} 随历史服务质量 $q_{his_{ijl}}$ 的增大而增大；随用户与边缘节点的距离 $\text{dist}(u_i, \text{es}_j)$ 和边缘服务器容量 $\text{capacity}(\text{es}_j)$ 的增大而减小。计算方式如下：

$$q_{ijl} = q_{his_{ijl}} + \frac{\alpha}{1+\text{dist}(u_i, \text{es}_j)} + \frac{\beta}{1+\text{capacity}(\text{es}_j)} \tag{8-11}$$

为了缩小用户历史数据的差异，也为了避免数据发散，使用 sigmoid 函数映射历史服务质量：

$$q_{his_{ijl}} = \frac{1}{1+\mathrm{e}^{-\sum_{t=0}^{T} q_{ijl}}} \tag{8-12}$$

其中，T 表示当前的时间段编号，使用 sigmoid 函数进行归一化处理，以便对服务质量进行计算和比较。

在利用人工蜂群算法优化边缘服务质量的过程中，初始化参数后迭代步骤(2)～(4)来搜索最优分配策略。

(1) 初始化蜜源。初始化人工蜂群算法的各项参数，其中包含蜜源数量 S_N（采蜜蜂和观察蜂的数量也等于蜜源数量），优化迭代次数 I 以及最大无效次数 Invalid，蜜源形成公式如下：

$$S=(s_1^{\mathrm{T}},s_2^{\mathrm{T}},\cdots,s_m^{\mathrm{T}}) \tag{8-13}$$

$$s_i=(s_{i0},s_{i1},\cdots,s_{in}) \tag{8-14}$$

$$s_{ij}=1 \quad \text{if} \quad f\ \mathrm{rand}(j):\mathrm{es}_j\in A \tag{8-15}$$

$$\exists\ \text{one and only} s_{ij}=1 \tag{8-16}$$

其中，s_i 代表蜜源 S 的第 i 维向量，也就是参与分配的用户 u_i 和搜索范围内的 n 个边缘服务器进行分配产生的向量，在用户 u_i 的备选基站集 A 中搜索边缘服务器分配给 u_i，且仅分配一个边缘节点。初始化蜜源的过程就是对初始化的每个蜜源各维度的向量，也就是用户分配矩阵，通过上述公式生成搜索范围内的一个随机矩阵，从而生成 S_N 个初始蜜源。

(2) 采蜜蜂阶段。算法在采蜜蜂阶段的主要任务是更新蜜源：

$$S_i=(\cdots,s_{ij}^{\mathrm{T}},\cdots)S_k=(\cdots,s_{kj}^{\mathrm{T}},\cdots) \tag{8-17}$$

$$S_i'=(\cdots,s_{ij-1}^{\mathrm{T}},\varphi(s_{kj}^{T}),s_{ij+1}^{\mathrm{T}},\cdots) \tag{8-18}$$

其中，S_k 表示邻域蜜源，其中 $k\in\{1,\cdots,S_N\}$ 且 $k\neq i$，$\varphi(s_{kj}^{T})$ 表示邻域蜜源 S_k 的第 j 维向量的一次更新，在已知的用户分配矩阵中随机选取一个用户，为其重新分配边缘节点，形成新蜜源。在得到新蜜源后，比较新旧蜜源的适应度值，利用贪婪算法选择更优的蜜源。

(3) 观察蜂阶段。采蜜蜂阶段结束后，观察蜂阶段开始。采蜜蜂回到蜂巢后，在舞蹈区分享采集到的蜜源信息，即服务质量。并为各蜜源打分：

$$\mathrm{accuFitness}=\frac{0.9*Q}{\max(Q)}+0.1 \tag{8-19}$$

观察蜂筛选出相对分数大于随机阈值的蜜源并随机从中选择蜜源进行跟随。在观察蜂的开采过程中，更新蜜源，并择优保留。

在更新蜜源时，蜜源包含参数 invalidcount，记录选择的蜜源在几次迭代后没有被更新。

(4) 侦察蜂阶段。若选择跟随的蜜源经过多次迭代中没有被更新，即在经过多轮迭代后也没有搜索到更优的用户分配策略，invalidcount 值超过了设定的阈值，则需抛弃这个蜜源，并启动侦察蜂阶段。这体现了人工蜂群算法的自组织的负反馈和波动属性。在该阶段中，侦察蜂扩大范围搜寻新的蜜源进行跟随。

8.5.2　基于增量 SVM 的动态优化策略

本小节使用增量学习训练用户调用模型的增量训练数据，使用联邦学习训练每个边缘区域的公有模型，以确定服务缓存。同时，使用用户服务器访问数据来训练用户移动模型以预测移动边缘网络的移动性。区域缓存模型训练过程如图 8-10 所示。

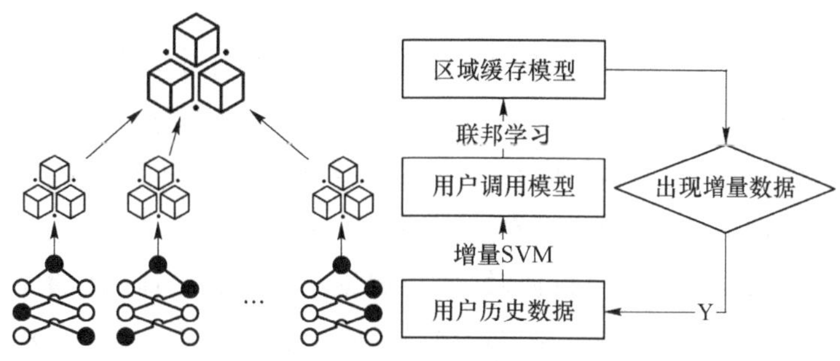

图 8-10　面向隐私保护的动态区域缓存模型

SVM 是一个强大的机器学习工具，广泛应用于分类和回归。SVM 在稀疏高维环境中也具有显著的泛化性能。Vapnik 提出的数据学习理论为 SVM 提供了理论支持，以减少结构风险。本章使用 SVM 训练用户调用模型，以优化每个边缘服务器的服务缓存。为了训练 SVM，本节从用户样本收集并计算了 3 个静态特征。通过这些特征和高斯内核可以得到 SVM 的主要参数。

假设 $\Phi(x)$表示 x 映射的一个高维特征向量，非线性 SVM 通过样本数据(x,y)学习分类器 $y=f(x)=\Phi(x_i)+b$，使得：

$$\min_{\omega,b,\xi} \frac{1}{2}\|\omega\|^2+C\sum_{i=1}^{N}\xi_i^{\ 2} \tag{8-20}$$

$$\text{s. t. } y_i(\omega\Phi(x_i)+b)\geqslant 1-\xi_i\ \xi_i>0\ \forall i\in 1,\cdots,N \tag{8-21}$$

其中，C 为正则化参数，ξ_i 为松弛变量，ω 为支持向量。$\|\omega\|$与支持向量间的距离成反比。为了最大化间隔，我们可以最小化$\|\omega\|^2$。

为了简化非线性 SVM 的学习，使用拉格朗日乘子得到它的对偶形式：

$$\min_{0\leqslant\alpha_i\leqslant C} W=\frac{1}{2}\sum_{i=1}^{N}\alpha_i Q_{ij}\alpha_j-\sum_{i=1}^{N}\alpha_i+b\sum_{i=1}^{N}y_i\alpha_i \tag{8-22}$$

若采用正定线性核函数 $K(x,y)=\Phi(x)\cdot\Phi(y)$来计算原始特征空间中样本的内积而不是计算高维甚至无维特征空间中的内积。求解后可以得到如下的支持向量机的对偶形式：

$$f(x)=\frac{1}{2}\sum_{i=1}^{N}\alpha_i y_i K(x_i,x)+b \tag{8-23}$$

KKT 定理定义了求优化问题最优解的充分必要条件。KKT 定义了对偶参数$\{\alpha,b\}$的最优解满足以下条件：

$$g_i=\frac{\partial W}{\partial \alpha_i}=\sum_{i=1}^{N}Q_{ij}\alpha_j+y_ib-1\begin{cases}>0, & \alpha_i\\ =0, & 0\leqslant\alpha_i\leqslant C\\ <0, & \alpha_i=C\end{cases} \tag{8-24}$$

$$h=\frac{\partial W}{\partial b}=\sum_{j=1}^{N}y_j\alpha_j\equiv 0 \tag{8-25}$$

因此可以训练 SVM 分类器，根据其偏导数 g_i 将训练样本划分为 3 个不同类别：间隔支持向量集 $S(g_i=0)$，错误向量集 $\varepsilon(g_i<0)$和保留向量集 $R(g_i>0)$。传统的 SVM 可以选择在一段时间内最常调用的服务，但不足以满足训练长时间剧增的样本的时间要求。因此采用基于增量学习的 SVM 动态训练新样本。

当学习样本集接收新的调用数据时，使用增量学习的思想训练样本，目标是为所有之前的训练数据维持 KKT 条件。需要调整边缘向量系数以应对扰动带来的新增系数来维持 KKT 条件。

间隔支持系数 $\Delta\alpha_k$ 和偏差 Δb 根据未学习向量系数 $\Delta\alpha_i$ 的对偶参数的偏导数 g_i 和 h 上的给定扰动，维持所有学习数据的 KKT 条件。其目的是确定间隔支持系数 $\Delta\alpha_k$ 和偏差 Δb 的必要变化。

$$\Delta g_i=\sum_{k\in S}Q_{ik}\Delta\alpha_k+\sum_{l\in U}Q_{il}\Delta\alpha_l+y_i\Delta b=0,\quad \forall i\in S \tag{8-26}$$

$$\Delta h=\sum_{k\in S}y_k\Delta\alpha_k+\sum_{l\in U}y_l\Delta\alpha_l=0 \tag{8-27}$$

扰动过程由扰动参数 p 控制。当 SVM 解决方案被其初始“未学习”到最终的“学习”的结果扰乱时，p 从 0 变为 1。当 $p=0$ 时，解决方案在引入新样本之前初始化为上一个解决方案。在每次扰动期间，p 从最小的值 $\Delta p_{\min}$递增，这会导致样本变化。当 $p=1$ 时，所有学习向量都被成功分类，与此同时新数据和旧数据都依然满足 KKT 条件。

增量学习通过一系列“绝热”步骤维持 KKT 条件。绝热增量 $\Delta\alpha_i$ 表示为 Δp 和相应的系数灵敏度的积。假设 $\Delta\alpha_k=\beta_k\Delta p(k\in S)$，$\Delta\alpha_l=\lambda_l\Delta p)(l\in U)$，且 $\Delta b=\beta\Delta p$，由此可以得出关于系数灵敏度表达的差异化 KKT 条件为：

$$\gamma_i=\frac{\Delta g_i}{\Delta p}=\sum_{k\in S}Q_{ik}\beta_k+\sum_{l\in U}Q_{il}\lambda_l+y_i\beta=0\quad \forall i\in S \tag{8-28}$$

$$\frac{\Delta h}{\Delta p}=\sum_{k\in S}y_k\beta_k+\sum_{l\in U}y_l\lambda_l=0 \tag{8-29}$$

其中，λ_l 由自然选择决定，β_k 和 β 可以通过解方程组获得。一旦得到系数灵敏度就可以计算错误、保留和未学习的向量的间隔灵敏度 γ_i。适用条件中最小的 Δp 决定了类别变化和扰动跃阶 $\Delta p_{\min}$。随后可以从可能的类别变化中确定 $\Delta p_{\min}$。

一旦确定 $\Delta p_{\min}$，就可以更新边缘向量($\alpha_k\rightarrow\alpha_k+\beta_k\Delta p$：$\forall k\in S$)和未学习向量($\alpha_l\rightarrow\alpha_l$

$+\beta_l \Delta p: \forall l \in U$)的系数。注意到类别的变化之后，重新计算系数和间隔敏感度并决定下一次扰动。不断重复此过程直到 $p=1$。

当没有 SVM 初始方案时，或者是所有训练样本都未学习且$\{\alpha_l=0, b=0: \forall l \in U\}$，间隔向量系数在给出初始 SVM 方案时允许维持等式条件。间隔向量提供自由度来抵消未学习向量的系数变化。其中一种方法是通过从每个类中选择一个样本并学习一个初始 SVM 方案来引导进程，另一种方法是继续简单地推进初始扰动和忽略条件，直到间隔向量集不再为空。

在现有 SVM 适应正则化和内核参数的变化后，利用留一法进行错误评估。留一法将原始数据分为两组，其中一个样本用作验证集，剩余的样本用作训练集。最终验证集的分类准确性的平均值用于评估 SVM 的泛化性能。

在用户所有增量数据训练完成之后，本方法采用联邦学习的思想将训练的支持向量上传到边缘区域。在构建公有模型时，所有用户都提交了一个统一的完整模型，其中部分是它们各自的训练参数，其余的用 0 填充，它可以有效地防止数据传输期间的用户隐私泄漏。通过支持向量的平均值和每个区域的特征 $X=\text{average}(x)$反映该区域各个用户的特征。通过训练用户调用模型来预测区域中服务被用户调用的概率。然后通过联邦学习来提取边缘区域中所有用户调用模型的参数来训练区域缓存模型。

在动态服务质量优化策略中，随着增量数的产生，用户调用模型动态训练增量数据，用户移动模型也在不断更新，边缘用户分配策略也需要根据区域缓存及用户的备选基站集动态更新。在新时刻增量数据参与训练时，基于新时刻的区域缓存和备选基站集，更新分配策略，重新将边缘服务器分配给边缘用户。其中，每个分配策略都被视为边缘用户分配的可行解决方案，随后计算每个可行解决方案的 QoS 值，最后使用人工蜂群算法迭代更新可行解决以找到最佳分配策略，从而进行动态优化。

8.6　实验及结果分析

8.6.1　数据集描述

如表 8-2 所示，验证实验中主要涉及两个数据集。第一个数据集[①]为上海电信数据集。该数据集包含了 3 233 个基站的位置信息、接入用户 ID 以及接入时间。第二个数据

① http://sguangwang.com/TelecomDataset.html

集[①]为真实世界的 Web 服务 QoS 数据集。该数据集描述了 142 个用户在 64 个时间段(每个时间段为 15 分钟)上对 4 500 个 Web 服务的真实 QoS 评估结果。本章将通过数据预处理过程提到的方法,将真实 QoS 评估结构分配到边缘节点中,形成满足边缘特性的边缘 QoS 特征数据集。

表 8-2 数据集

序号	类型	描述
1	公开	3 233 个基站位置和用户 ID
2	公开	真实世界的 Web 服务 QoS 数据集

在动态优化策略中,同样将真实世界的 Web 服务 QoS 数据集以 15 分钟为间隔划分成 64 各个不同的时间片,同时也从上海电信数据集中抽取 16 小时的记录进行时间片的划分。表 8-3 和表 8-4 展示了两个数据集中提取的部分样本。

表 8-3 上海电信数据集部分数据

用户	服务器	时间(开始—结束)	位置
$User_1$	$Server_m$	2014/6/1 10:22～11:09	31.237872/121.470259
…	…	…	…
$User_m$	$Server_m$	2014/6/1 23:34～23:46	31.242627/121.730079

表 8-4 原始 QoS 数据集部分数据

用户	服务	时间	响应时间
$User_1$	$Service_1$	T_1	6.777
…	…	…	…
$User_m$	$Service_n$	T_{64}	0.13

在形成的边缘 QoS 特征数据集中,根据其时间将数据集分成 64 个时间片段,每一段的小数据集中包含了该时间段内的用户调用记录和接入的基站情况。每一个小数据用于作为增量训练的增量样本进行训练。

8.6.2 参数设置

如表 8-5 所示,本章在实验中涉及多个实验参数。在计算生成的用户与边缘节点的分配策略时,计算适应度值时的距离系数和资源系数分别设置为 0.5 和 0.2。在改进的

① http://wsdream.github.io/dataset/wsdream_dataset2.html

人工蜂群算法中设置观察蜂阶段的最大无效次数为 1。设置不同迭代次数(0,1,…,20)和蜂群规模(2,4,…,14)。

表 8-5　实验参数

参数名称	参数意义	参数设置
α、β	适应度值计算参数	0.5、0.2
invalidCount	观察蜂阶段最大无效次数	1
iter	改进的人工蜂群算法蜂群迭代次数	(0,1,…,20)
scale	改进的人工蜂群算法蜂群规模	(2,4,…,14)

8.6.3　评估参数

实验通过适应度值来分析不同的分配策略的优化效果,更直观地比较不同分配策略的优化结果。计算方式如下:

$$\text{fitness}=\frac{1}{|U|}\sum_{u_i\in U,\text{es}_j\in \text{ES},\text{ws}_l\in \text{WS}} q_{ijl} \tag{8-30}$$

同时,为了更直观地反映改进的人工蜂群算法生成的最优分配策略相比于其他分配的优势,本书设计了优化量这一指标,其意义是计算最优方案适应度值与所有生成方案平均适应度值的差值。计算方式如下:

$$\delta=\text{fitness}_{\text{opt}}-\text{fitness}_{\text{avg}} \tag{8-31}$$

8.6.4　对比方法

为验证本章提出的优化方法的优越性,本章对比一些基准方法和近年来最有效的服务质量优化方法,分别是 NCMAPP_QoS、Random、GA_QoS、EUA_FOA 和 EUA_ILP,这些方法的具体介绍如下。

(1) NCMAPP_QoS:不考虑边缘缓存优化的静态优化方法。该方法跳过了边缘服务器缓存的优化,搜索最优的分配策略,直接基于用户的移动性为边缘用户分配边缘服务器,从而搜索最优的分配策略,面向移动感知进行 QoS 优化。

(2) Random:随机服务质量优化方法。该方法在满足服务器的资源约束和覆盖范围约束的基础上,基于用户的移动性为边缘用户随机分配边缘服务器,从而形成分配策略。

(3) GA_QoS:基于遗传算法的服务质量优化方法。该方法是本章所提出的 MAPP_QoS 方法的变种,它考虑了服务器缓存优化和用户移动性、基于遗传算法、通过迭代和选择来搜索可行的边缘用户分配策略。

(4) EUA_FOA:基于果蝇优化算法的服务质量优化方法。该方法采用果蝇优化算法(Fruit Fly Optimization Algorithm,FOA),通过模拟果蝇利用敏锐的嗅觉和视觉进行捕食的过程,将边缘用户分配给边缘服务器,形成分配策略并寻优。

(5) EUA_ILP:基于整数线性规划(Integer Linear Programming,ILP)的服务质量优化方法。该方法采用基于整数线性编程的启发式方法,为用户提供来自候选集的足够的计算资源的边缘服务器。

8.6.5 实验结果及分析

1. 面向移动感知的边缘数据处理

(1) 边缘区域的感知与划分

在提取上海电信数据集的边缘特征对真实 QoS 数据集进行数据预处理之后,得到边缘 QoS 特征数据集。通过 AP 聚类算法根据边缘节点的地理位置坐标划分边缘区域,根据坐标共划分了 20 个边缘区域,其分布如图 8-11 所示,标记点代表边缘节点,不同的颜色为边缘区域划分。

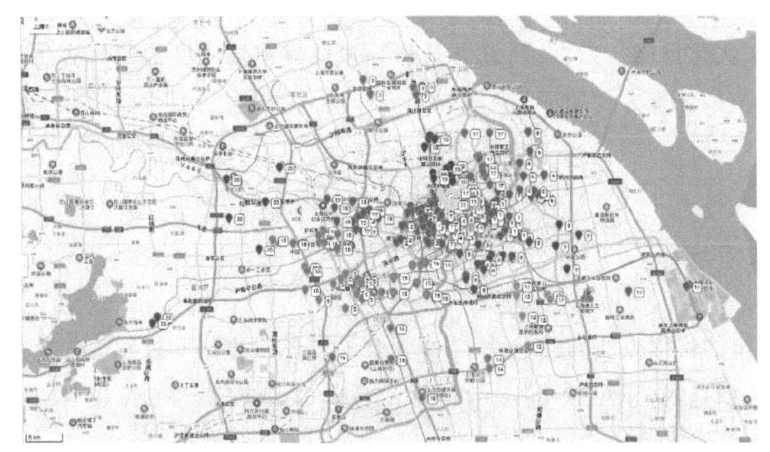

图 8-11 彩图

图 8-11　基于 AP 聚类的边缘区域划分布

本章选取数据集中 4 个边缘区域展开实验,选取的数据集反映出不同规模边缘区域的优化效果,计算 4 个区域的平均值来观察不同迭代次数和蜂群规模对优化效果的影响。4 个区域的分布如图 8-12 所示,共标记了 4 个实验区域,其行政区划分布在上海市的静安区和虹口区,以 1:2 km 的比例尺描绘了实验区域的边缘节点分布情况。实验的各个边缘区域的各项数据如表 8-6 所示。

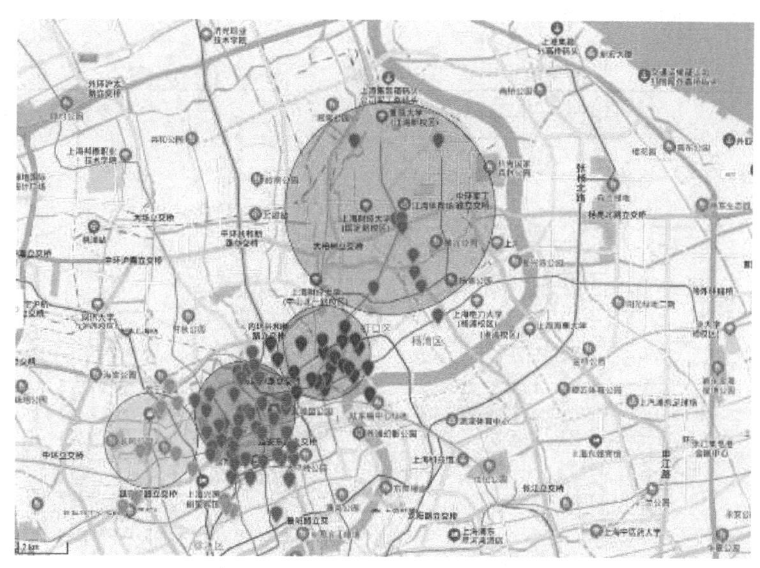

图 8-12 彩图

图 8-12　实验边缘区域边缘节点分布

表 8-6　实验边缘区域数据

区域编号	用户数量	边缘节点数量	记录条数
1	49	44	2 632 619
4	12	16	1 804 082
8	24	25	2 255 050
10	10	15	562 891

(2) 用户移动性感知

在基于拉格朗日插值法训练用户移动模型时，插值步长的选择对轨迹预测的准确性有很大的影响，为此本小节对不同的插值步长进行了实验，结果如图 8-13 所示。

经实验发现，步长取 500 时相比 100 的步长更能保证预测的准确性，相比 1 000 的步长更能还原移动的复杂性，插值步长范围初步定在 100 到 1 000 之间。

在用户移动模型的训练中，拉格朗日插值法的插值步长大小会影响模型的准确性和复杂度。为此本书引入了 accuracy 这一指标，以衡量真实被分配到的服务器属于其预测的备选服务器集合的成功分配的用户的比例。在实验区域内不同插值步长下的用户移动模型的准确性如图 8-14 所示。随着插值步长的增加，用户移动模型的准确性会降低。从 100 到 500 的插值步长的准确性相对较高。

本书进一步继续引入 offset 的度量指标，以进一步观察预测位置和实际接入节点之间的偏差。offset 计算预测和实际访问的平均偏差。用户移动模型的不同插值步长的偏移量如图 8-15 所示。当步长为 200 或 400 时，模型可以观察到偏移较低。显而易见，当插值步长较大时，计算插值点的数量较少。因此，将插值步长初始值设置为 400，以在准确性和计算成本之间达到平衡。

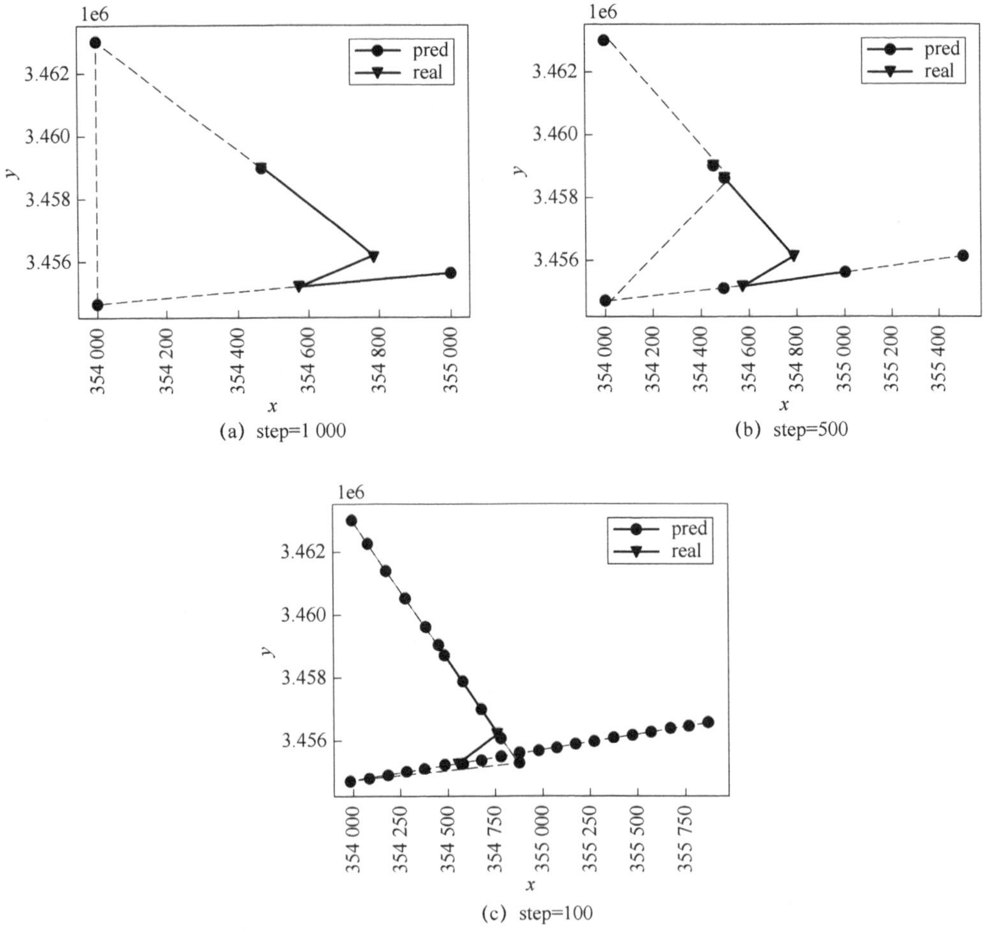

(a) step=1 000

(b) step=500

(c) step=100

图 8-13 不同步长的轨迹预测情况

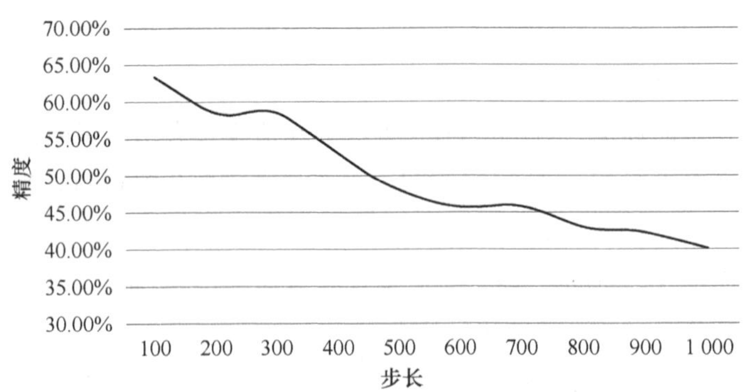

图 8-14 不同插值步长的准确性

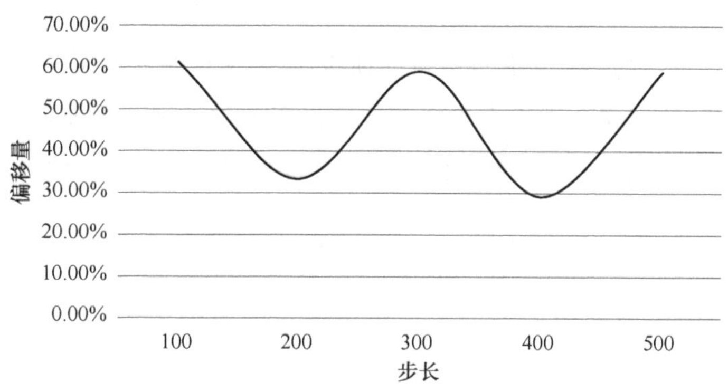

图 8-15　不同差值步长的偏移量

2. 模型参数训练

(1) 静态用户调用模型参数

为了训练用户私有模型，以发现用户对于服务调用的偏好，优化边缘服务器的缓存，使用基于梯度下降的逻辑回归模型对用户私有模型进行训练。在训练过程中，不同的停止策略有不同的训练效果。

如图 8-16 所示，当停止策略设置为迭代次数时，训练的损失值较高且呈线性下降趋势；当停止策略设置为损失值时，损失值的阈值设置为 10^{-6}，需迭代 5 000 次以上，在迭代 20 000 次时损失值的变化区域平缓；当停止策略设置为梯度变化时，设置梯度阈值 0.05，需迭代 4 000 次以上，在迭代 10 000 次时损失值变化趋于平缓。综合上述情况考虑，将逻辑回归训练的停止策略设置为梯度变化。

(2) 动态用户调用模型参数

动态用户调用模型是基于增量学习和联邦学习的 SVM 建立的，其训练过程包括 4 个步骤：动态 SVM 训练；留一错误率估计(用于泛化性能评估)；正则化参数扰动；内核参数扰动。训练的输入包括区域中的用户样本集 X(表示用户特征)、其服务调用标签 y_k(表示用户 u_i 对服务service_k 的调用情况)、软间隔正则化参数的维度 C、内核规模 scale。本书在 4 个实验区域内进行了一系列实验，以探究 C 和 scale 对平均训练时间的影响。实验结果如图 8-17 所示。可以观察到，当 C 和 scale 变化时，平均训练时间没有明显的变化。因此在 C 和 scale 的所有可能的值组合之间比较分类器的性能，发现在$(C,\text{scale})\in\{(1,6),(4,7),(3,6),(4,9)\}$时没有生成错误向量。最终选择 $C=1$ 和 scale$=6$，因为它们产生较低的错误向量率，并且需要更少的训练时间。

3. 隐私保护分析

在面向隐私保护的服务缓存方案中，移动用户可以使用自己历史数据来训练调用偏好模型，然后将参数卸载到边缘云进行更新。在更新参数之后，边缘云向移动设备提供反馈。移动设备根据新的参数对其进行再次训练，得到用户偏好模型。同时在模型的分发与上传的过程中，为了避免用户在参数传递的过程中被识别和推断，参与训练的各个用户都下载并上传覆盖整个模型的完整参数，有效保护了用户的特征敏感信息。

学习率：0.001 –停止策略：损失值变化 $<10^{-6}$

损失值

0.69
0.67
0.65
0.63
0.61
0.59

0
10 000
20 000
30 000

迭代次数

(a) 以损失值为停止策略

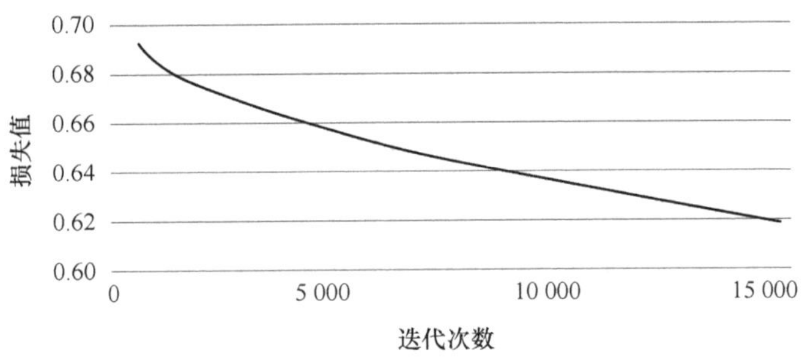

(b) 以梯度变化为停止策略

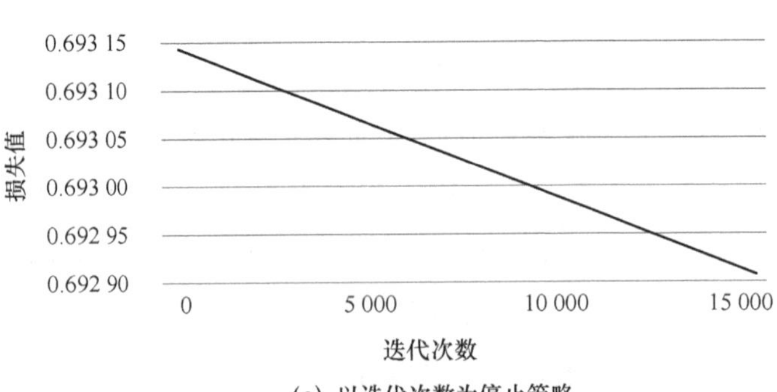

(c) 以迭代次数为停止策略

图 8-16　不同停止策略的训练情况

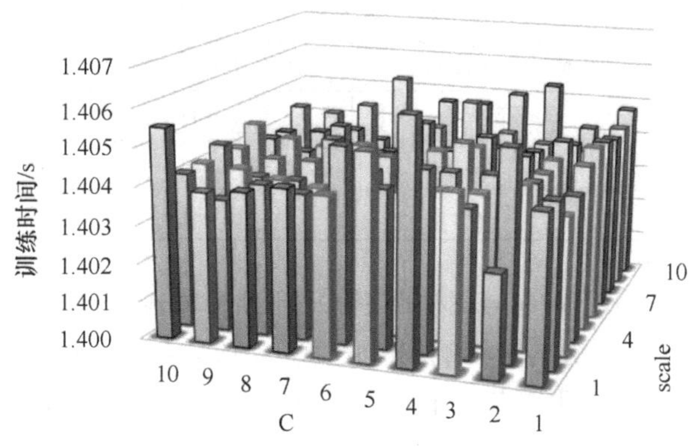

图 8-17 彩图

图 8-17　不同(C,scale)的训练时间

为分析基于联邦学习的边缘缓存优化对与服务质量优化效果的影响，本书采用一种不考虑边缘服务器缓存的优化方法 NCMAPP_QoS 与本方法进行对比。NCMAPP_QoS 方法与 MAPP_QoS 相比，不对边缘服务器缓存进行优化，对于用户调用的服务直接进行处理。此处在图 8-18 中比较了 NCMAPP_QoS 和 MAPP_QoS 在迭代过程中的优化效果变化。可以看出，两种方法在迭代后都能寻到自由适应度值并趋于稳定，但不考虑缓存的 NCMAPP_QoS 方法的优化效果略逊于 MAPP_QoS。

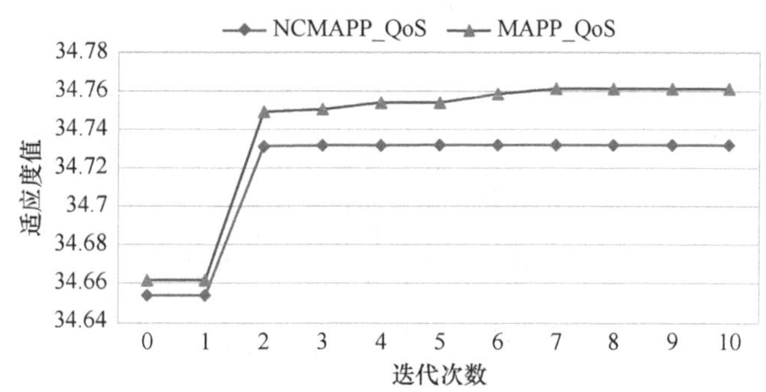

图 8-18　边缘缓存对优化效果影响比较

4. 优化效果分析

(1) 响应时间

在服务质量优化工作中，具体的优化效果反映在用户的服务质量体验上，最直观的指标为服务的响应时间。本书计算了优化前和优化后边缘服务的平均响应时间。通过比较优化前后响应时间的变化可以看出，本书提出的优化方法在服务的平均响应时间上可以缩短约 7%。部分用户优化前后的平均响应时间变化如表 8-7 所示。

表 8-7　部分用户优化前后响应时间变化

用户 ID	优化前平均响应时间/s	优化后平均响应时间/s	降幅
9	2.355 7	2.194 4	6.93%
69	5.215 6	4.834 2	7.31%
70	4.638 1	4.291 4	7.48%

以用户 ID 为 69 的用户为例，在优化边缘用户分配之前，该用户接入 ID 为 161 的边缘服务器调用服务，调用服务的平均响应时间为 5.215 6 s；在优化分配之后，为用户分配 ID 为 217 的边缘服务器，调用服务的平均响应时间为 4.834 2 s。用户的服务体验可以得到显著优化。

(2) 迭代次数

改进的人工蜂群算法在迭代过程中优化效果的变化情况如图 8-19 所示。可以明显看出，迭代过程中算法搜索到的最优分配策略的适应度值随着迭代过程不断提高，并且变化逐渐趋于平缓，这说明该算法在迭代搜索的过程中可以找出更优的分配策略。同时，优化量整体呈波动下降趋势，说明迭代一段时间后，生成的分配策略的适应度值普遍有所提升，故最优解的优势减弱。改进的人工蜂群算法在第 6 次迭代和第 9 次迭代时搜索到更优的分配策略；在第 7 次迭代和第 9 次迭代时优化量有一定幅度的提升，且在之后的迭代中优化量持续下降，迭代中最优解在第 10 次迭代时找到。

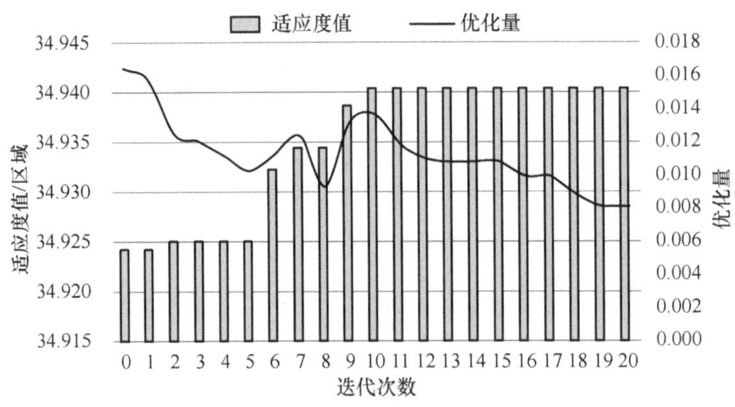

图 8-19　迭代次数对优化效果的影响

(3) 蜂群规模

随着改进的人工蜂群算法中蜂群规模的扩大，不同蜂群规模下的优化效果变化如图 8-20 所示。

适应度值和优化量随着蜂群规模大小的增加而波动增长。可以看出，如果蜂群规模保持扩大，可以获得最佳解决方案；较大的蜂群规模可以在最佳和平均适应度值之间产生更大的差异。这是由于较大的蜂群规模会产生更多非最佳分配策略。当蜂群的规模为 12 时，最优分配策略的适应度值大幅度提高，优化量也达到峰值，表明此处的最优分配策略的相对优势更大。考虑到进一步扩展种群规模将大大提高优化成本及其与适应度值和优化量之间的权衡，在迭代中应选择 12 作为最佳种群规模。

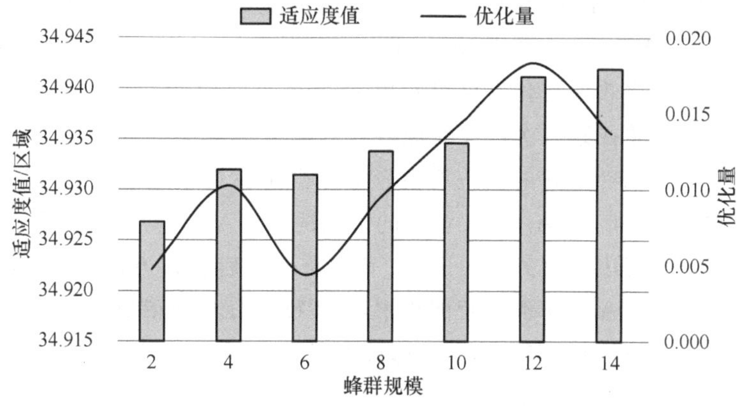

图 8-20　蜂群规模对优化效果的影响

从图 8-19 和图 8-20 也可看出，在算法的时间消耗和规模增加，也就是迭代更久或是种群规模更大时，优化效果也是呈上升趋势的。但在这个过程中，时空资源的消耗也在不断上升。因此在资源允许的情况下，可以扩大算法规模；而在时空资源紧张的情况下，要资源和优化效果中取得平衡。

(4) 区域规模

本书将 4 个实验边缘区域中的优化性能进行了比较以探索优化性能与边缘区域大小之间的关系。如图 8-21 所示，每个用户的优化量或适应度值与区域规模的增加没有明显的趋势。这表明边缘区域大小对优化性能没有显著影响。

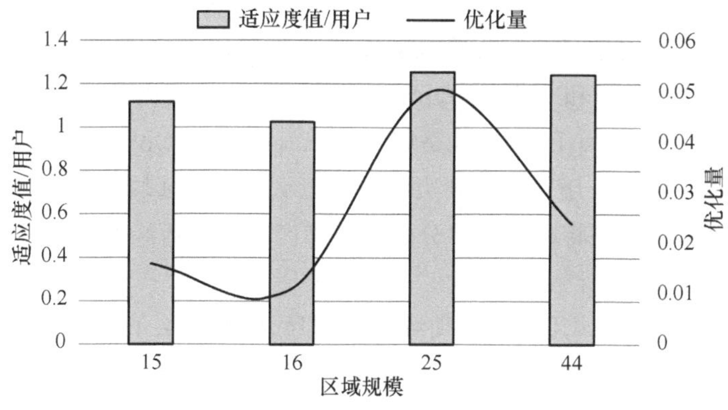

图 8-21　区域规模对优化效果的影响

(5) 方法对比

由于现有的策略只关注静态优化，基于边缘 QoS 数据集，比较本章提出的 MAPP_QoS、2 个基准方法和 2 种新的边缘用户分配策略之间的优化效果。事先考虑用户的移动性和区域缓存，以确定每个策略的解决方案空间。4 项比较策略包括：随机分配

(Random)、基于遗传算法的分配(GA_QoS)、基于果蝇优化算法的分配(EUA_FOA)和基于 ILP 的服务质量优化方法(EUA_ILP)。

图 8-22 显示了 MAPP_QoS 与其他策略之间的优化性能比较。由于优化的目的是找到更好的用户-边缘服务器分配策略,因此比较了实验区域中 5 种策略的适应值,以及其随着迭代过程的优化效果变化。可以看出,提出的 MAPP_QoS 策略在整个时期内实现了最高的适应度值并在第二次迭代后保持相对稳定,Random 和 GA_QOS 策略较弱,其值更具有波动性。GA_QoS 的适应度值较低是由于在搜索过程中容易陷入局部最佳解决方案。EUA_ILP 和 EUA_FOA 策略的优化性能相对较差,因为它们不能保证区域中的每个用户都分配到边缘服务器。EUA_ILP 是一种启发式方法,其值在第三次迭代后趋于平稳。EUA_FOA 基于群体智能技术,比 EUA_ILP 获得更高的适应度值。然而它收敛缓慢,在搜索过程中也容易陷入局部最优解。

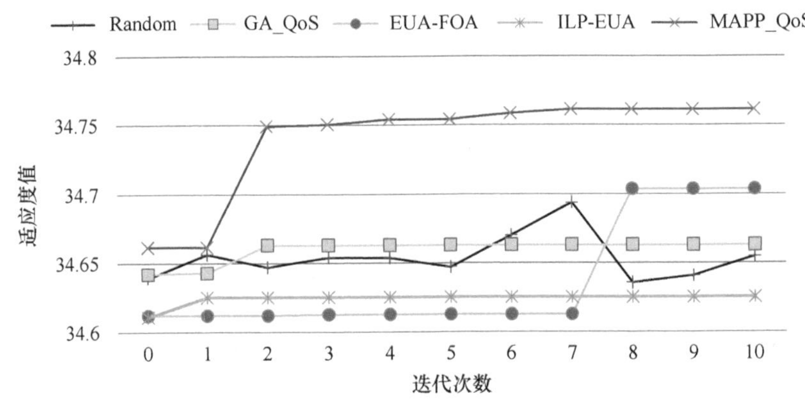

图 8-22 不同方法优化效果比较

接下来,通过实验比较了 4 个实验区域中成功分配用户的数量,如图 8-23 所示。可以看出 Random、GA_QoS 和 MAPP_QoS 可以分配实验区域内的所有用户,与这 2 种状态相比,EUA_ILP 和 EUA_FOA。这是因为 Random、GA_QoS 和 MAPP_QoS 具有相同的目标函数,旨在将所有用户分配到边缘中的边缘服务器区域,而 EUA_ILP 和 EUA_FOA 的目标函数不能保证将所有用户分配到边缘区域中的边缘服务器。

(6) 训练时间对比分析

比较 3 个可选的服务调用模型的训练时间,即所提出的基于增量学习的 SVM 模型,传统的 SVM 模型,以及逻辑回归模型。选用 3 种模型来训练从 4 个实验区域随机选择的边缘区域(区域 10)的区域调用模型。新数据在 64 个时间段中的 T_8 到达。该模型按照每个时间段的标记顺序训练相应数据,计算每个时间段内服务的总训练时间,结果如图 8-24 所示。可以看出,逻辑回归模型的训练时间相对稳定,在 3 种模型中也是最高的。这是因为当新数据到达时需要与所有历史数据一起训练逻辑回归模型。相比之下,SVM 模型随着增量数据的增加而扩大,其结构更灵活。基于增量学习的 SVM 模型比传统 SVM 的训练时间更少,节约了近 75.8%的训练时间。逻辑回归模型相对简单,更适合大规模线性分类。在时间段 T_{45} 之后的训练时间略低于传统 SVM，而大部分时间的 SVM 训练时间较短。此外，基于增量学习的 SVM 仅需要训练递增的数据，并适当地添加干扰，以实现训练效果，可以提高训练速度。

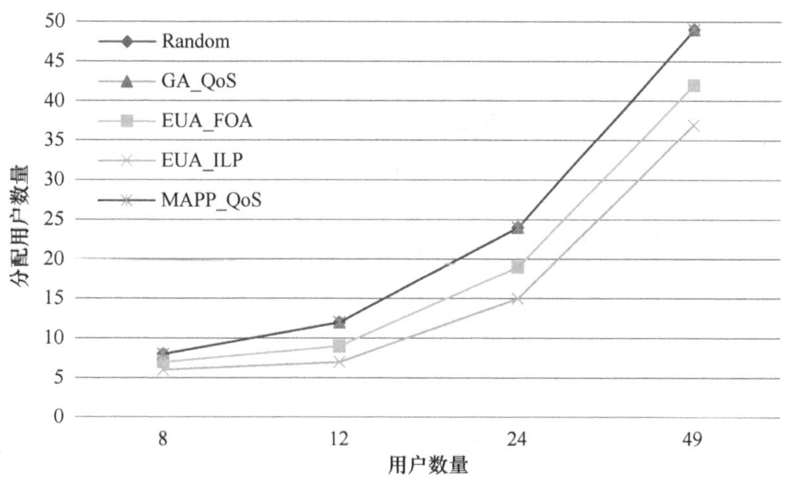

图 8-23　不同方法分配用户数量比较

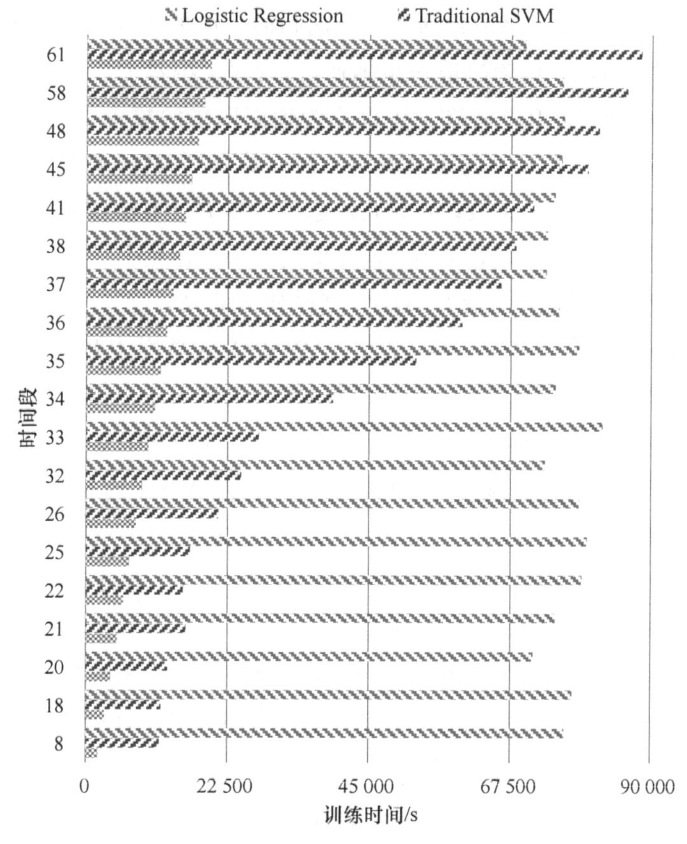

图 8-24　训练时间比较

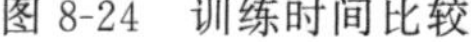

图 8-24 彩图

第 9 章 天算星座与云原生卫星技术探索

9.1 概　　述

6G 旨在实现空、天、地、海全球无缝连接与覆盖，重点突破融合地面移动通信和卫星互联网等技术，而卫星计算与星地云网融合是面临的一项关键挑战。卫星计算与卫星互联网是面向 6G 的云网融合概念的进一步延伸，因为海量卫星原生数据的在轨处理依赖于强大的卫星算力支持，而卫星网络又可以作为地面网络的覆盖补充和容量补充，满足全球范围内服务需求。卫星计算与卫星网络已经开始受到关注，研究人员提出了各种算法、应用和仿真试验台。Bhattacherjee 等人发起了一场关于卫星边缘计算概念的学术讨论，探索了可以利用这一范式的潜在应用，并确定了可能阻碍其实施的因素。Denby 等人提出使用纳米卫星轨道边缘计算来解决“弯管”架构的局限性。在遥感业务的驱动下，他们提出了一种计算纳米卫星管道的工作模式，以消除单颗卫星的能量约束。此外，Denby 等人设计实现了第一个轨道边缘计算模拟器，将其用于卫星的任务模拟和自主控制。Bhosale 等人设计了一种用于联合路径预测、卫星选择和任务移交的松耦合编排工具。根据卫星边缘计算的特点和要求，Pfandzelter 等人分析了虚拟机、容器和无服务器功能的不同应用组织范式的适用性。在前人工作的基础上，提出了卫星仿真工具的设计原则，并设计了一个基于 microVM 的卫星边缘计算试验台。此外，其他工作主要集中在资源分配、计算卸载、服务放置等方面，从理论上为改善卫星计算生态做出了努力。

令人兴奋的是，在过去的几年里，卫星在性能和计算能力方面取得了巨大进步。例如，中国于 2020 年 1 月发射的 LEO 宽带通信卫星的 CPU 时钟为 600 MHz，内存为 4 GB，总线带宽为 1.28 Gbit/s。2022 年 3 月，中国发射了第一颗大规模开发的 LEO 宽频通信卫星，升级后的单星 CPU 时钟为 1.2 GHz，内存为 8 GB，总线带宽为 2.5 Gbit/s。这些进步表明卫星已经开始有能力执行计算任务，并为整个卫星信息产业的发展提供了新的机会。不可否认，卫星计算的相关研究仍处于初级阶段。除了对卫星制造的高技术要求外，还需要讨论在太空中执行计算任务的形式。目前，将卫星计算作为一项成熟的商业服务还不容易为公众所接受。此外，对于学术界来说，迫切需要一个真正开放的卫星计算平台来部署和验证其框架、机制或算法。卫星计算离真正的商业化还有很长的路要走。

北京邮电大学与学术界和工业界一起发起了天算星座，以构建一个开放的在轨计算平台。该星座中的第一颗主星北邮一号具有重要意义，因为它为卫星计算提供了一个真正的实用平台，而不仅仅是一个理论或模拟平台。为了给北邮一号提供必要的计算能力，我们在卫星上安装了一系列计算组件。我们将应用程序打包为容器或服务，并将它们上传到这些计算组件。值得注意的是，云原生技术是实现这一切的关键因素，这也是北邮一号设计的基本概念。云原生使我们能够利用北邮一号的资源虚拟化、功能通用化和灵活、简单的编排。BUPT-1 的成功运行表明，我们已经为建立卫星计算在轨开源测试平台奠定了坚实的基础。

我们认为卫星具有尚未开发的潜力，其远远超出了我们迄今为止所看到的。在大规模 LEO 卫星和计算卫星之后，卫星的未来在哪里？在未来的几年里，哪些领域将依赖卫星？在这一过程中，它必须克服什么样的障碍？我们将在本章探讨这些问题。

9.2 云原生卫星与天算星座

9.2.1 天算星座

卫星是人类拓展地球生存空间的第一站。然而，由于卫星研发的技术门槛高，以及卫星运营和管理的成本和风险高，许多科研人员很难涉足卫星行业。2021 年 10 月，我们启动了天算星座项目，该项目由 3 个阶段组成，目标分别发射 6 颗、24 颗和 300 颗卫星。目前处于天算星座的第一阶段。如图 9-1 所示，轨道上已经有 5 颗卫星正常运行，包括一颗主星（北邮一号）、两颗辅星（宝云号和创星雷神）以及两颗边缘星（丽泽一号和元光号）。为了提高卫星网络的性能，正在努力建设卫星间链路和云原生卫星地面站。第一阶段预计将于 2023 年完成。在天算星座的第一阶段，主要任务包括但不限于星地网络、6G 核心网、空天服务计算、云原生卫星边缘计算、卫星操作系统、星载 AI 加速平台、器件和载荷测试、测控运一体化、公共服务能力开放平台等。

天算星座致力于探索星地计算新形式，用星地计算赋能卫星网络，并将通信、导航、遥感和其他空间应用需求与计算服务联系起来。天算星座的目标是克服创新障碍，实现异构星座互联、星地网络一体化、器件载荷创新、应用数据共享等目标。展望未来，天算星座有望为人类星际文明的发现和探索以及星际网络的发展提供技术支持。天算星座为对空间计算行业感兴趣的单位或组织以及学术界和产业界提供交换想法和共享资源的平台。

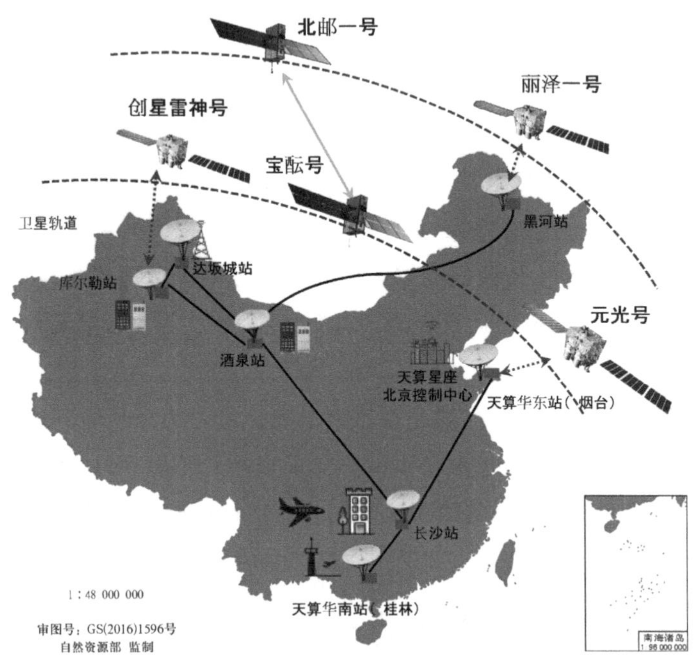

图 9-1 天算星座架构

图 9-1 彩图

9.2.2 云原生卫星

云计算和虚拟化技术的广泛采用推动了容器技术的发展，从而催生了云原生技术的出现。谷歌发布的 Kubernetes 是一个开源容器编排和管理系统，进一步加速了云原生在商业应用中的应用。然而，云原生技术在卫星上的应用仍然是一个相对新颖的想法。

具有微服务、容器、开发和运维以及持续交付基本特征的云原生赋予了卫星更多的可能性。首先，容器是微服务功能的载体，星载微服务可以独立部署、管理和重启。其次，Docker 是使用最广泛的容器引擎，通常由 Kubernetes 监督和协调，这显著提高了容器之间的负载平衡。各种基于容器的应用程序通过 RESTful API 进行通信。然后，开发和运维为云原生提供了持续交付能力，加强了开发者和运营商之间的合作，促进了应用程序的快速部署和生产。最后，持续交付通过及时开发和不间断更新，确保云原生服务的快速交付和反馈，在确保服务质量的同时降低应用程序发布风险。

将云原生技术用于卫星计算具有独特优势。首先，云原生架构配备了自动化和集成功能，允许在卫星平台上自动部署用户任务，而无须手动干预或重复执行；其次，基于微服务架构的云原生技术可以将计算任务和需求打包到微服务中，微服务是可以单独发布的独立程序。这种微服务部署方法允许在管理卫星计算平台方面具有更大的灵活性和效率；此外，云原生可以增强卫星计算的可扩展性和可靠性，在卫星平台上运行的容器化软件独立运行，无需考虑其他组件，容器的隔离确保程序在没有外部系统干扰的情况下平稳运行；最后，云原生允许卫星计算应用程序在容器中运行，无须考虑卫星底层硬件的差异，容器化的应用程序也很容易迁移，从而简化了与开发、操作和维护相关的挑战。

云原生是天算星座卫星设计中的一个关键概念，它极大地促进了星载服务、资源甚至卫星设备的开发和管理。与传统卫星相比，云原生卫星在应用部署、可扩展性和成本效益方面具有明显优势，如表 9-1 所示。从某种意义上说，云原生代表了云计算和边缘计算未来的发展方向。卫星计算包括计算、网络和通信，而云原生方法促进了这些不同组件的无缝集成和协同。在云原生卫星的实践中，载荷云原生和平台云原生是两个关键的环节。

表 9-1　传统卫星和云原生卫星的比较

比较项	传统卫星	云原生卫星
应用部署	在地面模拟卫星环境进行调试	容器镜像，打包即用
	星地链路通信协议适配	无感知的 IP 通信
可扩展性	定制任务，不可更改	基于镜像更新的应用切换
	终端设备固定连接，无法动态管理	可插拔的设备管理框架
成本	测控站管理卫星遥测遥控	云端统一管理边端卫星
	数传站管理卫星下行数据	负载均衡、高效利用星座资源

(1) 载荷云原生

载荷云原生是指安装一个云原生平台，该平台允许使用 Docker 等技术自定义载荷功能。它使用云原生技术将载荷功能打包到服务中，然后将这些服务与其必要的依赖关系打包在容器中。简单地说，载荷云原生意味着载荷功能不依赖于特定功能的特定设备。用户可以将载荷功能自定义为软件，并将其部署为服务和容器。通过使用计算硬件作为载体，并使用微服务和 Docker 等云原生技术，载荷云原生为用户提供了类似于云服务的本地基础设施替代方案。这与传统的以任务为导向的卫星的载荷功能不同。在卫星开发过程中，载荷功能是固定的，因此一旦卫星进入太空，就不可能调整载荷能力来满足用户需求。而载荷云原生具有功能可定制、服务灵活、管理更便捷、性价比更好等优势。

(2) 平台云原生

平台云原生是利用云原生技术，使卫星平台热控、能源、姿态控制等设备更加通用化的软件化改造，目标是使卫星平台的功能更加相互兼容。不同的卫星制造商通常有自己的设计标准和制造工艺，这会导致平台设备和载荷之间不兼容。各种卫星平台设备通过总线连接到星载计算机。为了使载荷设备与卫星硬件一起工作，它必须能够适配接口协议。云原生平台通过打造统一的载荷管理平台，通过软件定义卫星平台设备来解决这个问题。这意味着当有效载荷部署在卫星平台上时，可以忽略接口协议之间的差异。相反，载荷只需要通过代码创建一个简单的调用接口即可。平台云原生的实现极大增强了卫星的管理和控制能力，降低了应用开发和部署的难度，使用户、服务提供商和卫星制造商多方受益。

9.3 北邮一号卫星

北邮一号卫星于 2023 年 1 月 15 日成功发射入轨，其作为在轨空间计算试验开放平台的核心节点，积极践行云原生理念。目前已成功实现载荷的云原生部署，也在向平台云原生方向努力。我们展示了云原生卫星架构的详细设计以直观地理解北邮一号卫星。此外，云原生技术使卫星计算平台能够开展广泛的实验。

9.3.1 北邮一号云原生卫星架构

云原生卫星架构如图 9-2 所示，包含 6 个功能层。每一层都展示了云原生卫星应该具备的组件或功能。为了将云原生卫星架构各层功能有机融合，它提供了自下而上的垂直能力，包括基础设施互联、外部资源融合、系统分布式管理、服务跨域协同、接口能力开放和应用策略控制。此外，这些能力也反映了相应层的主要功能。载荷云原生主要是管理和执行卫星载荷的功能，这意味着操作系统、容器服务、系统编排和某些虚拟资源都可以通过使用载荷云原生来实现。鉴于平台云原生是为整个卫星平台设备设计的，它支持与云原生卫星架构相关的全方位功能。我们下一阶段的重点将放在平台云原生上。

（1）物理硬件层

这一层包含了卫星正常运行所需的基本平台设备。例如，能源系统是一个用于产生、存储、调整电力，并将电力分配给卫星其他系统的组件。此外，数据管理系统，也被称为星载计算机，可以被视为卫星的大脑。它通过卫星总线管理其他星载设备。数据管理系统实现了遥控、遥测、载荷管理和时钟参考等通用功能。值得注意的是，软件定义的无线电系统是平台云原生的一个鲜明体现，它基于软件定义的无线通信协议，而不是硬件连接。带宽、空口协议、功能可通过软件灵活更新。

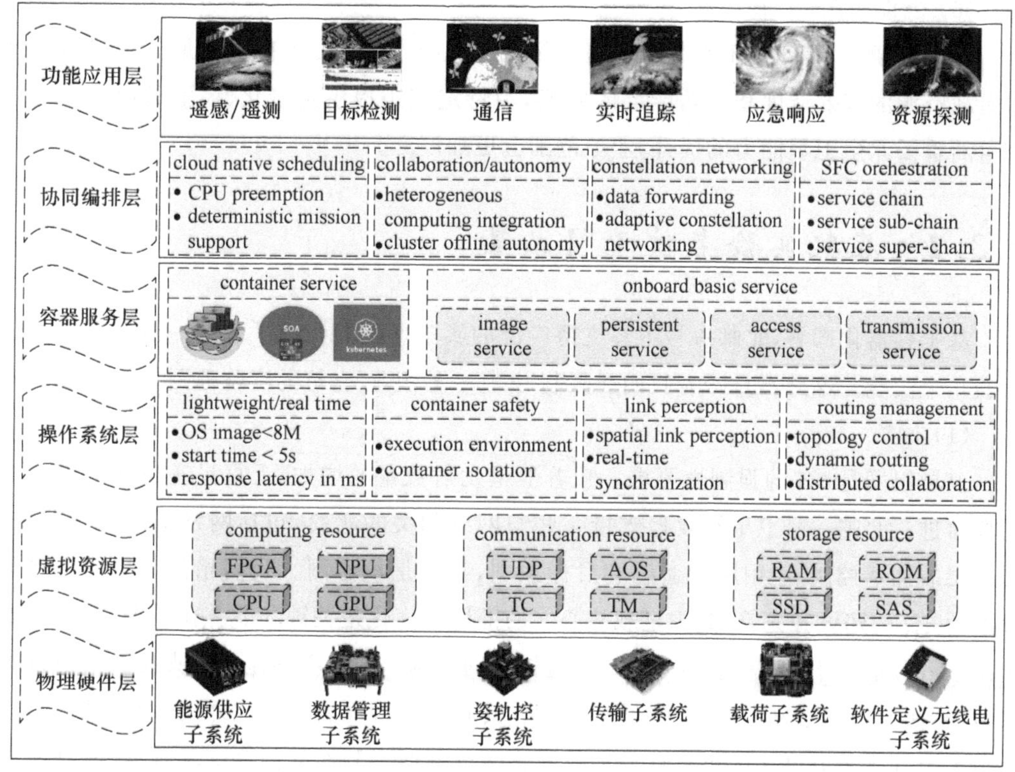

图 9-2　云原生卫星架构

(2) 虚拟资源层

虚拟化技术将物理计算资源、通信资源和存储资源抽象成逻辑资源池。数据管理系统将这些资源分配给应用。虚拟化资源的按需分配提供了更高的灵活性,避免资源闲置和资源碎片化。

(3) 操作系统层

为远程和动态卫星部署操作系统并非易事。需要开发适应卫星特殊环境及其特点的操作系统功能,包括但不限于强大的实时/轻量级系统、容器安全、空间链路感知和路由管理。应用程序的后续开发和编排可以在操作系统上进行。

(4) 容器服务层

容器和微服务是实现云原生卫星的关键技术,而 Kubernetes 乃至 Kubeedge 都是管理容器和微服务的有效工具。应用和功能可以以容器或微服务的形式部署在卫星上,以实现灵活的开发和编排。除了提供应用容器服务外,该层还支持基本服务,如镜像服务、接入服务、传输服务和持久化服务。

(5) 协同编排层

该层侧重于应用和服务的协同编排和质量保证。通过开放的能力接口,为云原生调度、星座协同自治、集群星座组网、服务功能链编排提供服务,有效支撑用户业务需求。

(6) 功能应用层

这一层涵盖了 LEO 卫星乃至卫星互联网能够服务的大量业务。云原生卫星可以通过星载资源的有效调度和各功能层的协调,为特定应用提供定制化、灵活的服务。应该相信随着云原生卫星能力的提升,业务范围会更加广泛。

9.3.2 在轨实验与核心网上星

基于容器化部署,北邮一号卫星支持广泛的实验。我们介绍了北邮一号卫星正在进行的几个实验。这并不意味着我们要限制 北邮一号卫星 支持的实验范围。

(1) 网络

卫星组网是 6G 的强制性要求。随着卫星发射数量的增加,天算星座也在朝着这个目标前进。北邮一号卫星有效地支持一些与网络相关的实验,包括网络层的流量路由,传输层的拥塞控制,应用层的遥感和目标识别,甚至是核心网。我们相信卫星网络将显著推动 6G 的建设和完善,其中星载核心网的部署和优化是关键环节。在早期阶段,我们提出了一种适用于 6G 需求的分布式云边核心网架构。云核心网作为中央协调节点部署在地面,而边缘核心网则部署在每颗卫星上,具有自我管理能力。此外,我们已经确认了在卫星上部署核心网络的可行性。星载核心网将降低控制面的信令交互延迟,实现实时服务,避免信令风暴。随着太空基础设施的快速建设,传统的星座管理方法已经过时。利用星载核心网直接管理网络、计算和存储资源,将大大提高星座的运行效率。我们还将继续在北邮一号卫星上进行一系列星载核心网实验,以验证其服务能力。

(2) 计算

卫星计算已经被提出一段时间了。卫星计算作为地面热点地区的容量补充,可以缓解地面服务器的负载压力,而且也不必担心卫星基础设施会受到自然灾害的破坏。卫星计算对处理卫星原生数据具有重要意义,尤其是遥感图像的信息处理将更加准确。如前所述,卫星计算工作是从卫星计算系统、模拟工具以及资源和服务优化的角度进行的,然而,卫星计算的潜力远远不止于此,尤其是北邮一号卫星为新兴企业提供了在轨计算的可能性。首先,太空中的 AI:遥感是目前大多数 LEO 卫星的主流业务,每天在全球范围内生成近 100TB 的图像数据。虽然将推理任务下传到地面站是很常见的,但这给星地链路带来了巨大的带宽压力。此外,阴雨或多云天气会导致遥感卫星生成无效图像,占用有限的下行链路带宽。星载 AI 可以即时推断遥感图像,也可以选择有价值的图像发送到地面站进行进一步处理。其次,太空中的联邦学习:大多数卫星数据必须下传到地面站进行进一步处理,这面临着许多挑战。一方面,星地链路比较脆弱,数据传输面临高延迟和中断。另一方面,星地链路中的数据传输很容易被泄露和窃听。联邦学习作为一种分布式机器学习机制,可以直接处理卫星收集的信息,保护卫星的数据隐私。因此,联邦学习在卫星计算的处理加速和安全保障方面具有广阔的前景。

(3) 测量

获取真实的卫星数据集,包括能源、热耗和温度等卫星原生数据,以及遥感图像和监测数据等应用数据,对学术界来说是比较困难的,这给许多研究人员的相关实验造成了瓶颈。天算星座是一个由多方共建的开放计算平台。随着相关法规的完善和技术的成熟,对卫星数据集有需求的人将有更多的机会访问它们。目前,北邮一号卫星已经进行了大量有趣的测量实验,包括星地链路传输(延迟、带宽、抖动、丢包率等)、能量收集、存储和释放、能量消耗与负载之间的关系以及不同负载之间的权衡等。由于天算星座仍处于初始阶段,目前通过测量实验收集的数据仅来自北邮一号卫星单颗卫星。相信随着云原生卫星计算平台的成熟,天算星座将继续提供丰富而有价值的卫星数据。

9.4 开放性问题与探索

在本节中,我们将着眼于卫星发展的未来,重点关注最新的研究领域,并对悬而未决的问题进行理性分析,希望为研究人员提供有效的参考。

(1) 卫星基础设施

卫星要进入预定轨道,首先必须由火箭运载。卫星制造成本的降低和火箭回收技术的成熟,使得大规模低轨星座的建设成为可能。Starlink 目前拥有 4 000 多颗在轨卫星,这是通过有效利用火箭复用和“一箭多星”的方式实现的。猎鹰 9 号火箭迄今已成功完成 15 次卫星发射任务,SpaceX 也实现了 100 多次火箭回收。中国也拥有相对成熟的火箭复用技术,但正在追求更高的目标,即火箭动力系统的完全复用。传统的火箭复用只允许部分动力系统的复用,而动力系统的完全复用才是最终目标。因此,火箭复用技术的进一步突破将成为制造商和研究人员面临的紧迫问题。

随着太空原生数据量的持续增长,下行链路的质量成为星地链路和地面站的瓶颈。有限的上行链路和下行链路带宽对星地链路来说是一个严格的限制,尤其是可用带宽高度不对称的民用或学术卫星。在有限链路容量和不稳定链路条件下下传数据是一项重大挑战。以天算星座为例,在轨卫星与地面站之间的通信主要利用 X 波段。目前,该频带中的上行链路速率被限制为 0.1～1 Mbit/s,而下行链路速率约为 100～600 Mbit/s。因此,在上行链路和下行链路之间存在显著的不对称性。为了消除星地链路的传输瓶颈,天算星座计划在未来申请使用 Ku/Ka 频段。这将使上行链路速率超过 200 Mbit/s,从而确保更平衡和质量更高的通信性能。

地面站是用户和卫星之间的通信媒介,但它们面临着建设成本高、多星竞争、通信时间有限以及易受地质灾害影响等挑战。现有研究提出了分布式地面站、地面站功能设计、自适应下行链路调度和基于商业硬件的小型地面站，以优化星地通信质量和地面站服务能力。此外，地面站是连接卫星和地面网络的通道，也是我们与卫星通信的门户。天算星座需要广泛的地面站，以允许用户随时随地访问该服务。构建云原生地面站是适应和服务云原生卫星的重要基础设施。需要更多的投资和努力来提高有限频谱资源的利用率和地面站性能。

(2) 卫星边缘计算

卫星边缘计算是一种用于特定场景的移动边缘计算应用。卫星边缘计算利用卫星的全球移动性将计算服务带到世界各地，而卫星则利用卫星边缘计算补充其有限的计算能力。尽管在底层卫星边缘计算架构的设计以及上层服务部署和流程的优化方面进展有限，但该行业已经取得了重大进展。特别是，北邮一号卫星是卫星边缘计算的先驱，已经成功进行了许多验证测试。

不可否认，卫星边缘计算提供了许多直观而多样的好处。在计算卸载中，计算资源有限的地面用户可以将计算任务卸载到具有边缘计算能力的 LEO 卫星上，以减少任务处理延迟和资源开销。即使地面用户位于偏远地区或地面基础设施受损，卫星边缘计算也可以依靠 LEO 卫星的固有特性为任何用户提供计算服务和应急通信能力。在数据缓存/处理方面，LEO 卫星，特别是遥感卫星，需要持续的数据处理，这给卫星地面链路和地面站带来了巨大的压力。一方面，卫星边缘计算将数据缓存在卫星或地面站中，以避免类似内容的重传并减少网络流量。另一方面，卫星边缘计算使 LEO 卫星能够具备星载计算能力，处理卫星上的原生数据，从而减少下传量。在安全方面，与传统的云计算相比，卫星边缘计算将用户信息卸载到多个边缘 LEO 卫星，以避免用户信息的集中处理。总之，卫星边缘计算将在卫星原生数据处理、资源优化等方面为未来的卫星生态做出贡献。

(3) 星载操作系统

卫星正在朝着无处不在、智能化和通用化的方向发展。卫星软件的快速发展加速了星载硬件的创新。在卫星中使用商业硬件不仅降低了制造成本，而且通过星载计算机和载荷的统一架构提高了任务部署的灵活性。因此，星载操作系统的研究和开发已经成为一个热门话题。新一代卫星操作系统的开发应克服传统星载计算机功能的局限性。在提高性能的同时，它应该与现有的 Linux 软件生态系统无缝集成。此外，基于商业硬件的星载操作系统应在软件级别提供容错机制，以避免来自不可靠环境的干扰。最后，新一代卫星操作系统应包括用于大量星载任务的隔离机制以防止干扰，并根据任务优先级提供调度功能。

(4) 其他

6G 网络的发展需要卫星通信、感知和计算能力的集成。在过去，这 3 个组件的开发是相互独立的。然而，6G 对网络延迟、带宽、计算能力、速度、连接密度和其他指标提出了更严格的要求，因此有必要将这 3 个组件结合起来。不幸的是，目前在系统架构、使能技术和评价指标方面没有统一的标准。在集成通信、感知和计算时，必须考虑它们之间的相似性和差异性。为了实现这一点，可能需要依赖特定的技术，如深度学习、强化学习、联邦学习和软件定义的卫星。

卫星研发是一项复杂的跨学科事业，需要计算机科学、网络、通信、自动化、电子和机械等各个领域的专业知识。具有不同学术和工业背景的专家必须专注于不同领域，如卫星姿态和轨道控制系统、能源系统、热控制系统、测控系统以及操作系统，为卫星产业生态系统的发展做出贡献。

9.5　结　　语

卫星计算是实现真正的 6G 空天地海一体化网络的关键推动者。我们主张云原生是计算卫星未来的突出方向，并正在积极探索云原生卫星的关键技术。本书介绍了天算星座的一颗开放云原生卫星北邮一号卫星。随后，我们介绍了天算卫星的设计理念，并详细阐述了云原生卫星设计的关键方面。之后，我们在北邮一号卫星上进行了一些有趣的测试，充分展示了它的能力。最后，我们展望了卫星的未来发展前景。我们呼吁相关研究人员关注云原生技术在卫星中的应用，与我们共同构建开放的天算星座平台。

第10章 趋势分析与未来探索

1. 统一的网络语义

6G网络将非常重视用户个性化需求的满足，尤其是在多感官XR方面。在认知服务架构中，应该定义统一的语义来描述系统的认知对象。

首先，它有助于识别用户的个性化需求。有必要对人类主观体验进行定量建模和分析以满足差异的信息处理和传输需求。此外，探索基于用户体验质量的服务认知机制以及业务逻辑与认知功能的耦合也很重要。建立人类主观经验的定量模型是赋予核心网络认知能力的第一步。

其次，应该定义一个统一的网络状态定量模型。如上所述，6G核心网必须联合调度通信和计算资源。因此，该模型不仅包含网络的通信状态，如网络延迟、带宽、抖动、丢包率等，还包含计算资源状态，包括不同类型计算资源的分布和使用情况。

最后，系统资源状态与用户需求之间的映射关系是必不可少的。随着边缘核心网被引入6G认知服务架构，网络状态和资源提供应与用户需求相匹配。因此，如果6G核心网仅具有识别用户需求和网络状态的能力是不够的。找出两者之间的差距和相互之间影响是做出决策的关键。

2. 支持认知服务的多态接口

传统的自适应系统大多用于数据中心的资源分配，如负载平衡、容器编排等。通信资源主要依靠手动配置，缺乏灵活的自适应机制。然而，这并不适用于分布式边缘核心网。一方面，边缘核心网位于不同的位置，不便于统一管理。另一方面，传统措施无法满足实时快速调整的要求。因此，引入了多态认知服务接口技术。通过引入规则匹配、近似推理等技术，多态接口具有态势感知、需求识别、状态统计等功能。多态接口的引入赋予了6G核心网细粒度感知能力。多态接口不仅完成了传统网络接口的功能，而且具有网络状态感知能力。它是整个系统的统一语义描述，就像章鱼手臂上的化学受体一样。尽管一个多态接口的认知能力很简单，但大量的多态接口共同构成了认知服务架构中认知能力的基础。

多态接口背后是一个轻量级的学习代理，它运行实时 AI 推理决策单元。该代理具有快速推理和基于学习的服务自适应能力。该代理的功能类似于章鱼手臂中的外周神经系统。由于在各种边缘设备上进行了大量部署，学习代理必须是轻量级的，并且能够在资源受限的环境中工作。同时，这些代理不处理复杂的任务。它们只匹配多态接口识别的信息提取，并执行预定义的操作。在系统中具有相同功能的代理通过知识图谱、联邦学习和迁移学习进行升级。

3. 服务连续性保证

边缘核心网架构和其他通信（卫星、无人机和海上通信）在 6G 网络中的引入给服务的连续性带来了巨大挑战。当用户在两个边缘核心网之间移动时，有必要解决网络的跨域切换和服务的无缝迁移。另外，卫星和无人机的移动也可能引发网络切换和服务迁移。为了保证服务的连续性，需要以下技术。

无缝服务迁移技术通过对通信资源和计算资源的统一调度，使服务迁移过程对用户完全透明。主要目的是克服在服务迁移过程中由于网络重建、服务状态保存、数据传输和状态恢复而导致的链路中断。这种中断将极大地影响对延迟敏感且要求高可靠性的应用程序的用户体验。

迁移预测技术通过学习和匹配用户、卫星和无人机的轨迹，可以预测服务迁移的发生时间和目的地节点。因此，系统可以提前迁移一些服务的状态数据，以减少服务迁移过程中的停机时间。在通常情况下，通过增加计算冗余（多个边缘节点协同工作）和网络链路冗余（同时建立多个链路）来保证迁移过程的可靠性。基于迁移预测，可以降低冗余带来的成本。预测的准确性越高，系统资源的利用率就越高。

此外，还需要一种轻量级的迁移载体技术。现有技术不适合服务迁移。虚拟机过于笨重，会带来过多额外的数据传输。虚拟机也不适合微服务。虽然容器技术足够轻，但上下文状态的保存和远程恢复中有先天的劣势。因此，需要一种结合虚拟机和容器优势的轻量级迁移载体技术。它不仅要满足微服务部署的要求，还可以快速封装当前运行时上下文状态，以满足服务的快速迁移和恢复。

4. 计算网络集成通用平台

6G 核心网的主要设计原则之一是实现通信和计算资源的集成。为了实现这一目标，我们首先需要建立一个通用的平台来实现统一的动态调度。从平台的角度来看，应用实例和网络功能都是服务。唯一的区别在于它们为谁服务。因此，该平台有利于更灵活地调度计算和通信资源。跨域编排管理技术支持不同边缘核心网之间的协作。由于边缘核心网部署在通用平台上，因此边缘核心网的部署数量和位置可以非常灵活。跨域编排管理技术根据城市通信和计算资源的动态需求，灵活调整边缘核心网的部署方案。边缘网络可以合并或拆分以调整边缘节点的数量。单个边缘核心网的覆盖区域大小也根据用户请求的分布而变化。此外，跨域编排管理技术支持核心网功能的灰度部署和网络功能的平滑升级。

在认知服务体系结构中，网络功能和计算资源被抽象为服务。为了实现通信资源和计算资源的统一管理，在分布式核心网场景中需要一种分布式服务发现机制，以实现高效的跨域服务发现、服务注册和服务分析等。该机制是事件驱动的，具有标准的控制接口，并支持服务组合的迭代优化。

5. 下一代网络切片

尽管 5G 中的网络切片实现了通信资源的灵活分配，但它仍然是一种粗粒度的网络管理方法。5G 网络切片基于一些语义自适应和简单的规则组合为固定流程场景提供服务。由于场景多变、业务组合复杂，难以满足 6G 网络的低时延业务需求。因此，6G 网络切片技术应进行升级，以满足以下要求：①应支持更细粒度和更灵活的资源分配。②它支持多个分布式边缘核心网的协作。③网络功能和计算资源以服务的形式进行联合管理和调度。④在 6G 高移动性和高可靠性场景中，服务迁移得到了高可靠性的保证。⑤每个网络切片都是分布式部署和释放的，以实现高效率。为了满足这些要求，升级主要有两个方面。一方面，下一代网络切片应该利用认知服务和智能调度来满足上述要求。另一方面，细粒度和灵活的网络切片是使认知服务架构能够在统一的架构中集成计算资源和通信资源的关键技术之一。

更具体地说，网络切片的升级依赖于其使能技术的升级。也就是说，网络功能虚拟化（NFV）和软件定义网络（SDN）也应该升级，以满足 6G 网络对灵活性和可扩展性的高要求。NFV 和 SDN 的控制器应该利用认知服务进行升级。这使得网络和网络功能的调度能够集成到认知服务架构中。此外，NFV 和 SDN 的虚拟化应该以更精细的粒度来实现。这样可以保证资源调度的灵活性。

6. 星载核心网

卫星网络是天地一体化网络（SGIN）的重要组成部分，它需要具备与地面网络相匹配的通信能力。考虑到这一点，在卫星上部署核心网已成为一个紧迫的问题。在 5G 中，核心网是基于面向服务的架构设计和部署的，但由于其用于地面通信的集中式架构、5G 网络切片的静态僵化和有限的业务场景，它可能不适合卫星部署。虽然目前还没有关于 6G 核心网架构和功能的官方标准，但应该研究它来增强通信并在空天地海一体化场景中运行。6G 核心网功能可以封装卫星通信能力（频谱、接口、协议等），使通信面向服务。在卫星上部署核心网为网元功能简化、流程逻辑设计、接口功能简化和服务组合提供了机会，这些都是提高卫星网络和 SGIN 能力的必要途径。

7. 天地一体化网络

随着 B5G 和 6G 技术的引入，SGIN 的搭建已成为一种不可避免的趋势。许多国家和公司都发布了促进 SGIN 建设的政策或计划。然而，SGIN 仍处于早期阶段，面临着许多挑战。新兴的 SGIN 范式提供了大量的研究机会。首先，管理大量大型卫星是一项重大挑战。用于建造 SGIN 的大多数卫星都是 LEO 卫星，它们具有高度的动态性和异构性。LEO 星座预计将配备星间链路，这将进一步增加系统的复杂性。其次，智能资源管理和编排是 SGIN 的一个重要课题。全球用户对服务质量的要求各不相同，与地面网络相比，卫星网络具有不同的资源容量、通信质量和拓扑稳定性。因此，需要更可靠和高效的资源感知和编排算法来管理 SGIN 资源。再次，SGIN 的动态异构性和服务稳定性提出了突出的挑战。为了按需为用户提供稳定的网络服务，有必要动态感知 SGIN 中的端到端网络资源。不断变化的卫星拓扑结构在匹配复杂的服务和资源、端到端路由和协调传输方面造成了困难。最后，必须考虑 SGIN 的安全性。卫星、卫星间链路和卫星地面链路都暴露在开放空间中，容易受到窃听和信息篡改等网络攻击。然而，目前还没有针对卫星网络的具体安全标准。

参 考 文 献

[1] 张宏科，张成良，孙琼. 对云网融合的几点思考[J]. 信息通信技术与政策，2022，48(11)：1-6.

[2] 张成良. 专题导读：云网融合技术与产业研究[J]. 信息通信技术与政策. 2022(11)：7.

[3] 乔爱锋. 云网融合体系架构及关键技术研究[J]. 邮电设计技术，2022(6)：14-18.

[4] ROMMER S，HEDMAN P，OLSSON M，et al. 5G Core Networks：Powering Digitalization[M]. San Diego：Academic Press，2019.

[5] YOU X，WANG C X，HUANG J，et al. Towards 6G Wireless Communication Networks：Vision，Enabling Technologies，and New Paradigm Shifts[J]. Science China(Information Sciences)，2021，64(01)：5-78.

[6] LI W，LEMIEUX Y，GAO J，et al. Service Mesh：Challenges，State of the Art，and Future Research Opportunities [C]. Proceedings of IEEE International Conference on Service-Oriented System Engineering (SOSE). 2019：122-127.

[7] HAWILO H，JAMMAL M，SHAMI A. Exploring Microservices as the Architecture of Choice for Network Function Virtualization Platforms[J]. IEEE Network Magazine，2019，33(2)：202-210.

[8] ZHOU Z，WU Q，CHEN X. Online Orchestration of Cross-Edge Service Function Chaining for Cost-Efficient Edge Computing [J]. IEEE Journal on Selected Areas in Communications，2019，37(8)：1866-1880.

[9] ZHAO Y，YIN Y，GUI G. Lightweight Deep Learning based Intelligent Edge Surveillance Techniques[J]. IEEE Transactions on Cognitive Communications and Networking，2020，6(4)：1146-1154.

[10] GAO X，LIU R，KAUSHIK A. Hierarchical Multi-Agent Optimization for

Resource Allocation in Cloud Computing[J]. IEEE Transactions on Parallel and Distributed Systems, 2020, 32(3): 692-707.

[11] ALTOMARE A, CESARIO E, COMITO C, et al. Trajectory Pattern Mining for Urban Computing in the Cloud[J]. IEEE Transactions on Parallel and Distributed Systems, 2016, 28(2): 586-599.

[12] AGACHE A, BROOKER M, IORDACHE A, et al. Firecracker: Lightweight virtualization for serverless applications[C]. Proceedings of Symposium on Networked Systems Design and Implementation. 2020: 419-434.

[13] SHAHRAD M, FONSECA R, GOIRI I, et al. Serverless in the Wild: Characterizing and Optimizing the Serverless Workload at a Large Cloud Provider [C]. Proceedings of USENIX Annual Technical Conference. 2020: 205-218.

[14] GU L, ZENG D, HU J, et al. Exploring Layered Container Structure for Cost Efficient Microservice Deployment[C]. Proceedings of IEEE Conference on Computer Communications. 2021: 1-9.

[15] OAKES E, YANG L, ZHOU D, et al. SOCK: Rapid Task Provisioning with Serverless-Optimized Containers[C]. Proceedings of USENIX Annual Technical Conference. 2018: 57-70.

[16] ZHAO N, TARASOV V, ALBAHAR H, et al. Large-Scale Analysis of Docker Images and Performance Implications for Container Storage Systems[J]. IEEE Transactions on Parallel and Distributed Systems. 2021, 32(4): 918-930.

[17] SANVITO D, MORO D, GULLI M, et al. ONOS intent monitor and reroute service: Enabling plug and play routing logic[C]. Proceedings of IEEE Conference on Network Softwarization and Workshops. 2018: 272-276.

[18] ELKHATIB Y, TYSON G, COULSON G. Charting an intent driven network [C]. Proceedings of IEEE International Conference on Network and Service Management. 2017: 1-5.

[19] RIFTADI M, KUIOERS F. P4I/O: Intent-based networking with P4[C]. Proceedings of IEEE Conference on Network Softwarization. 2019: 438-443.

[20] DENG S, XIANG Z, TAHERI J, et al. Optimal application deployment in resource constrained distributed edges[J]. IEEE Transactions on Mobile Computing, 2020, 20(5): 1907-1923.

[21] ARDAGNA D, PERNICI B. Adaptive service composition in flexible processes [J]. IEEE Transactions on software engineering, 2007, 33(6): 369-384.

[22] PHILIP S. Multi-agent Reinforcement Learning for Service Composition[C].

Proceedings of IEEE International Conference on Services Computing. 2016: 790-793.

[23] WANG H, GU M, YU Q, et al. Adaptive and large-scale service composition based on deep reinforcement learning[J]. Knowledge-Based Systems, 2019, 180: 75-90.

[24] WANG S, GUO Y, ZHANG N, et al. Delay-aware microservice coordination in mobile edge computing: A reinforcement learning approach [J]. IEEE Transactions on Mobile Computing, 2019, 20(3): 939-951.

[25] LIN W, XIA B, TANG Y, et al. Aoi research on pmu cloud side cooperative system of active distribution network[J]. Energy Reports, 2022, 8(99): 677-686.

[26] White G, Clarke S. Short-term QoS forecasting at the edge for reliable service applications[J]. IEEE Transactions on Services Computing, 2020, 15(2): 1089-1102.

[27] LI J, FENG Y, HU Y. Load Forecasting of 5G Base Station in Urban Distribution Network[C]. 2021 IEEE 5th Conference on Energy Internet and Energy System Integration (EI2). 2021: 1308-1313.

[28] KARABOGA D, AKAY B. A comparative study of artificial bee colony algorithm[J]. Applied mathematics and computation, 2009, 214(1): 108-132.

[29] SWEENEY L. k-anonymity: A model for protecting privacy[J]. International journal of uncertainty, fuzziness and knowledge-based systems, 2002, 10(05): 557-570.

[30] LIM W Y B, LUONG N C, HOANG D T, et al. Federated learning in mobile edge networks: A comprehensive survey[J]. IEEE Communications Surveys and Tutorials, 2020, 22(3): 2031-2063.

[31] LI Q, WANG S, MA X, et al. Service coverage for satellite edge computing[J]. IEEE Internet of Things Journal, 2022, 9(1): 695-705.